U0252936

电子信息
工学结合模式
系列教材

21世纪高职高专规划教材

Altium Designer 10.0 电路设计实用教程

陈学平 主编

清华大学出版社
北京

内 容 简 介

本书主要讲述了 Altium Designer 10.0 的电路设计与制作技巧，介绍了 Altium Designer Release 10 的安装、激活、软件中文化的方法。此外，还介绍了原理图编辑环境及原理图的设计方法、层次原理图的设计方法、原理图元件库的制作方法及添加封装的方法、PCB 封装库元件的制作方法、PCB 板的各种设计规则，并且重点介绍了类布线规则的设计方法、PCB 板的布局布线，最后用两个典型实例来对前面的相关内容进行强化训练。读者通过对本书的学习能够掌握 Altium Designer 10.0 软件的电路设计方法。

本书主要面向广大的电子线路初学者及有一定基础的 Altium 电子线路设计爱好者和大中专电子信息类的学生，配合他们掌握电路设计软件使用的需要而编写。

图书在版编目(CIP)数据

Altium Designer 10.0 电路设计实用教程/陈学平主编. —北京：清华大学出版社，2013.4(2024.7重印)
(21 世纪高职高专规划教材. 电子信息工学结合模式系列教材)
ISBN 978-7-302-31295-6

Ⅰ. ①A… Ⅱ. ①陈… Ⅲ. ①印刷电路－计算机辅助设计－应用软件－高等职业教育－教材 Ⅳ. ①TN410.2

中国版本图书馆 CIP 数据核字(2013)第 012258 号

责任编辑：刘翰鹏
封面设计：何凤霞
责任校对：袁　芳
责任印制：杨　艳

出版发行：清华大学出版社
网　　址：https://www.tup.com.cn，https://www.wqxuetang.com
地　　址：北京清华大学学研大厦 A 座　　**邮　　编**：100084
社 总 机：010-83470000　　**邮　　购**：010-62786544
投稿与读者服务：010-62776969，c-service@tup.tsinghua.edu.cn
质量反馈：010-62772015，zhiliang@tup.tsinghua.edu.cn
课件下载：https://www.tup.com.cn，010-83470410
印 装 者：三河市天利华印刷装订有限公司
经　　销：全国新华书店
开　　本：185mm×260mm　　**印　　张**：16.25　　**字　　数**：373 千字
版　　次：2013 年 4 月第 1 版　　**印　　次**：2024 年 7 月第 17 次印刷
定　　价：49.00 元

产品编号：047268-03

前　言

2007 年笔者编写并出版了《Protel 2004 电路设计与电路仿真》一书，该书已经重印多次，说明编写体例和编写思路符合读者的需求。但是，随着 Altium 公司的发展，现在已经推出了新的电路设计软件，并且已经有很多读者在学习使用。为了能够让广大电子线路初学者及有基础的电路设计爱好者掌握电路设计软件，并满足读者对新技术的学习需求，在此特编写出版《Altium Designer 10.0 电路设计实用教程》一书。

本书的主要内容如下。

第 1 章　印制电路板与 Altium Designer 10.0 概述：主要介绍了 Altium 的历史，Altium Designer Release 10 的安装、激活、软件中文化的方法，Altium 设计环境的界面以及 Altium 的库和实例文件的操作方法。

第 2 章　Altium Designer 10.0 文件管理：主要介绍了工程文件、自由文件、原理图文件、原理图库文件、PCB 文件、PCB 库文件的建立方法。

第 3 章　原理图编辑器基本功能介绍及参数设置：介绍了工程文件中原理图文件的编辑器的基本功能、原理图的基本参数设置、原理图的模板设置、原理图的视图操作、原理图的对象操作、原理图的注释、原理图的打印等基本知识和技能。

第 4 章　原理图的电路绘制：简介电路图设计过程，讲述了元件库的安装、元件的搜索、元件放置、电路绘制等内容。本章最后以一个原理图绘制的实例来让读者学习电路图的设计技巧。

第 5 章　层次原理图的绘制：本章介绍了高级电路原理图即层次化原理图的设计方法及技巧，且比较详细地介绍了自顶向下的层次原理图设计方法和自底向上的层次原理图设计方法，使读者能够掌握大型原理图的设计。

第 6 章　绘制原理图元件：本章向读者详细介绍了元件符号的绘制工具及绘制方法，并讲述了简单元件及分部分绘制的复杂元件的绘制方法，同时介绍了修改集成元件库的方法。读者通过学习利用绘制工具可以方便地建立自己需要的元件符号。

第 7 章　PCB 封装库文件及元件封装设计：本章详细介绍了如何进行封装库的创建，元件封装的设计，向导创建封装与手工创建和修改封装，元件封装的管理及元件封装报表的生成等操作。

第 8 章　印制电路板设计基础：介绍了 PCB 板的组成结构及其设计流程以及 Altium Designer 10.0 的 PCB 设计特点及设计界面，同时介绍了通过向导生成 PCB 文件的方法。

第 9 章　PCB 自动设计及手动设计：介绍了如何设计 PCB 板、如何进行布局和布线。此外，本章还详细介绍了 PCB 编辑器参数的设置、电路板板框的设置、对象的编辑、添加泪滴及敷铜等操作。

第 10 章　显示电路的绘制实例：以一个综合实例来介绍 PCB 板制作的全过程，首先是文件系统的建立，然后是元件库的设计，接着是绘制原理图，最后是制作 PCB 板。

第 11 章　制作单片机电路：通过另外一个电路设计实例，讲述了 PCB 板制作的全过程，其中涉及 PCB 板制作前的元件绘制、封装绘制、元件的封装添加、PCB 规则设置、原理图元件的放置、PCB 板设置、PCB 导入元件、PCB 的布局、布线、添加泪滴、敷铜。

本书内容图文并茂，叙述简洁清楚，每个重要步骤都给出了提示，读者通过学习能够掌握 PCB 板制作的全部技巧，并绘制一块美观的 PCB 板，从而顺利走上工作岗位。

本书由重庆电子工程职业学院的陈学平老师编写。在本书的编写和出版过程中不但得到了重庆航天职业技术学院胡勇老师和上海电子信息职业技术学院兰帆老师的帮助，还得到了重庆电子工程职业学院计算机应用专业学生的支持，特别值得一提的是，王伟、李丹、黄天梅、熊静等同学验证设计了本书的实例。

由于编者水平有限，书中难免存在疏漏，恳请专家和读者批评指正。欢迎通过 QQ41800543 沟通交流。

陈学平

2012 年 12 月于重庆

目　录

第 1 章　印制电路板与 Altium Designer 10.0 概述 …… 1

1.1　印制电路板设计的基本知识 …… 1

1.1.1　什么是印制电路板——PCB …… 1

1.1.2　印制电路板的组成 …… 2

1.1.3　印制电路板的板层结构 …… 2

1.1.4　印制电路板的工作层类型 …… 3

1.1.5　元件封装的基本知识 …… 4

1.2　Altium Designer 10.0 的发展历史 …… 4

1.3　Altium Designer Release 10 安装 …… 5

1.4　Altium Designer Release 10 软件英文转为中文 …… 8

1.5　Altium Designer 10.0 的卸载 …… 10

1.6　Altium Designer Release 10 软件的库文件和实例文件 …… 10

1.7　Altium Designer 10.0 工作环境介绍 …… 11

1.7.1　Altium Designer 10.0 的启动 …… 11

1.7.2　主窗口 …… 11

1.7.3　主菜单 …… 12

1.7.4　工具栏 …… 14

1.7.5　工作面板 …… 15

1.7.6　快速启动任务图标 …… 16

1.8　PCB 设计流程 …… 17

1.8.1　PCB 设计准备工作 …… 17

1.8.2　原理图的绘制 …… 17

1.8.3　印制板——PCB 设计 …… 18

本章小结 …… 19

习题 1 …… 19

第 2 章　Altium Designer 10.0 文件管理 …… 21

2.1　Altium Designer 10.0 文件结构 …… 21

2.2　Altium Designer 10.0 的文件管理系统 …… 22

2.3 Altium Designer 10.0 的原理图和 PCB 设计系统 …… 23
2.3.1 新建工程文件 …… 23
2.3.2 新建原理图文件 …… 24
2.3.3 新建原理图库文件 …… 24
2.3.4 新建 PCB 文件 …… 26
2.3.5 新建 PCB 库文件 …… 27
本章小结 …… 28
习题 2 …… 29

第 3 章 原理图编辑器基本功能介绍及参数设置 …… 30

3.1 原理图的总体设计过程 …… 30
3.2 原理图的组成 …… 31
3.3 Altium Designer Release 10 原理图文件及原理图工作环境简介 …… 33
3.3.1 创建原理图文件 …… 33
3.3.2 主菜单 …… 34
3.3.3 主工具栏 …… 37
3.3.4 工作面板 …… 38
3.4 原理图绘制流程 …… 38
3.5 原理图图纸的设置 …… 39
3.5.1 默认的原理图窗口 …… 39
3.5.2 默认图纸的设置 …… 40
3.5.3 自定义图纸格式 …… 41
3.5.4 设置图纸参数 …… 42
3.6 图纸的设计信息模板的制作和调用 …… 45
3.6.1 创建原理图模板 …… 45
3.6.2 原理图图纸模板文件的调用 …… 48
3.7 原理图视图操作 …… 50
3.7.1 工作窗口的缩放 …… 51
3.7.2 视图的刷新 …… 51
3.7.3 工具栏和工作面板的开关 …… 51
3.7.4 状态信息显示栏的开关 …… 52
3.7.5 图纸的格点设置 …… 52
3.8 对象编辑操作 …… 52
3.8.1 对象的选择 …… 53
3.8.2 对象的删除 …… 55
3.8.3 对象的移动 …… 55
3.8.4 操作的撤销和恢复 …… 56
3.8.5 对象的复制、剪切和粘贴 …… 56

3.8.6　元件对齐 …… 58
3.9　原理图的注释 …… 60
3.9.1　注释工具介绍 …… 60
3.9.2　绘制直线和曲线 …… 60
3.9.3　绘制不规则多边形 …… 62
3.9.4　放置单行文字和区块文字 …… 62
3.9.5　放置规则图形 …… 63
3.9.6　放置图片 …… 64
3.9.7　阵列式粘贴 …… 64
3.9.8　图件的层次转换 …… 64
3.10　原理图的打印 …… 64
3.10.1　设置页面 …… 64
3.10.2　设置打印机 …… 65
3.10.3　打印预览 …… 65
3.10.4　打印输出 …… 65
本章小结 …… 65
习题3 …… 66
第4章　原理图的电路绘制 …… 67
4.1　元件的放置 …… 67
4.1.1　元件库的引用 …… 67
4.1.2　元件的搜索 …… 69
4.1.3　元件的放置 …… 72
4.1.4　元件属性设置 …… 75
4.1.5　元件说明文字的设置 …… 80
4.2　电路绘制 …… 81
4.2.1　电路绘制工具 …… 81
4.2.2　导线的绘制 …… 82
4.2.3　放置电路节点 …… 84
4.2.4　放置电源/地符号 …… 85
4.2.5　放置网络标号 …… 86
4.2.6　绘制总线和总线分支 …… 88
4.2.7　放置端口 …… 90
4.2.8　放置忽略ERC检查点 …… 92
4.3　原理图绘制实例 …… 92
4.3.1　设计结果及设计思路 …… 92
4.3.2　设置原理图图纸 …… 93
4.3.3　元件库的加载 …… 93

4.3.4 元件的放置 …… 94
4.3.5 电路图的注释 …… 98
本章小结 …… 99
习题 4 …… 99

第 5 章 层次原理图的绘制 …… 101

5.1 层次化原理图 …… 101
5.1.1 层次化原理图的优点 …… 101
5.1.2 原理图的层次化 …… 101
5.2 层次化原理图的设计方法 …… 102
5.2.1 层次化设计的两种方法 …… 102
5.2.2 复杂分层的层次化原理图 …… 102
5.3 自顶向下的层次化原理图设计 …… 102
5.3.1 自顶向下层次化原理图设计流程 …… 102
5.3.2 自顶向下层次化原理图的绘制 …… 103
5.4 自底向上的层次化原理图设计 …… 108
5.4.1 自底向上层次化原理图设计流程 …… 108
5.4.2 自底向上层次化原理图设计 …… 108
5.5 高级电路图设计实例 …… 110
本章小结 …… 116
习题 5 …… 116

第 6 章 绘制原理图元件 …… 119

6.1 元件符号概述 …… 119
6.2 元件符号库的创建和保存 …… 120
6.3 元件设计界面 …… 121
6.4 简单元件绘制实例 …… 123
6.4.1 设置图纸 …… 123
6.4.2 新建/打开一个元件符号 …… 124
6.4.3 示例元件的信息 …… 125
6.4.4 绘制边框 …… 126
6.4.5 放置引脚 …… 127
6.4.6 在原理图中元件的更新 …… 134
6.4.7 为元件符号添加 Footprint 模型 …… 134
6.5 修改集成元件库中的元件 …… 139
6.5.1 三极管的修改 …… 140
6.5.2 电位器的修改 …… 144
6.6 复杂元件的绘制 …… 145

6.6.1 分部分绘制元件符号……146
6.6.2 示例元件说明……146
6.6.3 新建元件符号……146
6.6.4 示例元件的引脚分组……146
6.6.5 元件符号中一个部分的绘制……146
6.6.6 新建/删除一个部分……148
6.6.7 设置元件符号属性……148
6.6.8 分部分元件符号在原理图上的引用……149
6.7 元件的检错和报表……149
6.7.1 元件符号信息报表……149
6.7.2 元件符号错误信息报表……149
6.7.3 元件符号库信息报表……150
6.8 元件的管理……150
6.8.1 元件符号库中符号的管理……150
6.8.2 元件符号库与当前原理图……151
本章小结……151
习题 6……152

第 7 章 PCB 封装库文件及元件封装设计……153

7.1 封装库文件管理及编辑环境介绍……153
7.1.1 封装库文件……153
7.1.2 编辑工作环境介绍……153
7.2 新建元件封装……154
7.2.1 手动创建元件封装……154
7.2.2 使用向导创建元件封装……156
7.3 封装库文件与 PCB 文件之间的交互操作……159
7.3.1 在 PCB 文件中查看元件封装……159
7.3.2 从 PCB 文件生成封装库文件……160
7.3.3 从封装库文件更新 PCB 文件……161
7.4 修改 PCB 封装……161
7.4.1 示例芯片的封装信息……161
7.4.2 示例芯片的绘制……162
7.5 元件封装管理……164
7.5.1 元件封装管理面板……164
7.5.2 元件封装管理操作……164
7.6 封装报表文件……165
7.6.1 设置元件封装规则检查……165
7.6.2 创建元件封装报表文件……165

7.6.3 封装库文件报表文件…… 165
本章小结…… 165
习题 7 …… 166

第 8 章 印制电路板设计基础…… 167

8.1 印制电路板技术的发展 …… 167
8.2 PCB 设计中的术语 …… 167
8.2.1 印制电路板(PCB) …… 167
8.2.2 过孔(Via) …… 168
8.2.3 焊盘(Pad) …… 168
8.2.4 飞线…… 168
8.2.5 铜箔导线…… 169
8.2.6 安全距离…… 169
8.2.7 板框…… 169
8.2.8 网格状填充区和矩形填充区…… 169
8.2.9 各类膜(Mask) …… 170
8.2.10 层(Layer)的概念…… 170
8.2.11 SMD 元件…… 170
8.3 元件封装 …… 170
8.3.1 几种常用的芯片封装…… 171
8.3.2 常用元件的封装…… 172
8.4 印制电路板板层结构 …… 173
8.5 电路板文件设计的一般步骤 …… 174
8.5.1 初期准备…… 174
8.5.2 规则设置…… 174
8.5.3 网络表文件输入…… 174
8.5.4 元件布局…… 174
8.5.5 布线操作…… 175
8.5.6 检查操作…… 175
8.5.7 设计输出…… 175
本章小结…… 175
习题 8 …… 175

第 9 章 PCB 自动设计及手动设计 …… 176

9.1 PCB 自动设计步骤 …… 176
9.2 PCB 文件管理 …… 178
9.3 印制电路板自动布局操作 …… 179
9.3.1 元件自动布局的方法…… 179

9.3.2 停止自动布局…… 180
9.3.3 推挤式自动布局…… 180
9.4 PCB的视图操作 …… 181
9.5 PCB元件的编辑 …… 182
9.6 元件的手动布局 …… 182
9.7 元件的自动布线 …… 182
9.7.1 设置自动布线规则…… 182
9.7.2 布线类规则设计示例…… 185
9.7.3 元件的自动布线…… 187
9.8 元件的手动布线 …… 190
9.9 布线结果的检查 …… 191
9.10 添加泪滴及敷铜…… 193
9.11 原理图与PCB的同步更新 …… 196
本章小结…… 196
习题9 …… 197

第10章 显示电路的绘制实例 …… 199

10.1 新建PCB工程及原理图元件库 …… 199
10.2 制作原理图元件…… 200
10.3 建立原理图文件…… 204
10.4 给原理图元件添加封装…… 209
10.5 创建PCB …… 211
10.5.1 创建PCB文件 …… 211
10.5.2 将电路图导入PCB中 …… 213
10.5.3 PCB布局 …… 216
10.5.4 PCB的布线 …… 216
10.5.5 泪滴、敷铜及添加安装孔 …… 218
本章小结…… 220
习题10 …… 221

第11章 制作单片机电路 …… 222

11.1 绘制电路元件…… 222
11.2 创建元件封装…… 227
11.3 手动绘制PCB元件 …… 230
11.4 给元件添加封装 …… 231
11.5 绘制单片机原理图…… 234
11.6 建立PCB电路板 …… 236
11.7 PCB板的制作 …… 238

11.7.1 原理图封装检查…… 238
11.7.2 原理图导入 PCB …… 239
11.7.3 布线规则的设置…… 240
11.7.4 布线…… 241
11.7.5 放置泪滴及敷铜…… 243
11.7.6 放置过孔…… 243
11.7.7 PCB 敷铜 …… 244
本章小结…… 246
习题 11 …… 246

第 1 章

印制电路板与 Altium Designer 10.0 概述

本章导读：本章主要讲述印制电路板的概念、印制电路板的设计流程，并对 Altium Designer 10.0 进行了简介。

学习目标：

(1) 了解印制电路板的概念。

(2) 熟悉印制电路板的设计流程。

(3) 了解 Altium Designer 10.0 的发展历史。

(4) 掌握 Altium Designer 10.0 软件的安装方法。

(5) 掌握 Altium Designer 10.0 软件的升级方法。

(6) 掌握 Altium Designer 10.0 软件的破解方法。

(7) 掌握 Altium Designer 10.0 软件的汉化方法。

(8) 了解 Altium Designer 10.0 软件的主菜单、主工具栏、工作窗口和工作面板。

1.1 印制电路板设计的基本知识

学习电路设计的最终目的是完成印制电路板的设计，印制电路板是电路设计的最终结果。本节将简单介绍印制电路板的基本概念。

1.1.1 什么是印制电路板——PCB

在现实生活中，打开电子产品后，通常可以发现其中有一块或者多块印制板子，在这些板子上面有电阻、电容、二极管、三极管、集成电路芯片、各种连接插件，还可以发现在板子上有印制线路连接着各种元件的引脚，这些板子称为印制电路板，英文简称为 PCB。通常情况下，电路设计在原理图设计完成后，需要设计一块印制电路板来完成原理图中的电气连接，并安装上元件，进行调试，因此可以说印制电路板是电路设计的最终结果。

在 PCB 上通常有一系列的芯片、电阻、电容等元件，它们通过 PCB 上的导线连接，构成电路，电路通过连接器或者插槽进行信号的输入或输出，从而实现一定的功能。可以说，PCB 板的主要目的是为元件提供电气连接，为整个电路提供输入或输出端口及显示，电气连通性是 PCB 最重要的特性。总之，PCB 在各种电子设备中有如下功能。

(1) 提供集成电路等各种电子元件固定、装配的机械支撑。

(2) 实现集成电路等电气元件的布线和电气连接，提供所要求的电气特性。

(3) 为自动装配提供阻焊图形,为电子元件的插装、检查、调试、维修提供识别图形,以便正确插装元件、快速对电子设备电路进行维修。

1.1.2 印制电路板的组成

PCB 为各种元件提供电气连接,并为电路提供输出端口,这些功能决定了 PCB 的组成和分层。

图 1-1 所示为一块简单的 PCB 实物图,在图上可以看见各种芯片、PCB 板上的走线、输入/输出端口等(这里用的是通用插槽和连接器)。

印制电路板主要由焊盘、过孔、安装孔、导线、元件、接插件、填充、电气边界等组成,各组成部分的主要功能如下。

图 1-1 PCB 板实物

(1) 元件:用于完成电路功能的各种器件。每一个元件都包含若干个引脚,通过引脚将电信号引入元件内部进行处理,从而完成对应的功能。引脚还有固定元件的作用。电路板上的元件包括集成电路芯片、分立元件(如电阻、电容等)、提供电路板输入/输出端口和电路板供电端口的连接器,某些电路板上还有用于指示的器件(如数码显示管、发光二极管 LED 等),如网卡的工作指示灯。

(2) 铜箔:铜箔在电路板上可以表现为导线、焊盘、过孔和敷铜等各种表示方式,它们各自的作用如下。

① 导线:用于连接电路板上各种元件的引脚,完成各个元件之间电信号的连接。

② 过孔:在多层的电路板中,为了完成电气连接的建立,在某些导线上会出现过孔。在工艺上,过孔的孔壁圆柱面上用化学沉积的方法镀上一层金属,用以连通中间各层需要连通的铜箔,而过孔的上下两面做成普通的焊盘形状,可直接与上下两面的线路相通,也可不连。

③ 安装孔:用于固定印制电路板。

④ 焊盘:用于在电路板上固定元件,也是电信号进入元件的通路组成部分。用于安装整个电路板的安装孔有时候也以焊盘的形式出现。

⑤ 敷铜:在电路板上的某个区域填充铜箔称为敷铜。敷铜可以改善电路的性能。

⑥ 丝印层:印制电路板的顶层,采用绝缘材料制成。在丝印层上可以标注文字,注释电路板上的元件和整个电路板。此外,丝印层还能起到保护顶层导线的功能。

⑦ 接插件:用于电路板之间连接的元器件。

⑧ 填充:用于地线网络的敷铜,可以有效地减小阻抗。

⑨ 电气边界:用于确定电路板的尺寸,所有电路板上的元器件都不能超过该边界。

⑩ 印制材料:采用绝缘材料制成,用于支撑整个电路。

1.1.3 印制电路板的板层结构

印制电路板常见的板层结构包括单层板(Single Layer PCB)、双层板(Double Layer

PCB)和多层板(Multi Layer PCB)3 种,这 3 种板层结构的简要说明如下。

(1) 单层板：只有一面敷铜而另一面没有敷铜的电路板。通常元器件放置在没有敷铜的一面,敷铜的一面主要用于布线和焊接,这种印制板主要安装针脚式元件。

(2) 双层板：两个面都敷铜的电路板,通常称一面为顶层(Top Layer),另一面为底层(Bottom Layer)。一般将顶层作为放置元器件面,底层作为元器件焊接面。这种印制板可以安装针脚式和贴片式元件。

(3) 多层板：包含多个工作层面的电路板,除了顶层和底层外还包含若干个中间层,通常中间层可作为导线层、信号层、电源层、接地层等。层与层之间相互绝缘,而层与层的连接通常通过过孔来实现。

通过上面的介绍,读者可以看一下图 1-2 所示的 PCB 板分层示意图。

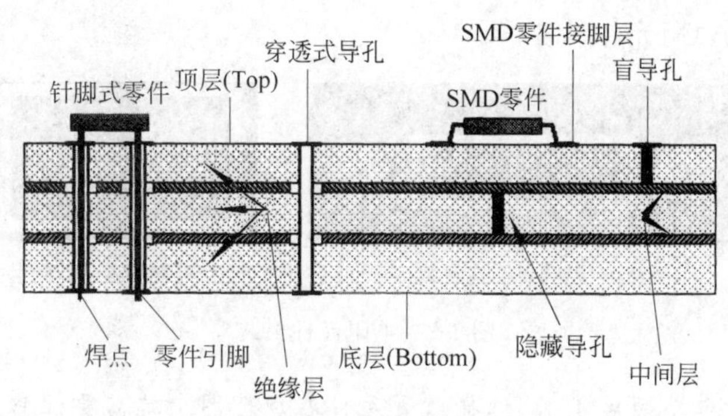

图 1-2　PCB 板分层示意图

1.1.4　印制电路板的工作层类型

印制电路板包括许多类型的工作层面,如信号层、防护层、丝印层、内部层等,各种层面的作用的简要介绍如下。

(1) 信号层：主要用来放置元器件或布线。Altium Designer 10.0 通常包含 30 个中间层,即 Mid Layer 1～Mid Layer 30,中间层用来布置信号线,顶层和底层用来放置元器件或敷铜。

(2) 防护层：主要用来确保电路板上不需要镀锡的地方不被镀锡,从而保证电路板运行的可靠性。其中,Top Paste 和 Bottom Paste 分别为顶层阻焊层和底层阻焊层;Top Solder 和 Bottom Solder 分别为顶层锡膏防护层和底层锡膏防护层。

(3) 丝印层：主要用来在印制电路板上印上元器件的流水号、生产编号、公司名称等。

(4) 内部层：主要用来作为信号布线层,Altium Designer 10.0 中共包含 16 个内部层。

(5) 其他层：主要包括 4 种类型的层。

Drill Guide(钻孔方位层)——主要用于印制电路板上钻孔的位置。

Keep-Out Layer(禁止布线层)——主要用于绘制电路板的电气边框。

Drill Drawing(钻孔绘图层)——主要用于设定钻孔形状。

Multi Layer(多层)——主要用于设置多面层。

以上工作层在设计 PCB 板时还会涉及,读者有必要了解这些工作层。

1.1.5 元件封装的基本知识

所谓元件封装,是指当元件焊接到电路板上时,在电路板上所显示的外形和焊点位置的关系。它不仅起着安放、固定、密封、保护芯片的作用,而且是芯片内部和外部沟通的桥梁。

不同的元件可以有相同的封装,相同的元件也可以有不同的封装。因此,在进行印制电路板设计时,不但要知道元件的名称、型号,还要知道元件的封装。常用的封装类型有直插式封装和表贴式封装,直插式封装是指将元件的引脚插过焊盘导孔,然后再进行焊接,而表贴式封装是指元件的引脚与电路板的连接仅限于电路板表层的焊盘。

图 1-3 所示为电阻元件封装。

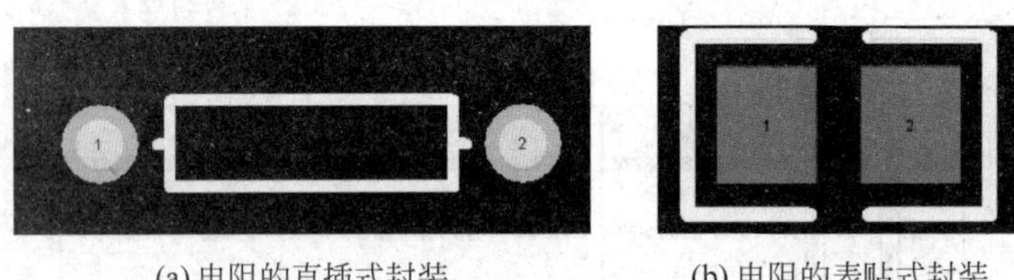

(a) 电阻的直插式封装 (b) 电阻的表贴式封装

图 1-3 电阻元件封装

注意:在设计电路原理图时,选择放置元件在原理图中就需要注意元件的封装,如果选择的元件没有封装或封装不正确将不能完成 PCB 的设计。这点读者在后面学习电路设计时一定要注意。

另外,Altium Designer 10.0 中集成的元件库中的元件一般都有封装,而自己设计的元件则需要手动添加封装。

1.2 Altium Designer 10.0 的发展历史

随着电子信息技术的发展,大规模、超大规模集成电路的使用使印制电路板的走线愈加精密和复杂。各种厂商推出了各种电子线路 CAD 软件,而 Protel 由于是 Windows 操作界面,操作简单、易学易用而深受广大用户的喜爱,成为很多电子设计者的首选入门软件。

1988 年,美国的 ACCEL Technologies Inc 推出了 TANGO 软件,用于电子辅助设计,它就是 Protel 的前身。TANGO 考虑了当时电子设计人员的要求,有令人满意的效果,这也为它的后继产品的推出打下了良好的基础。

随后的几年内,电子工业的飞速发展使得 TANGO 软件包呈现出难以适应时代发展的迹象,Protel Technology 公司不失时机地推出了 Protel for DOS 软件,这是 TANGO 的升级版本,它奠定了 Protel 家族的基础。

进入 20 世纪 90 年代后,计算机技术取得了令人瞩目的成就,硬件的整体性能几乎呈几何级数地增长,而软件领域也推出了 Windows 这样的视窗类操作系统,极大地方便了计算机用户。众多的软件厂商纷纷推出了其 DOS 版软件的 Windows 升级版,而 Protel

Technology 公司也在 1991 年推出了 Protel for Windows 1.0，这是世界上第一个基于 Windows 操作系统的 PCB 设计工具。与它的前身 Protel for DOS 相比，无论在界面、易操作性还是设计能力方面都有了长足的进步。

随后，Protel Technology 公司陆续推出了 Protel for Windows 2.0、Protel for Windows 3.0、Protel 98、Protel 99 SE、Protel DXP 版本。这些版本一直保持着 Protel 家族产品操作简单、功能强大的特点，深受设计者的青睐。2004 年后，Protel 家族也步入了自己的新纪元，推出了 Protel 家族中的新成员——Protel 2004。2006 年，Altium Designer 6 首个一体化电子产品开发系统推出。

Altium 的全球管理以澳洲悉尼为总部，而在中国、法国、德国、日本、瑞士和美国均有直销点和办公机构。此外，Altium 在其他主要市场国家均有代销网络。

Altium Designer 是 Altium 公司开发的一款电子设计自动化软件，用于原理图、PCB、FPGA 设计，它结合了板级设计与 FPGA 设计。Altium 公司收购来的 PCAD 及 TASKKING 成为 Altium Designer 的一部分。

Altium Designer Summer 08(简称 AD7) 将 ECAD 和 MCAD 两种文件格式结合在一起，Altium 在其最新版的一体化设计解决方案中为电子工程师带来了全面验证机械设计(如外壳与电子组件)与电气特性关系的能力。此外，还加入了对 OrCAD 和 PowerPCB 的支持能力。

2008 年冬季发布的 Altium Designer Winter 09 引入新的设计技术和理念，以帮助电子产品设计创新，利用技术进步，并提出一个产品的任务设计更快地获得走向市场的方便。它的电路板设计空间增强了功能，让用户可以更快地设计，而且全三维 PCB 设计环境，避免出现错误和不准确的模型设计。

为适应日新月异的电子设计技术，Altium 于 2009 年 7 月在全球范围内推出最新版本 Altium Designer Release 10。Summer 09 的诞生延续了连续不断的新特性和新技术的应用过程。

Altium Designer Release 10 于 2011 年在中国上市，Altium Designer 10.0 中所开发的核心在于构建了从电子设计流程的核心、元器件系统和更大的开发与制造过程之间的联系纽带。Altium Designer 10.0 可以提供强大的高集成系统以及创新的自由，从而在快速推动设计进度的同时保证安全性。

1.3　Altium Designer Release 10 安装

(1) 找到 Altium Designer Release 10 文件包，将其解压，如图 1-4 所示。

(2) 安装文件解压后，还是一个 ISO 镜像文件，并不能直接安装(笔者下载的文件是这种情况)。因此，先要打开 ISO 文件，才能继续安装。此时，需要先安装一个可以打开 ISO 文件的软件，这里可以安装 Winmount，安装过程从略，安装完成后，在先前解压的 ISO 文件上右击，选择 Mount to new drive 命令，则可以加载一个虚拟光驱。现在，可以找到里面的 Setup.exe 并双击开始安装。

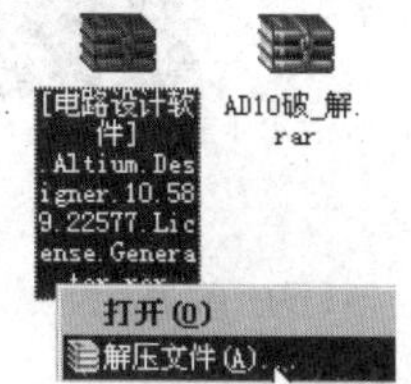

图 1-4　解压安装文件

(3) 弹出 Altium Designer Release 10 安装向导界面，如图 1-5 所示。

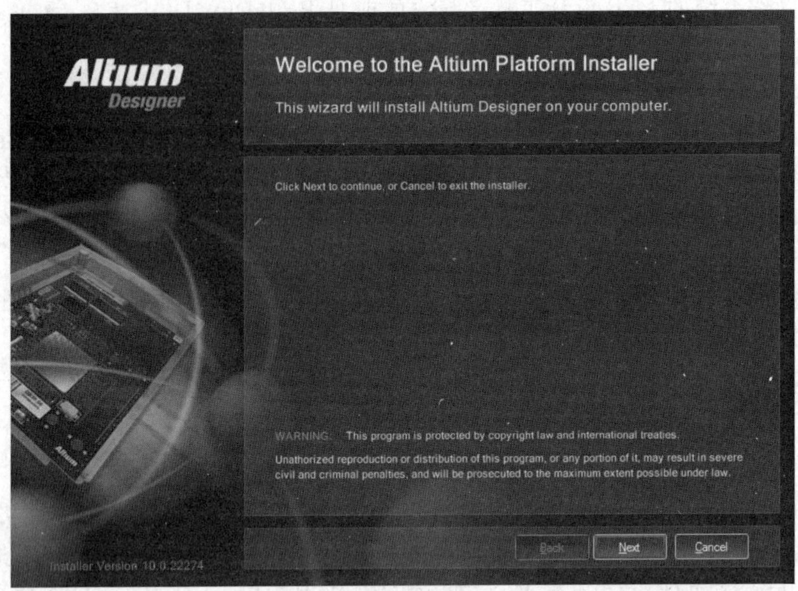

图 1-5　Altium Designer Release 10 安装向导界面

(4) 单击 Next 按钮，出现接受协议界面，如图 1-6 所示。在图 1-6 中选中 I accept the agreement 复选框。

图 1-6　接受协议界面

(5) 单击 Next 按钮，选择版本号和安装的源文件，如图 1-7 所示，这里可以保持默认。

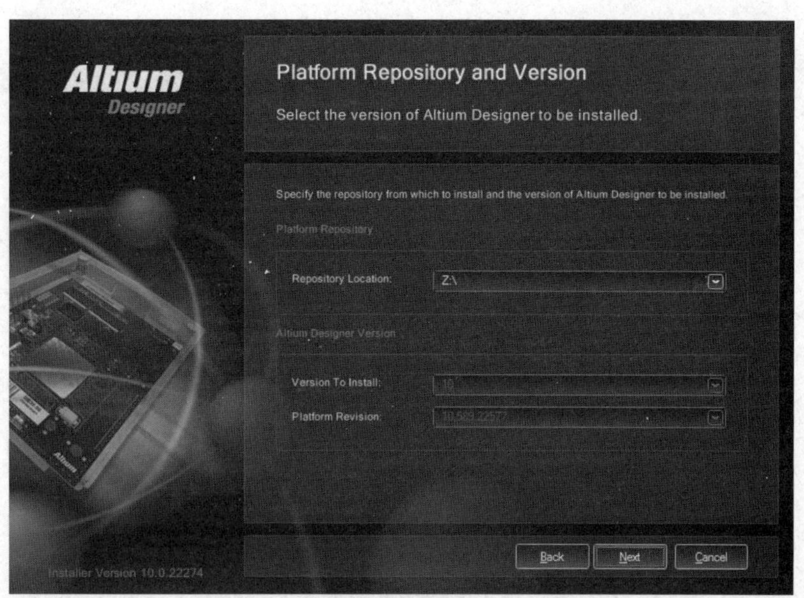

图 1-7　选择版本号和安装的源文件

(6) 单击 Next 按钮，选择安装程序到哪个文件夹，即安装的目标路径，默认是 C 盘，可以选择 D 盘，其他的路径不变，如图 1-8 所示。

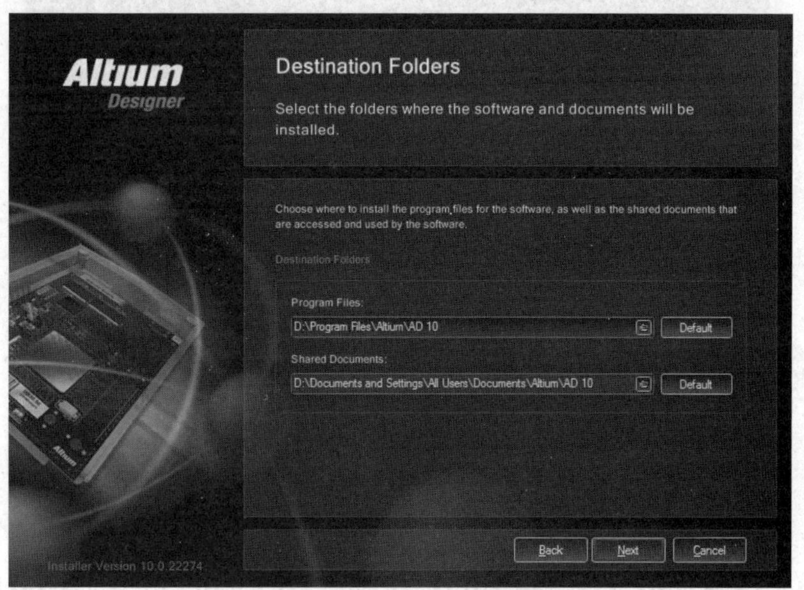

图 1-8　选择目标路径对话框

(7) 单击 Next 按钮，出现 Ready to Install 准备安装对话框，如图 1-9 所示。

(8) 单击 Next 按钮，出现 Installing Altium Designer 安装过程对话框，直到安装完成，如图 1-10 所示。

(9) 安装完成后，单击 Finish 按钮完成安装。

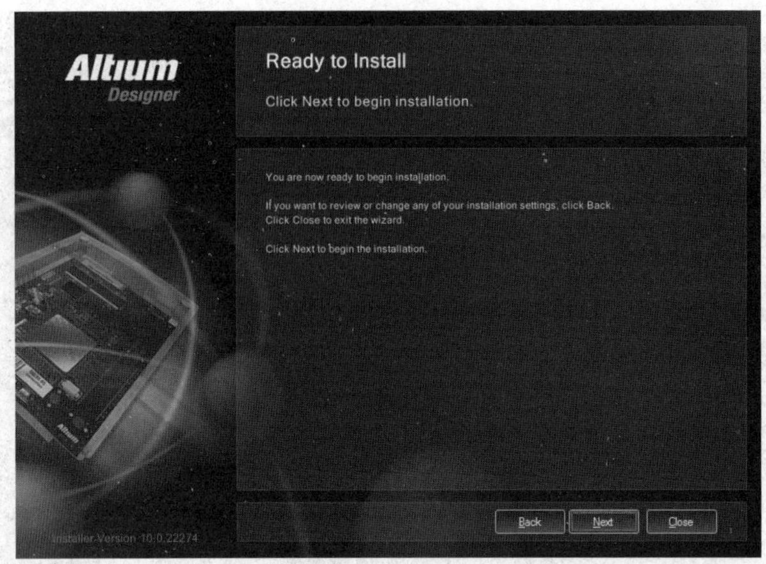

图 1-9　准备安装对话框

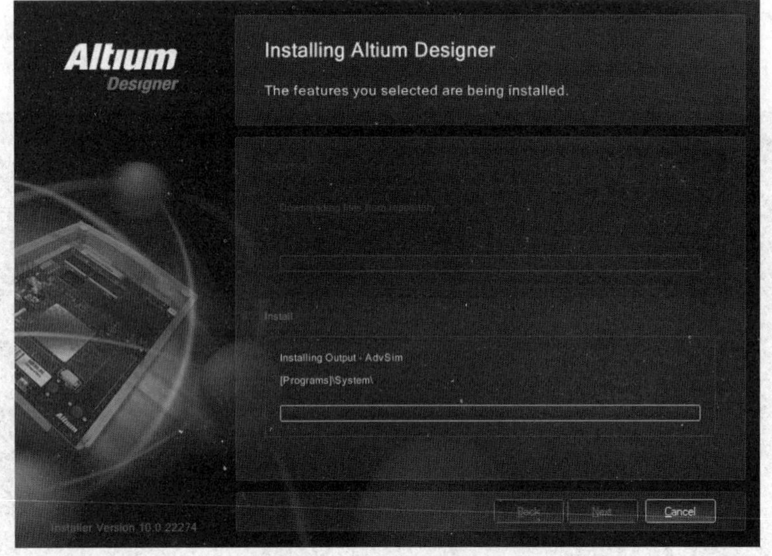

图 1-10　安装过程对话框

1.4　Altium Designer Release 10 软件英文转为中文

(1) 安装完成后，从"开始"菜单的"所有程序"中启动这个软件。

(2) 在软件启动过程中，可以看到软件的版本号是 10.589.22577，软件的启动界面如图 1-11 所示。

(3) 在软件启动成功后的窗口中，软件语言是英文的，同时软件有一个红色的提示，说明软件还不能使用，没有激活。

(4) 单击主菜单中 DXP 按钮，在出现的快捷菜单中选择 Preferences 命令，如图 1-12 所示。

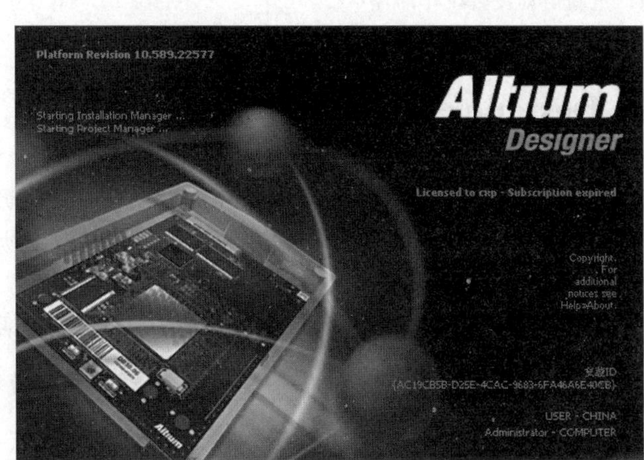

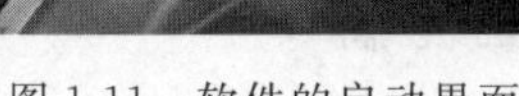
图 1-11　软件的启动界面

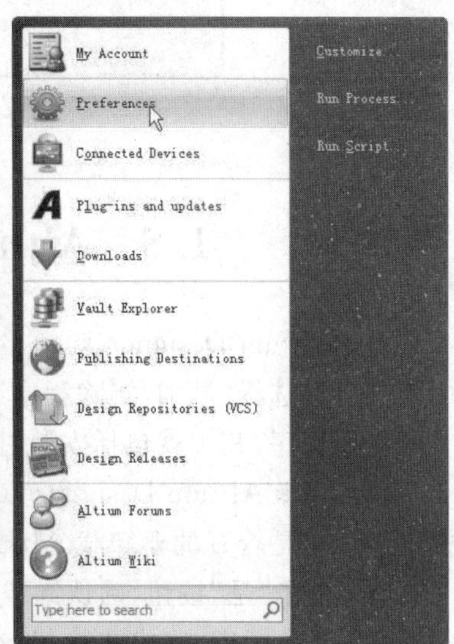

图 1-12　选择 Preferences 命令

(5) 在出现的 Preferences 对话框中，展开 System-General，在 Localization 区域中选中 Use localized resources 复选框，同时选中 Localized menus 复选框，如图 1-13 所示。当选中后，将会弹出一个提示对话框，提示启动新的设置工作如图 1-14 所示，单击 OK 按钮，回到图 1-13 中，再单击 OK 按钮，退出 Altium Designer Release 10，然后重新启动，软件的工作窗口界面已经成为中文了。

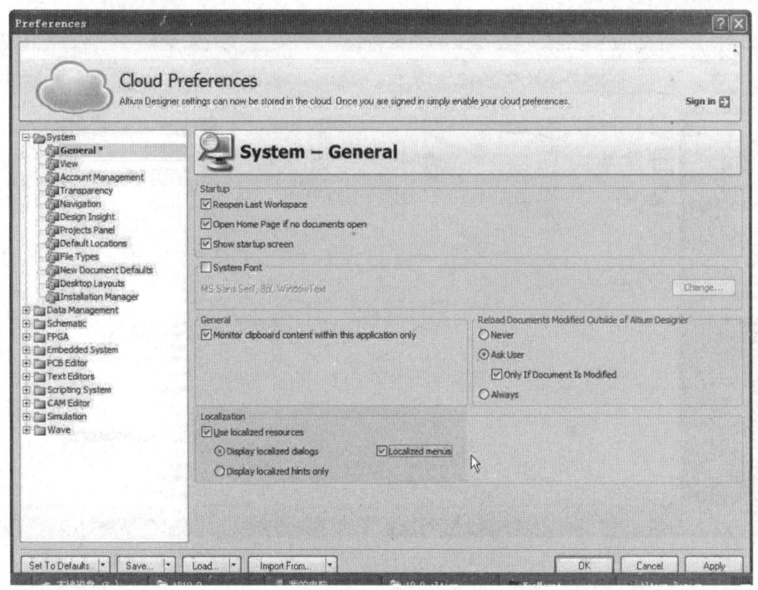

图 1-13　Preferences 对话框

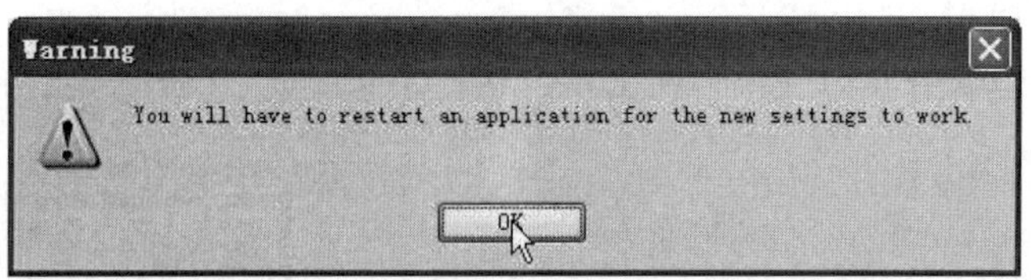

图 1-14 重新启动设置工作的提示

1.5 Altium Designer 10.0 的卸载

(1) Altium Designer 10.0 的卸载和大多数的 Windows 应用软件相同。进入“控制面板”窗口，选择“添加/删除程序”图标，打开“添加/删除程序”窗口。该窗口中列出了所有的应用程序，其中就包括安装过的 Altium Designer 10.0 程序。

(2) 选择 Altium Designer 10.0 选项，单击“删除”按钮后，弹出提示对话框。该对话框用于确定是否真的要卸载 Altium Designer 10.0。

(3) 单击“是”按钮，确认卸载。

(4) 几分钟后，完成卸载，此时可以关闭“控制面板”窗口。

1.6 Altium Designer Release 10 软件的库文件和实例文件

Altium Designer Release 10 在安装后，库文件和实例文件并没有安装到安装程序的文件中，需要将下载并解压后的这两个文件复制到安装目录中去。

(1) 选择下载并解压的 Altium Designer Release 10 软件，找到库文件和实例文件进行复制，如图 1-15 所示。

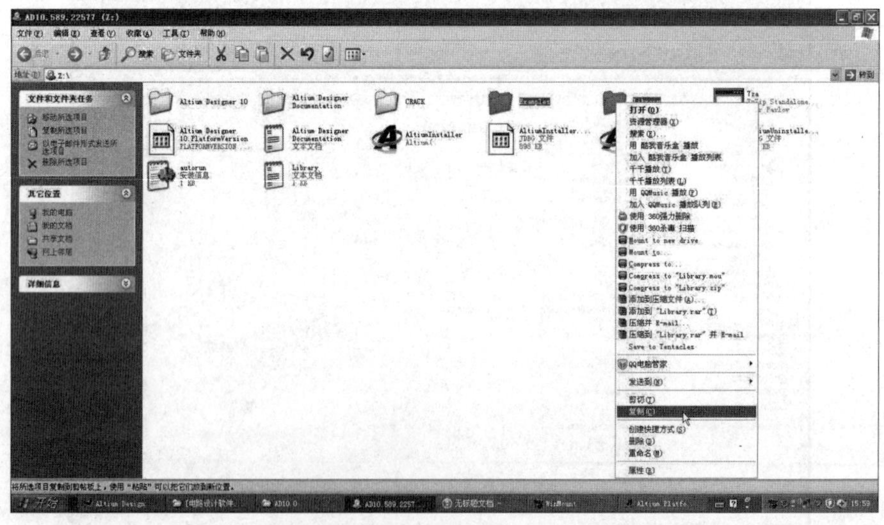

图 1-15 复制库文件和实例文件

(2) 找到安装程序的文件，粘贴库文件和实例文件，如图 1-16 所示。粘贴后，就可以正常使用库文件和实例文件了。

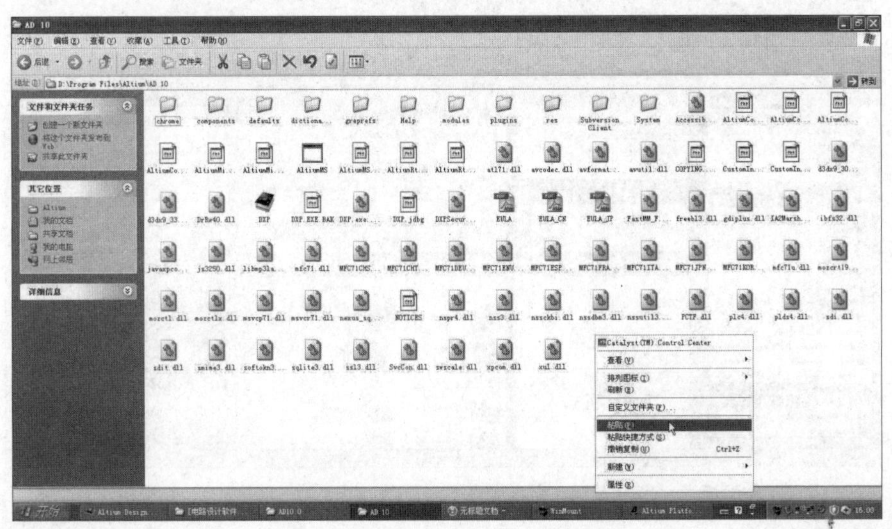

图 1-16　粘贴库文件和实例文件

1.7　Altium Designer 10.0 工作环境介绍

和 Protel 家族的其他软件类似，Altium Designer 10.0 启动后将进入自己的主窗口。在主窗口中，可以完成新建/打开工程或者文件的功能，也可以对元件库进行编辑。本节将介绍 Altium Designer 10.0 的主工作窗口、主菜单、工具栏等。

1.7.1　Altium Designer 10.0 的启动

启动 Altium Designer 10.0 的方法非常简单，只要运行 Altium Designer 10.0 的程序就可以启动。

(1) 从"开始"菜单中启动。单击桌面左下角的"开始"按钮，然后在"开始"菜单中选择 Altium Designer Release 10 命令，如图 1-17 所示。

Altium Designer Release 10.EXE

图 1-17　从"开始"菜单中启动

(2) 单击"开始"按钮，选择"程序"| Aluitm | Altium Designer Release 10 命令即可启动。

1.7.2　主窗口

Altium Designer 10.0 启动后，进入 Altium Designer 10.0 的主窗口，如图 1-18 所示。

在 Altium Designer 10.0 的主窗口中，包含以下要素。

(1) 主菜单。

(2) 工具栏。

(3) 主工作窗口。

(4) 工作面板。

图 1-18 Altium Designer 10.0 主窗口

（5）标签栏。

（6）状态栏和命令栏。

在主工作窗口中，默认的工作面板为 Files 面板，在主工作窗口的右下角是激活各种工作面板的按钮，主工作窗口右边还有各种快速启动的图标。

1.7.3 主菜单

主窗口的菜单选项如图 1-19 所示。主菜单中包括用户配置按钮和 5 个菜单选项，它们的作用各不相同。

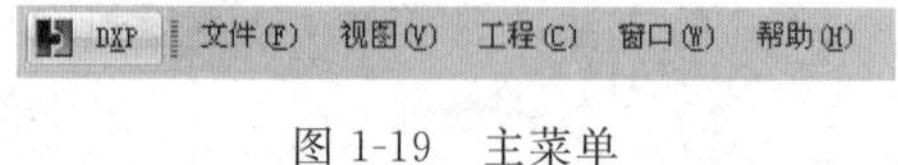

图 1-19 主菜单

1. DXP 菜单选项

单击 DXP 按钮，将弹出用户配置按钮菜单。在该菜单选项中设计者可以定义界面内容，还可以察看当前系统的信息。该菜单提供的功能大部分是为高级用户所设定的，这里就只进行简略介绍。

（1）“我的账户”菜单选项：该菜单帮助用户自定义界面，选择该菜单选项，可以完成软件的激活等功能。

（2）“参数设置”菜单选项：该菜单帮助用户定义系统工作状态，选择该菜单选项，将弹出图 1-20 所示的对话框。在该对话框中，通过设置这些选项卡参数可以设置 Altium Designer 10.0 的工作状态。

注意：优先设定对话框的设置是很重要的，前面已经介绍的 Altium Designer 10.0 软件的中文化就是通过此对话框的设置来实现的，希望读者引起重视。

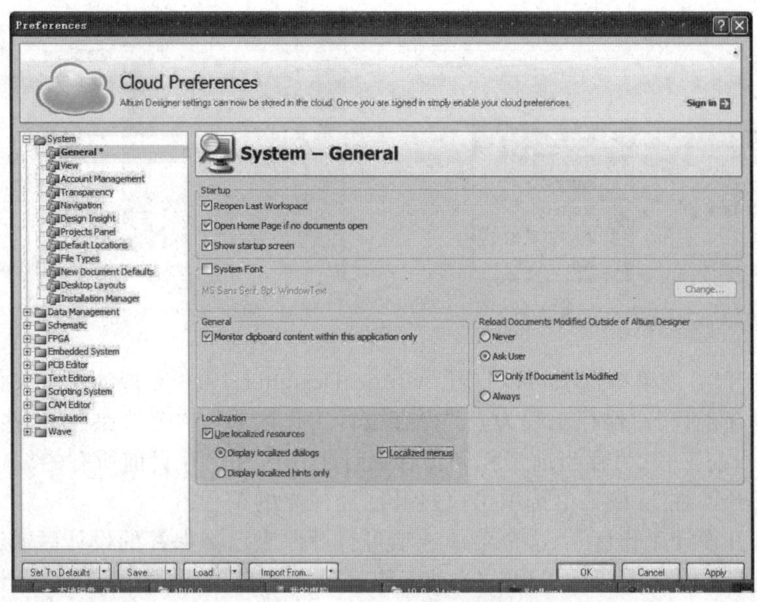

图 1-20　参数设置对话框

2. “文件”菜单选项

选择“文件”菜单选项，将弹出图 1-21 所示的菜单选项。其中，各项的功能如下。

(1) “新的”：将鼠标停留在该菜单选项一小段时间，将弹出图 1-22 所示的下一级菜单选项，这里可以新建各种 Altium Designer 10.0 支持的文件。

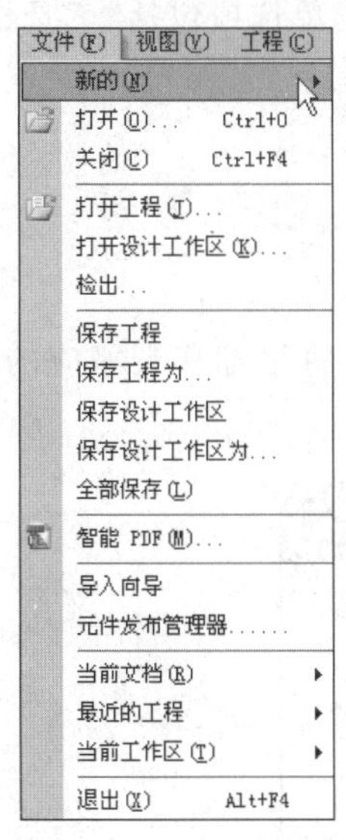

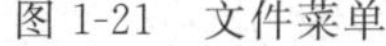
图 1-21　文件菜单

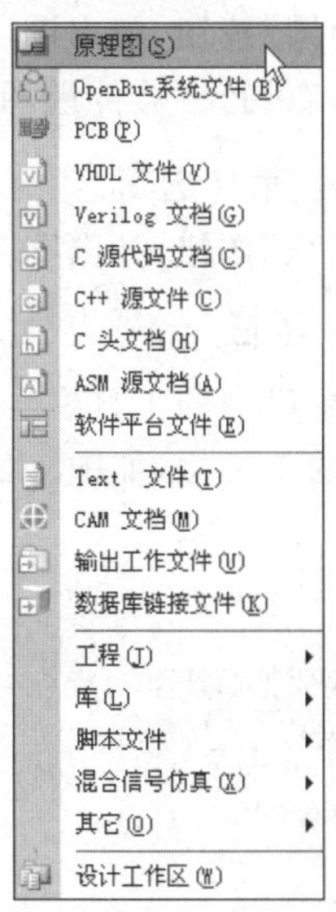

图 1-22　“新的”的子菜单

① 常用的包括原理图、PCB(印制板)文件、库、工程等菜单选项。

② 将鼠标移动到“工程”菜单选项上显示三级菜单，如图 1-23 所示。

③ 将鼠标移动到“库”菜单选项上显示三级菜单，如图 1-24 所示。

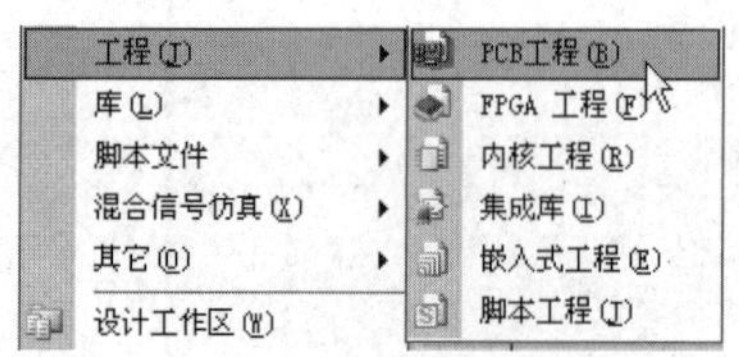

图 1-23 “工程”的三级菜单

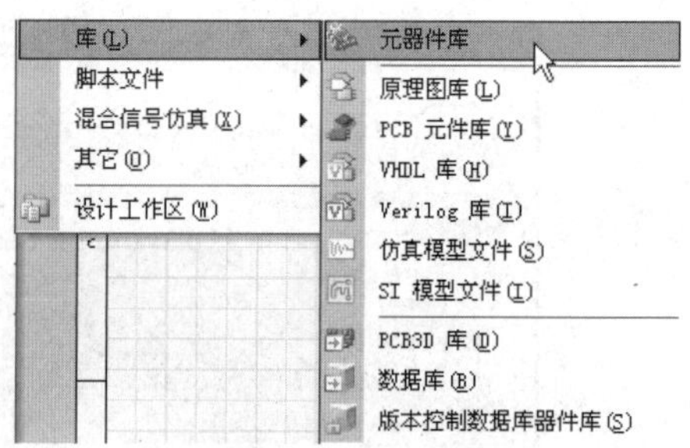

图 1-24 “库”的三级菜单

(2)“打开”：该菜单选项可以打开 Altium Designer 10.0 支持的所有文件。

(3)“保存工程”、“保存工程为 ”、“保存设计工作区为”、“全部保存”这些菜单选项分别表示保存当前工程、另存当前工程和保存设计工作区和保存目前所有的编辑对象。

(4)“打开工程”：该菜单选项可以打开已经建立的工程。

(5)“打开设计工作区”：这个菜单选项可打开原来已经保存的设计区或工程。

(6)“当前文档”、“最近的工程”、“当前工作区”：这些菜单选项中保留了设计者最近编辑过的文件、工程和工作区，同时通过这些菜单选项，设计者可以迅速地打开最近的设计工程。

(7)“导入向导”：帮助转换别的版本的 Altium 文件转化为本版本的文件。

(8)“退出”：该菜单选项可以使用户退出 Altium Designer 10.0 程序。

注意：原理图、PCB(印制板)文件、库、工程等菜单选项是我们在使用 Altium Designer 10.0 设计电路时较常使用的选项。

3. “视图”菜单选项

单击“视图”按钮，弹出图 1-25 所示的菜单选项。该菜单选项包括“工具栏”、“工作区面板”、“桌面布局”、“器件视图”、“首页”、“状态栏”等选项。

4. “工程”菜单选项

单击“工程”按钮，弹出图 1-26 所示的菜单选项。

1.7.4 工具栏

主工作窗口中的工具栏全部包含在各个菜单选项中，将鼠标移到相应的菜单上就可以选择相应的工具栏，如图 1-27 所示。

图 1-25 “视图”菜单选项

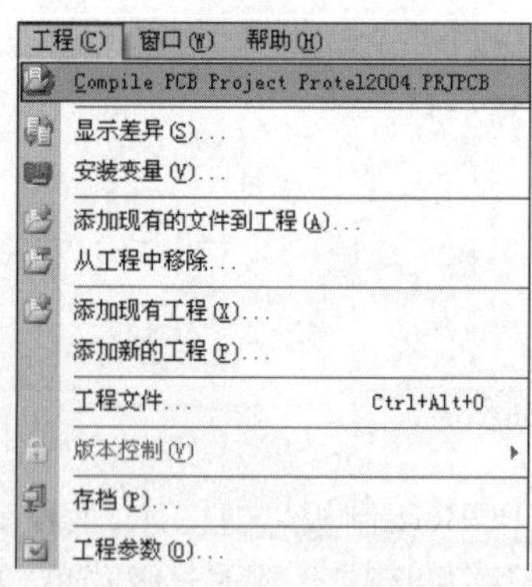

图 1-26 “工程”菜单选项

图 1-27 工具栏

1.7.5　工作面板

Altium Designer 10.0 启动后，在主窗口左边自动出现默认的 Files 面板，如图 1-28 所示。

该面板的操作分 5 个工程。

(1)“打开文档”：打开 Altium Designer 10.0 支持的单个文件。

(2)“打开工程”：打开 Altium Designer 10.0 支持的工程文件。

(3)“新的”：新建 Altium Designer 10.0 支持的单个文件或工程文件。

(4)“从已有文件新建文件”：从已有文件中新建文件。

(5)“从模板新建文件”：从模板中新建文件。

注意：如果计算机不能显示面板的 5 个工程，可以调整计算机的显示器分辨率或者通过按钮、按钮展开收缩工程内容来实现。

其他工作面板可以通过主窗口中左下角的按钮进行切换。

单击 Projects 按钮切换到“工程”面板，如图 1-29 所示。

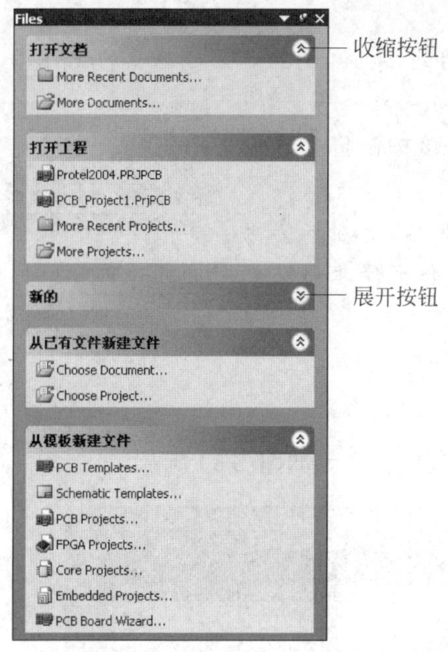

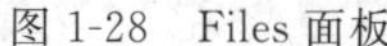
图 1-28　Files 面板

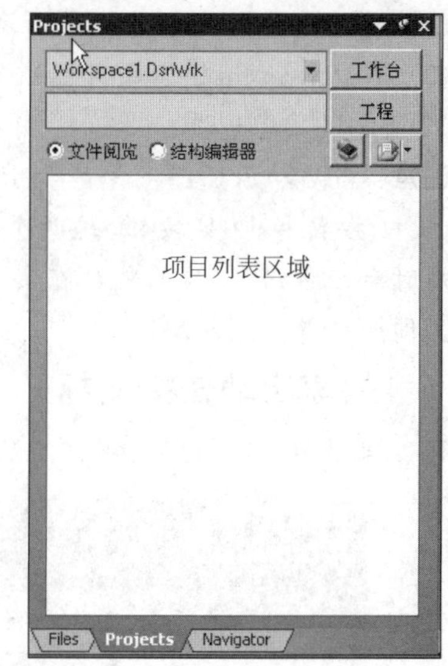

图 1-29　“工程”面板

注意：由于没有建立一个工程，所以工程是空白的，如果建立工程后将会显示工程内容。

单击 Navigator 按钮切换到“导航”面板，如图 1-30 所示。

以上这几个面板在设计电路时是较为常用的。

此外，还可以通过标签栏内的按钮来控制工作面板的显示，具体说明如下。

(1) System(系统)按钮：单击该按钮展开图 1-31 所示的菜单选项，在该菜单中选择某一项，只要上面打上了钩则表明该面板已经处于选取状态。

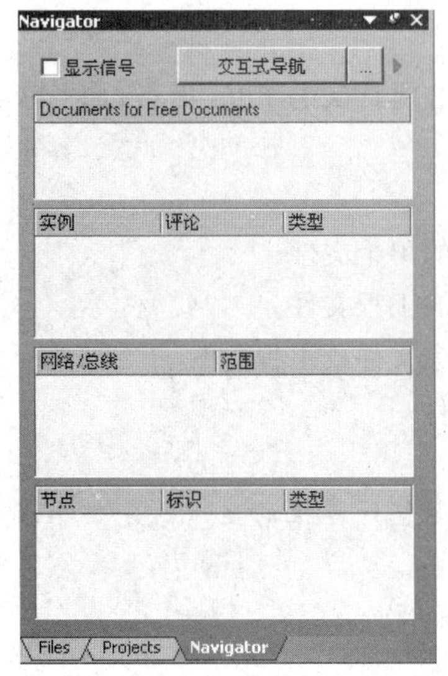

图 1-30 “导航”面板

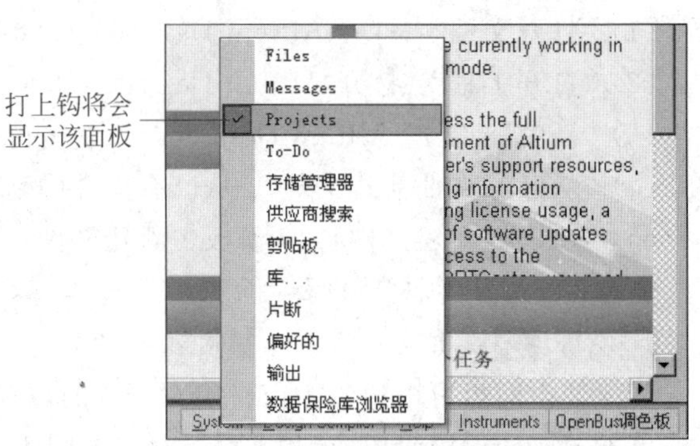

图 1-31 System 按钮

注意：System 按钮在电路设计时会经常用到，例如，要显示已经隐藏的元件库、显示已经隐藏的工程面板 Projects、显示消息面板 Messages 等。

(2) Design Compiler(设计器)按钮：单击该按钮将会显示图 1-32 所示的菜单选项。

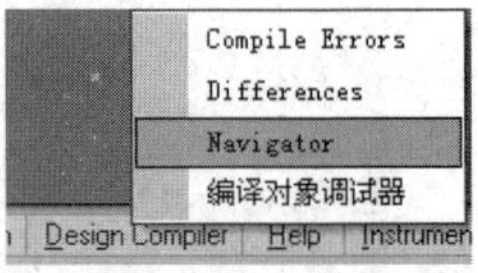

注意：当启动原理图元件库和 PCB 元件库后，会在标签栏出现 SCH 按钮和 PCB 按钮，这两个在自己制作元件库和修改元件库时会经常用到，后面将会在实例中讲到。

图 1-32 Design Compiler (设计器)按钮

其他按钮的介绍从略。

1.7.6 快速启动任务图标

在主窗口的工作窗口中包含一系列的快速启动图标，如图 1-33 所示。

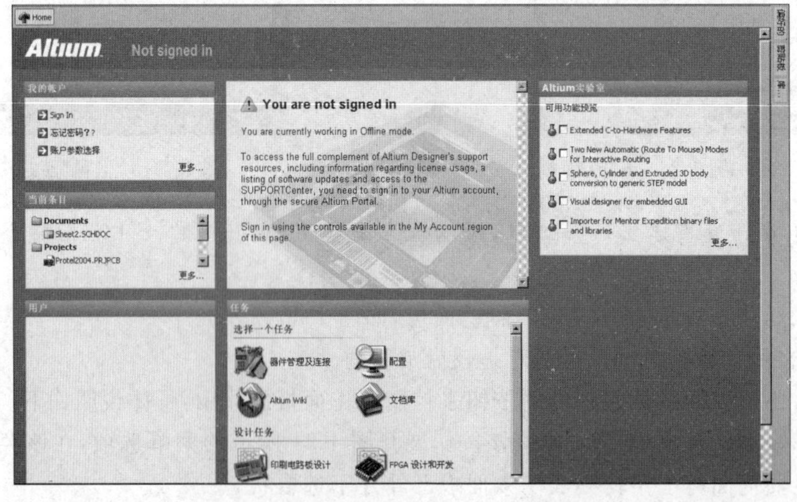

图 1-33 快速启动图标

快速启动图标实现的功能可以在菜单中找到。

1.8　PCB 设计流程

在设计 PCB 时，可以直接在 PCB 板上放置元件封装，并用导线将它们连接起来，这在后面的章节中将会介绍，这是手动制板。但是，在复杂的 PCB 设计中，往往牵涉到大量的元件和连接，工作量很大，如果没有一个系统的管理是很容易出错的。因此，在设计时，采用系统的流程来规划整个工作。通用的 PCB 设计流程包含以下四步。

(1) PCB 设计准备工作。

(2) 绘制原理图。

(3) 将原理图导入 PCB 中。

(4) 绘制 PCB 并导出 PCB 文件，准备制作 PCB 板。

下面将对每个步骤进行简要说明。

1.8.1　PCB 设计准备工作

PCB 设计的准备工作包括以下几个。

(1) 对电路设计的可能性进行分析。

(2) 确定采用的芯片、电阻、电容等元件的数目和型号。

(3) 查找采用元件的数据手册，并选用合适的元件封装。

(4) 购买元件。

(5) 选用合适的设计软件。

1.8.2　原理图的绘制

在做好 PCB 设计准备工作后，需要对电路进行设计，开始原理图的绘制。在电路设计软件中设置好原理图环境参数，绘制原理图的图纸大小。在设置好图纸后，在绘制的原理图中，主要包括以下几个部分。

(1) 元件标志(Symbol)：每一个实际元件都有自己的标志(Symbol)。标志由一系列的管脚和边界方框组成，其中的管脚排列和实际元件的引脚一一对应，标志中的管脚即为引脚的映射。

(2) 导线：原理图中的管脚通过导线相连，表示在实际电路上元件引脚的电气连接。

(3) 电源：原理图中有专门的符号来表示接电源和接地。

(4) 输入/输出端口：它们表示整个电路的输入和输出。

简单的原理图由以上内容构成。在绘制简单的原理图时，放置上所有的实际元件标志，并用导线将它们正确地连接起来，放置上电源符号和接地符号，安装合适的输入/输出端口，整个工作就可以完成。但是，当原理图过于复杂时，在单张的原理图图纸上绘制非常不方便，而且比较容易出错，检错就更加不容易了，需要将原理图划分层次。在分层次的原理图中引入了方块电路图等内容。在原理图中，还包含忽略 ERC 检查点、PCB 布线指示点等辅助设计内容。

当然，在原理图中还包含说明文字、说明图片等，它们被用于注释原理图，使原理图更加容易理解，更加美观。

原理图的绘制步骤如下：

(1) 查找绘制原理图所需要的原理图库文件并加载。

(2) 如果电路图中的元件不在库文件中，则自己启动原理图元件库，在原理图元件窗口中绘制元件，然后安装自己绘制的原理图元件库。

(3) 将元件放置到原理图中，进行元件的调整布局。

(4) 元件连线。

(5) 对原理图进行注释。

(6) 对原理图进行仿真，检查原理图设计的合理性。

(7) 检查原理图并打印输出。

1.8.3 印制板——PCB设计

根据原理图绘制的印制板包含的主要内容有以下几方面。

(1) 元件封装：每个实际的元件都有自己的封装，封装由一系列的焊盘和边框组成，元件的引脚被焊接在 PCB 板上的封装的焊盘上，从而建立真正的电气连接。元件封装的焊盘和元件的引脚是一一对应的。

(2) 导线：铜箔层的导线将焊盘连接起来，建立电气连接。

(3) 电源插座：给 PCB 上的元件加电后，PCB 才能开始工作。给 PCB 加电可以直接拿一根铜线引出需要供电的引脚，然后连接到电源即可，不需要任何的电源插座，但是为了让印制板的铜箔不至于被维修人员在维修时用连接导线供电将铜箔损坏，还是需要设计电源插座，使产品调试维修人员直接通过插座给印制板供电。

(4) 输入/输出端口：在设计中，同样需要采取合适的输入/输出端口引入输入信号，导出输出信号。一般的设计中可以采用和电源输入类似的插座。在有些设计中，有规定好的输入/输出连接器或者插槽，如计算机的主板 PCI 总线、AGP 插槽、计算机网卡的 RJ-45 插座等，在这种情况下，需要按照设计标准，设计好信号的输入/输出端口。

(5) 在有些设计中，PCB 上还设置有安装孔。PCB 板通过安装孔可以固定在产品上，同时安装孔的内壁也可以镀铜，设计成通孔形式，并与“地”网络连接，这样方便了电路的调试。

PCB 中的内容除以上之外，有些还有指示部分，如 LED、七段数码显示器等。当然，PCB 上还有丝印层上的说明文字，指示 PCB 的焊接和调试。

PCB 设计需要遵循一定的步骤才能保证不出错误。PCB 设计大体包括以下的步骤。

(1) 设置 PCB 模板。

(2) 检查网络报表，并导入。

(3) 对所有元件进行布局。

(4) 按照元件的电气连接进行布线。

(5) 敷铜，放置安装孔。

(6) 对 PCB 进行全局或者部分的仿真。

(7) 对整个 PCB 检错。

(8) 导出 PCB 文件，准备制作印制板。

本章小结

PCB 是电子设计的最终结果之一，良好的 PCB 设计可以让电子设计实现起来更加容易，性能更加优越。制作一个高性能而又美观的 PCB 往往有着巨大的工作量，需要通过一定程式化的流程进行，这样才能保证既不出错，又有良好性能。

本章的主要知识点如下。

1. 电子产品板子上有印制线路连接着各种元件的引脚，这些板子称为印制电路板，英文简称为 PCB。

2. 印制电路板主要由焊盘、过孔、安装孔、导线、元件、接插件、填充、电气边界等组成。

3. 印制电路板常见的板层结构包括单层板（Single Layer PCB）、双层板（Double Layer PCB）和多层板（Multi Layer PCB）3 种。

4. 印制电路板包括许多类型的工作层面，如信号层、防护层、丝印层、内部层等。

5. 所谓元件封装，是指当元件焊接到电路板上时，在电路板上所显示的外形和焊点位置的关系。

6. Altium Designer 10.0 是典型的 Windows 应用软件，它的安装、卸载和大多数 Windows 应用软件相同。运行 Altium Designer 10.0 后，也有着和大多数 Windows 应用软件相同的窗口风格和操作方法。它的安装及卸载比较简单，Altium Designer 10.0 的软件激活需要将破解软件复制到 Altium Designer 10.0 的安装文件夹内进行，破解步骤如下：

(1) 打开模版。

(2) 生成协议。

(3) 密钥替换。

(4) 启动 Altium Designer 10.0，在许可管理区域增加许可文件。

7. Altium Designer 10.0 的汉化需要从 DXP 菜单下启动“我的账户”选项，然后在出现的对话框中的 Localization 区域中选中 Use localized resources 复选框。

8. Altium Designer 10.0 的开发环境包含主窗口、工作栏、菜单栏、工作面板、标签栏、状态命令栏等。

9. PCB 板的设计流程如下：

(1) PCB 设计准备工作。

(2) 绘制原理图。

(3) 将原理图导入 PCB 中。

(4) 绘制 PCB 并导出 PCB 文件，准备制作 PCB 板。

习　题　1

1. 什么是 PCB 板？PCB 的功能是什么？

2. 简述印制电路板的组成。

3. 印制电路板常见的板层结构有哪些？
4. 印制电路板工作层面有哪些？
5. 什么是元件封装？
6. Altium Designer 10.0 如何破解才能使用？
7. Altium Designer 10.0 如何汉化？
8. 简要介绍 Altium Designer 10.0 的开发环境。
9. PCB 板的设计流程是怎样的？
10. 上机操作：Altium Designer 10.0 软件的破解。
11. 上机操作：Altium Designer 10.0 软件的汉化。

第 2 章

Altium Designer 10.0 文件管理

本章导读：本章主要介绍 Altium Designer 10.0 的文件结构、Altium Designer 10.0 的 Projects 面板的两种文件，即工程文件和 Altium Designer 10.0 设计时的临时文件（自由文档），此外还重点介绍了 Altium Designer 10.0 的工程文件、原理图文件、原理图元件库文件、PCB 文件、PCB 封装库文件的创建方法。

学习目标：

(1) 掌握 Altium Designer 10.0 的文件结构。

(2) 掌握 Altium Designer 10.0 的 Proiects 面板中的文件类别。

(3) 理解如何复制工程文件。

(4) 了解 Altium Designer 10.0 电路软件包含的文件系统。

(5) 掌握建立工程文件的两种方法。

(6) 掌握工程文件的各种文件的后缀名。

(7) 掌握建立原理图文件、原理图库文件、PCB 文件、PCB 库文件的方法。

2.1 Altium Designer 10.0 文件结构

Altium Designer 10.0 的文件组织结构如图 2-1 所示。

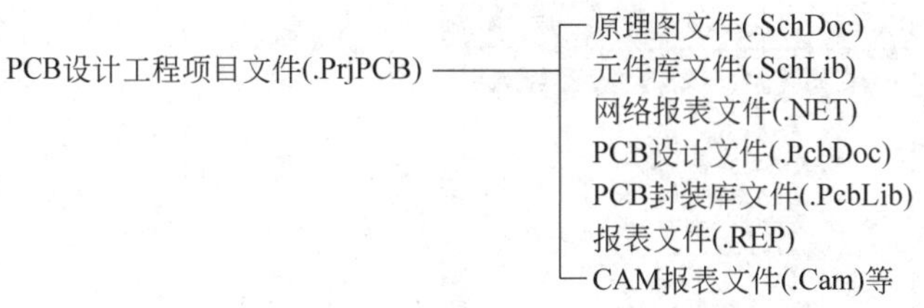

图 2-1 Altium Designer 10.0 的文件组织结构

Altium Designer 10.0 同样引入了工程（*.PrjPCB 为扩展名）的概念，其中包含一系列的单个文件，如原理图文件（.SchDoc）、元件库文件（.SchLib）、网络报表文件（.NET）、PCB 设计文件（.PcbDoc）、PCB 封装库文件（.PcbLib）、报表文件（.REP）、CAM 报表文件（.Cam）等，工程文件的作用是建立与单个文件之间的连接关系，方便电路设计的组织和管理。

2.2 Altium Designer 10.0 的文件管理系统

在 Altium Designer 10.0 的 Projects 面板中有两种文件：工程文件和 Altium Designer 10.0 设计时的临时文件。此外，Altium Designer 10.0 将单独存储设计时生成的文件。Altium Designer 10.0 中的单个文件（如原理图文件、PCB 文件）不要求一定处于某个设计工程中，它们可以独立于设计工程而存在，并且可以方便地移入和移出设计工程，也可以方便地进行编辑。Altium Designer 10.0 文件管理系统给设计者提供了方便的文件中转，给大型设计带来了很大的方便。

1. 工程文件

Altium Designer 10.0 支持工程级别的文件管理。在一个工程文件中包含有设计中生成的一切文件，如原理图文件、网络报表文件、PCB 文件以及其他报表文件等，它们一起构成一个数据库，完成整个的设计。实际上，工程文件可以被看作一个"文件夹"，里面包含有设计中需要的各种文件，在该"文件夹"中可以执行一切对文件的操作。

图 2-2 所示为打开的"显示电路.prjPCB"工程文件的展开，该文件中包含有自己的原理图文件"显示电路.SchDoc"，PCB 文件"显示电路 1.PcbDoc"、"显示电路.PcbDoc"、"显示电路敷铜.PcbDoc"，原理图库文件"显示电路.SchLib"，PCB 库文件"显示电路.PcbLib"。

注意：工程文件中并不包括设计中生成的文件，工程文件只起到管理的作用。如果要对整个设计工程进行复制、移动等操作时，需要对所有设计时生成的文件都进行操作。如果只复制工程将不能完成所有文件的复制，在工程中列出的文件将是空的。

2. 自由文档

不从工程中新建，而直接从"文件"|"新建"菜单中建立的文件称为自由文档，如图 2-3 所示。

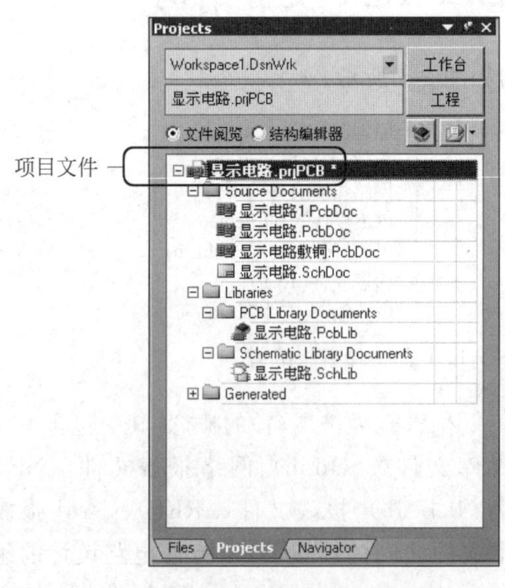

图 2-2 工程文件

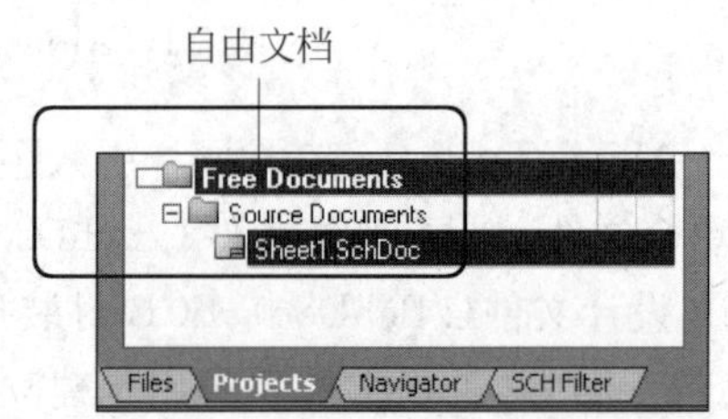

图 2-3 自由文档

3. 文件保存

当在 Altium Designer 10.0 中存盘时，系统会单独地保存所有设计中生成的文件，同时也会保存工程文件。但是需要说明的是，在文件存盘时，工程文件不像 Protel 99 SE 那样，所有设计时生成的文件都会保存在工程文件中，而是每个生成文件都有自己的独立文件。

注意：虽然 Protel DXP 2004 支持单个文件，但是正规的电子设计，还是需要建立一个工程文件来管理所有设计中生成的文件。

2.3 Altium Designer 10.0 的原理图和 PCB 设计系统

Altium Designer 10.0 作为一套电路设计软件，主要包含 4 个组成部分：原理图设计系统、PCB 设计系统、电路仿真系统、可编程程序设计系统。

(1) Schematic DXP：电路原理图绘制部分，提供超强的电路绘制功能。设计者不但可以绘制电路原理图，还可以绘制一般的图案，也可以插入图片，对原理图进行注释。原理图设计中的元件由元件符号库支持，对于没有符号库的元件，设计者可以自己绘制元件符号。

(2) PCB DXP：印制电路板设计部分，提供超强的 PCB 设计功能。Altium Designer 10.0 有完善的布局和布线功能，尽管 Protel 的 PCB 布线功能不能说是最强的，但是它的简单易用使得软件具有很强的亲和力。PCB 需要由元件封装库支持，对于没有封装库的元件，设计者可以自己绘制元件封装。

(3) SIM DXP：Altium Designer 10.0 的电路仿真部分。在电路图和印制板设计完成后，需要对电路设计进行仿真，以便检查电路设计是否合理，是否存在干扰。

(4) PLD DXP：Altium Designer 10.0 的可编程逻辑设计部分。本书对该部分功能不做讲述。

本节重点介绍原理图和 PCB 设计系统，从新建一个工程文件开始，然后在工程文件中新建理图文件、新建原理图库文件、新建 PCB 文件、新建 PCB 库文件来进行讲述。

2.3.1 新建工程文件

新建工程文件的方法有以下两种。

方法一：在 Altium Designer 10.0 默认的 Files 面板中选择“新的”| Blank Project (PCB) (PCB 工程)选项，如图 2-4 所示。

方法二：选择“文件”|“新建”|“工程”|“PCB 工程”命令，如图 2-5 所示。

图 2-4 在面板中新建工程文件

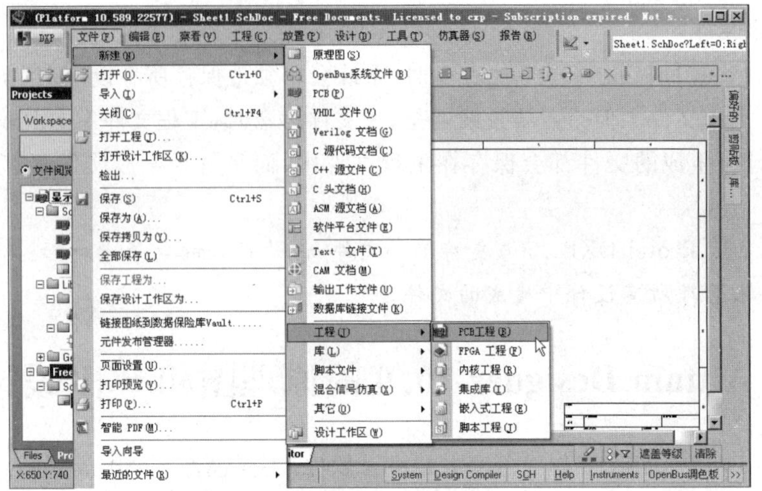

图 2-5　在“文件”菜单新建工程文件

通过以上两种方式已经建立的工程文件如图 2-6 所示。

工程文件建立好后，可以在工程文件中建立单个文件。

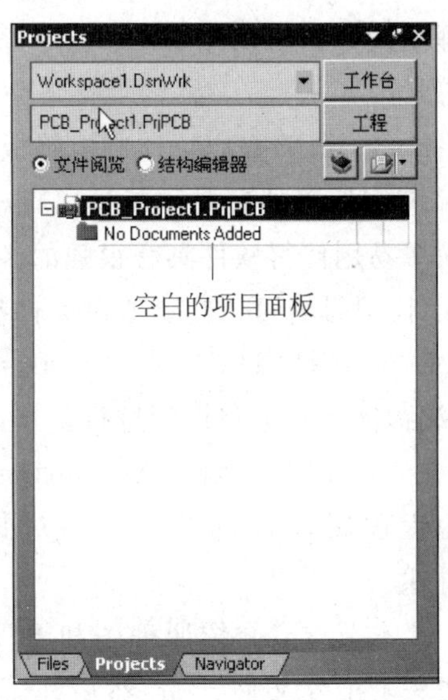

图 2-6　工程文件

2.3.2　新建原理图文件

新建原理图文件的操作步骤如下：

(1) 在工程文件 PCB_Project1. PrjPCB 上右击，在弹出的快捷菜单中选择“给工程添加新的”|Schematic(原理图)选项，如图 2-7 所示。

(2) 执行前面的菜单命令后将在 PCB_Project1. PrjPCB 工程中新建一个原理图文件，该文件将显示在 PCB_Project1. PrjPCB 工程文件中，被命名为 Sheet1. SchDoc，并自动打开原理图设计界面，该原理图文件进入编辑状态，如图 2-8 所示。

和 Protel 家族的其他软件一样，原理图设计界面包含菜单、工具栏和工作窗口，在原理图设计界面中默认的工作面板是 Project(工程)面板。

2.3.3　新建原理图库文件

原理图设计时使用的是元件符号库。原理图库文件是指元件符号库文件。

新建原理图元件库文件的步骤如下：

(1) 在工程文件 PCB_Project1. PrjPCB 上右击，在弹出的快捷菜单中选择“给工程添加新的”|Schematic Library(原理图库)选项，如图 2-9 所示。

(2) 执行前面的菜单命令后将在 PCB_Project1. PrjPCB 工程中新建一个原理图库文件，该文件将显示在 PCB_Project1. PrjPCB 工程文件中，被命名为 Schlib1. SchLib，并自动打开原理图库设计界面，该原理图库文件进入编辑状态，如图 2-10 所示。

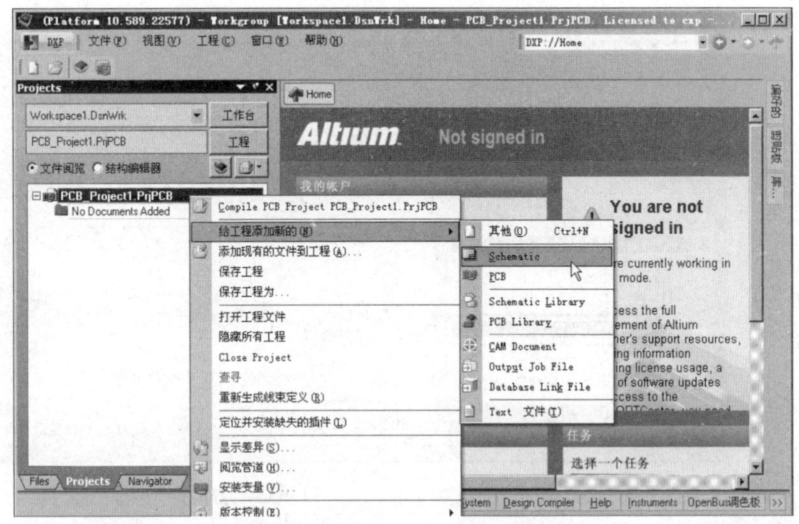

图 2-7　新建原理图的菜单

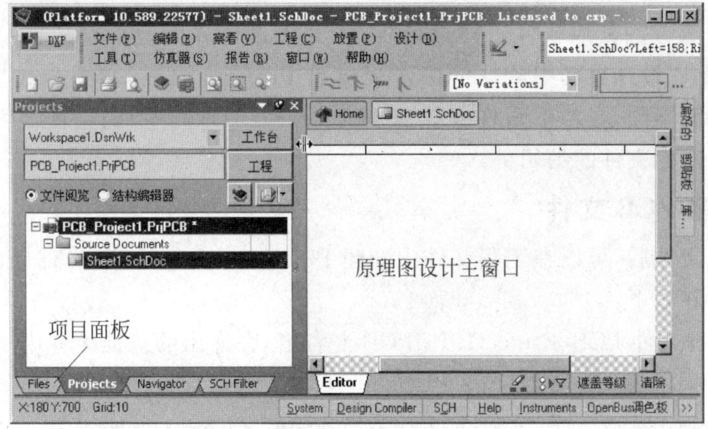

图 2-8　新建原理图设计界面

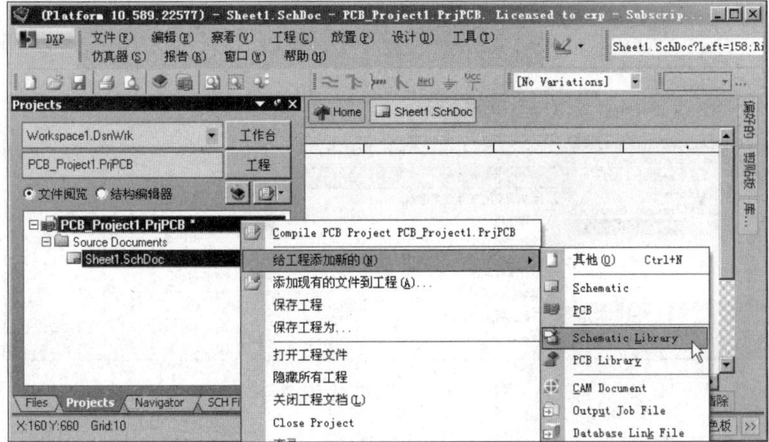

图 2-9　新建原理图库文件命令

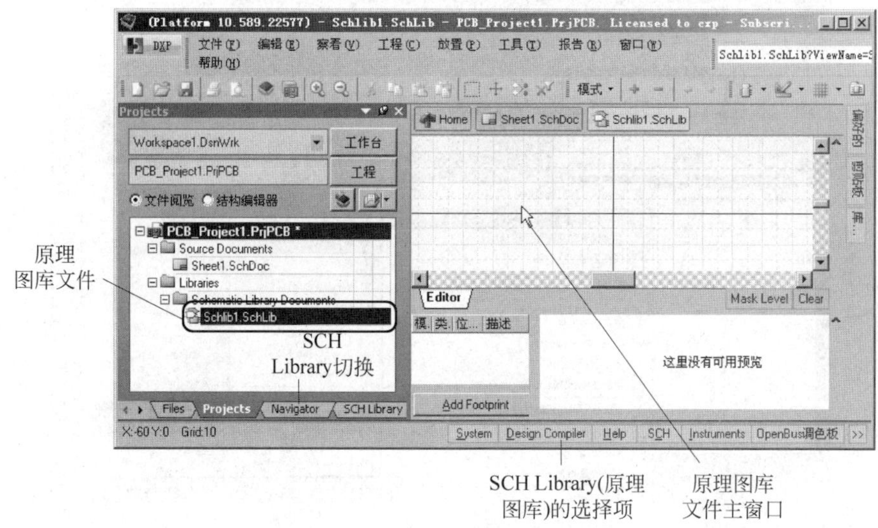

图 2-10　原理图库文件设计界面

和 Protel 家族的其他软件一样，原理图库文件设计界面包含菜单栏、工具栏和工作窗口，在原理图库设计界面中默认的工作面板是 Projects 面板，如图 2-10 所示。不过和原理图设计界面不同，在左下角将显示 SCH Library(原理图库)的选择项，选择该选项后正式进入原理图库文件的编辑。

2.3.4　新建 PCB 文件

建立工程文件后，可以在工程文件中新建 PCB 文件，进入 PCB 设计界面。

其操作步骤如下：

(1) 在工程文件 PCB_Project1.PrjPCB 上右击，在弹出的快捷菜单中选择"给工程添加新的"|PCB(印制板)选项，如图 2-11 所示。

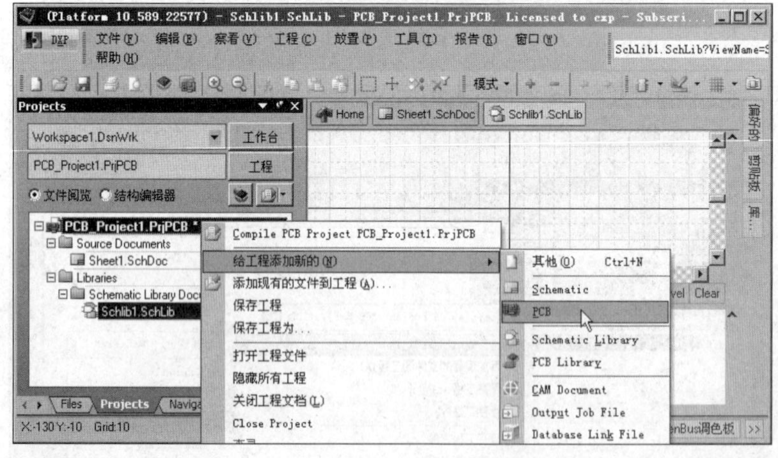

图 2-11　PCB 新建的命令

(2) 执行前面的菜单命令后将在 PCB_Project1.PrjPCB 工程中新建一个 PCB 印制

板文件，该文件将显示在 PCB_Project1.PrjPCB 工程文件中，被命名为 PCB1.PcbDoc，并自动打开 PCB 印制板设计界面，该 PCB 文件进入编辑状态，如图 2-12 所示。

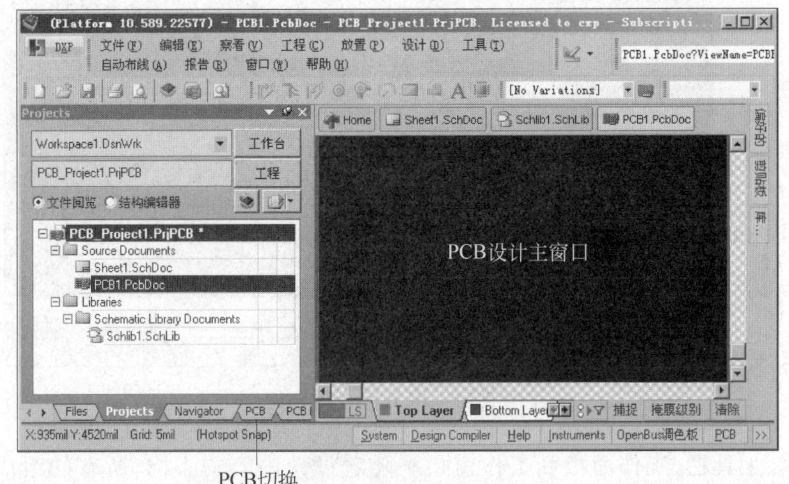

图 2-12　PCB 设计界面

此时激活的设计工程仍然是 PCB_Project1.PrjPCB。不过和原理图设计界面不同，在左下角将显示 PCB 的选择项，选择该选项后正式进入 PCB 文件的编辑。

2.3.5　新建 PCB 库文件

PCB 设计时使用的是元件封装库。没有元件封装库元件将不会出现，如果从原理图转换为 PCB，则只会出现元件名称而没有元件的外形封装。

其操作步骤如下：

(1) 在工程文件 PCB_Project1.PrjPCB 上右击，在弹出的快捷菜单中选择"给工程添加新的"|PCB Library(印制板库)选项，如图 2-13 所示。

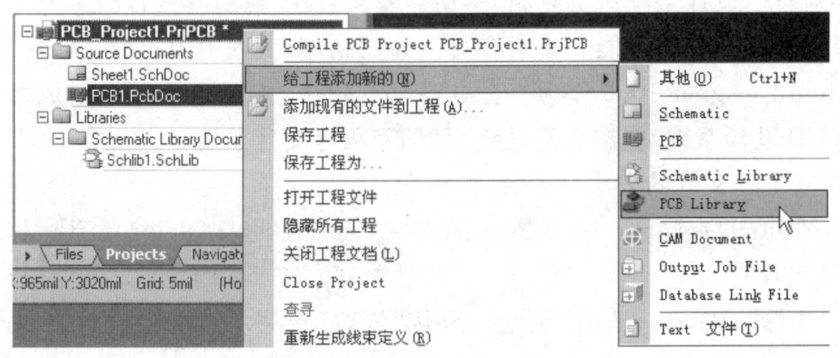

图 2-13　PCB 库文件新建菜单

(2) 执行前面的菜单命令后将在 PCB_Project1.PrjPCB 工程中新建一个 PCB 库文件，该文件将显示在 PCB_Project1.PrjPCB 工程文件中，被命名为 PCBLib1.PcbLib，并自动打开 PCB 库文件设计界面，该 PCB 库文件进入编辑状态，如图 2-14 所示。

Altium Designer 10.0 中的常见设计界面至此已经介绍完毕，它们都有一个共同的

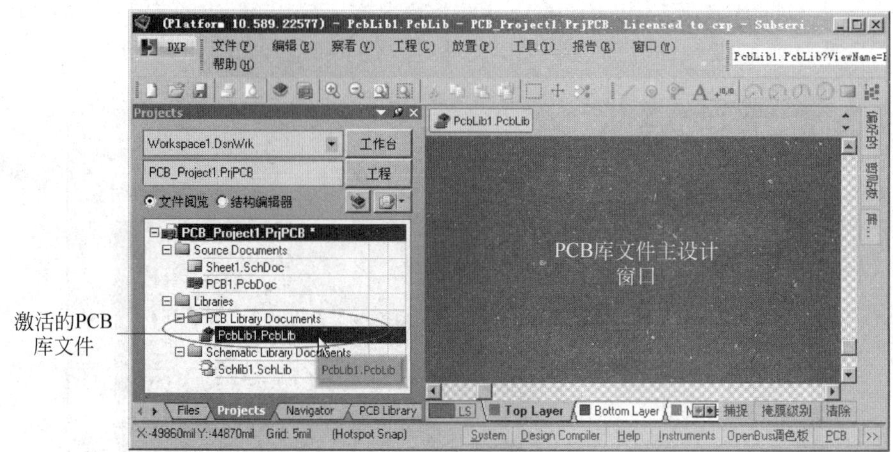

图 2-14　PCB 库设计界面

组成：菜单、工具栏、工作面板和工作窗口。随着设计内容的不同，所有的组成部分将会有所不同，详细的内容将在以后的各个章节中介绍。

本章小结

本章主要介绍了 Altium Designer 10.0 的文件管理，主要知识点如下：

1. Altium Designer 10.0 的文件结构是由工程文件（*.PrjPCB 为扩展名）包含一系列单个文件。

2. Altium Designer 10.0 的 Projects 面板中有两种文件：工程文件和 Altium Designer 10.0 设计时的临时文件（自由文档）。

3. 工程文件中并不包括设计中生成的文件，工程文件只起到管理的作用。

如果要对整个设计工程进行复制、移动等操作，需要对所有设计时生成的文件都进行操作。如果只复制工程将不能完成所有文件的复制，在工程中列出的文件将是空的。

4. Altium Designer 10.0 作为一套电路设计软件，主要包含 4 个组成部分：原理图设计系统、PCB 设计系统、电路仿真系统、可编程程序设计系统。

5. 新建立工程文件的方法有两种。

(1) 在 Altium Designer 10.0 默认的 Files 面板中选择 New（新建）| Blank Project (PCB)(PCB 工程)。

(2) 从“文件”菜单选项选择“创建”，再从“创建”子菜单选项中选择“工程”|“PCB 工程”选项。

6. 如果新建了一个工程文件 PCB_Project1. PrjPCB，在工程文件中建立单个文件的方法如下。

(1) 新建原理图文件

在工程文件 PCB_Project1. PrjPCB 上右击，在弹出的快捷菜单中选择“给工程添加新的”| Schematic(原理图)选项。

（2）新建原理图库文件

在工程文件 PCB_Project1. PrjPCB 上右击，在弹出的快捷菜单中选择“给工程添加新的”|Schematic Library（原理图库）选项。

（3）新建 PCB 文件

在工程文件 PCB_Project1. PrjPCB 上右击，在弹出的快捷菜单中选择“给工程添加新的”|PCB（印制板）选项。

（4）新建 PCB 库文件

在工程文件 PCB_Project1. PrjPCB 上右击，在弹出的快捷菜单中选择“给工程添加新的”|PCB Library（印制板库）选项。

习　题　2

1. Altium Designer 10.0 的文件结构如何？
2. Altium Designer 10.0 的单个文件的后缀名是怎样的？
3. Altium Designer 10.0 的文件系统包含哪些？
4. Altium Designer 10.0 的工程文件和单个文件的建立方法是怎样的？
5. 上机操作：读者自己建立一个工程文件，并在工程文件中建立单个文件。

第 3 章

原理图编辑器基本功能介绍及参数设置

本章导读：本章首先简介电路图设计过程，然后讲述了电路图设计系统、原理图图纸设置、原理图的模板设计、原理图的注释、打印等内容。

学习目标：

(1) 了解原理图的组成。

(2) 了解原理图的总体设计流程。

(3) 熟悉原理图设计界面。

(4) 掌握原理图图纸设置的要点。

(5) 掌握原理图中的视图和编辑操作。

3.1 原理图的总体设计过程

本节将简要介绍原理图的总体设计过程。

原理图的设计可按下面过程来完成。

(1) 设计图纸大小：在进入 Altium Designer Release 10 Schematic(原理图)后，首先要构思零件图，设计好图纸大小。图纸大小是根据电路图的规模和复杂程度而定的，设置合适的图纸大小是设计原理图的第一步。

(2) 设置 Altium Designer Release 10 Schematic(原理图)的设计环境：设置好格点大小、光标类型等参数。

(3) 放置元件：用户根据电路图的需要，将零件从零件库里取出放置到图纸上，并对放置零件的序号、零件封装进行定义。

(4) 原理图布线：利用 Altium Designer Release 10 Schematic(原理图)提供的各种工具，将图纸上的元件用具有电气意义的导线、符号连接起来，构成一个完整的原理图。

(5) 调整线路：将绘制好的电路图做调整和修改，使得原理图布局更加合理。

(6) 报表输出：通过 Altium Designer Release 10 Schematic(原理图)的报表输出工具生成各种报表，最重要的网络表。只是现在不需要单独生成网络表，也可以实现与 PCB 的转换。

(7) 文件保存并打印：将已经设计好的原理图保存并打印。

3.2　原理图的组成

设计原理图首先弄清楚原理图是如何组成的。

原理图是印制电路板在原理上的表现，在原理图上用符号表示了所有的 PCB 板的组成部分。图 3-1 所示为一张电路原理图。

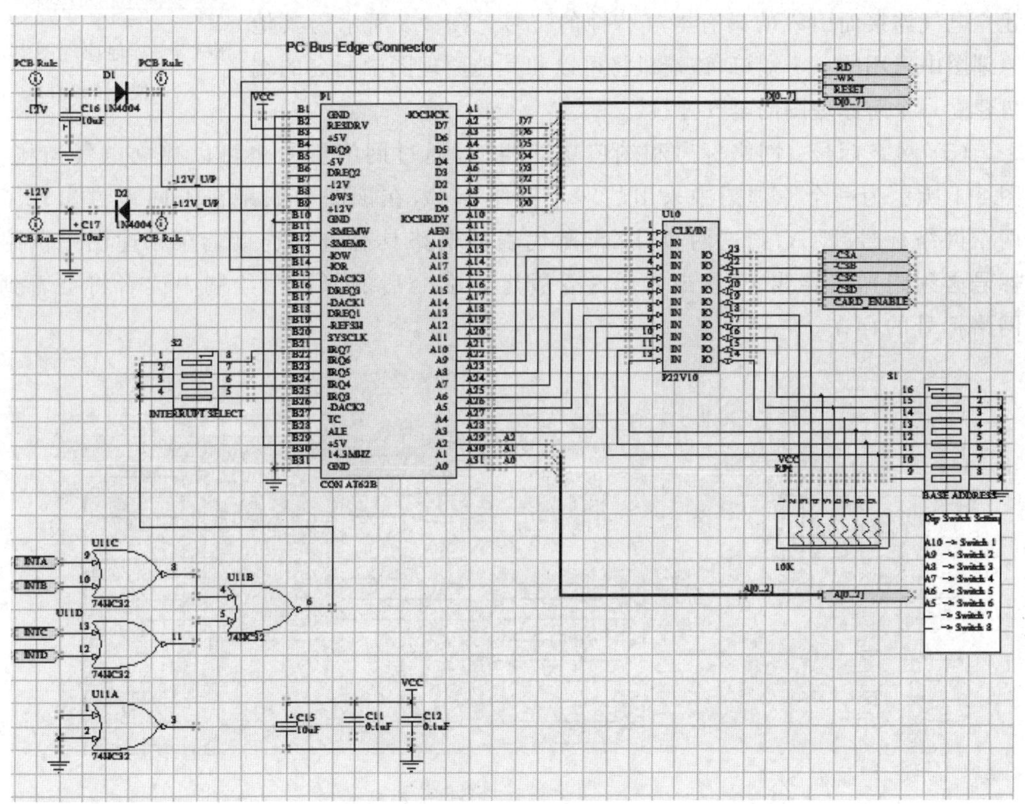

图 3-1　Altium 电路原理图

下面以图 3-1 为例来分析原理图的构成。

(1) 元件：在 Altium Designer Release 10 的原理图设计中，元件将以元件符号的形式出现，元件符号主要由元件管脚和边框组成。

(2) 铜箔：在 Altium Designer Release 10 的原理图设计中，铜箔分别有如下表示。

① 导线：原理图设计中导线也有自己的符号，它将以线段的形式出现。在 Altium Designer Release 10 中还提供了总线用于表示一组信号，它在 PCB 上将对应一组铜箔组成的实际导线。图 3-2 所示为原理图中采用的一根导线，该导线有线宽的属性，但是这里导线的线宽只是原理图中的线宽，并不是实际 PCB 板上的导线宽度。

图 3-2　原理图中的导线

② 焊盘：元件的管脚将对应 PCB 上的焊盘。

③ 过孔：原理图上不涉及 PCB 板的走线，因此没有过孔。

④ 敷铜：原理图上不涉及 PCB 板的敷铜。

(3) 丝印层：丝印层是 PCB 板上元件的说明文字，包括元件的型号、标称值等各种参数，在原理图上丝印层上的标注对应的是元件的说明文字。

(4) 端口：在 Altium Designer Release 10 的原理图编辑器中引入的端口不是平时所说的硬件端口，而是为了在多张原理图之间建立电气连接而引入的具有电气特性的符号。图 3-3 所示为其他原理图中采用的一个端口，该端口将可以和其他原理图中同名的端口建立一个跨原理图的电气连接。

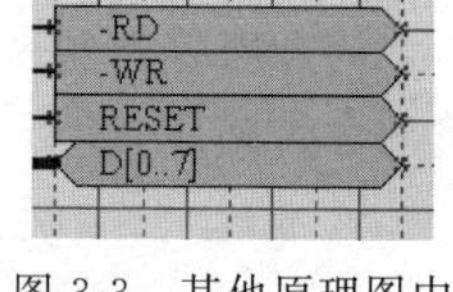

图 3-3　其他原理图中使用的端口

(5) 网络标号：网络标号和端口功能相似，通过网络标号也可以建立电气连接。图 3-4 所示为一个原理图中采用的一个网络标号，在该图中如果在不同地方出现了两个网络标号 TXA，则这两个 TXA 所代表的电路具有电气连接。在原理图中网络标号必须附加在导线、总线或者元件管脚上。在今后的原理图绘制中读者将会看到网络标号的存在。

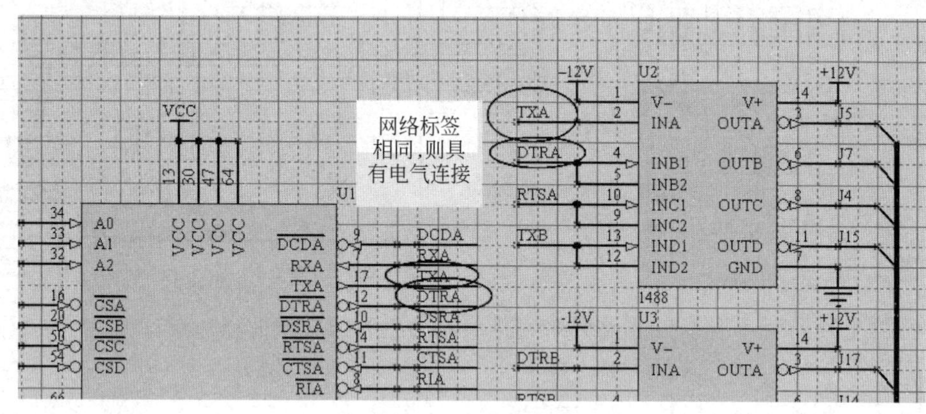

图 3-4　网络标号

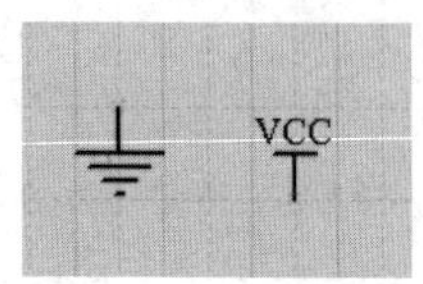

图 3-5　原理图中使用的电源符号

(6) 电源符号：这里的电源符号只是标注原理图上的电源网络，并非实际的供电器件。图 3-5 所示为原理图中采用的一个电源符号，通过导线和该电源符号连接的管脚将处于名称为 VCC 或者 GND 的电源网络中。

综上所述，绘制的 Altium Designer Release 10 原理图由各种元件组成，它们通过导线建立电气连接。在原理图上除了有元件之外，还有一系列其他组成部分帮助建立起正确的电气连接，整个原理图能够和实际的 PCB 对应起来。

注意：*原理图作为一张图，它是绘制在原理图图纸上的，它全部是符号，没有涉及实物，因此原理图上没有任何的尺寸概念。原理图最重要的用途就是为 PCB 板设计提供元件信息和网络信息，并帮助设计者更好地理解设计原理。*

3.3　Altium Designer Release 10 原理图文件及原理图工作环境简介

本节详细介绍 Altium Designer Release 10 的原理图文件的建立方法及原理图的工作环境。

3.3.1　创建原理图文件

Altium Designer Release 10 的原理图设计器提供了高速、智能的原理图编辑手段，且能够提供高质量的原理图输出结果。它的元件符号库非常丰富，最大限度地覆盖了众多的电子元件生产厂家的繁复庞杂的元件类型。元件的连线使用自动化的画线工具，然后通过功能强大的电气法则检查(ERC)，对所绘制的原理图进行快速检查，所有这一切使得设计者的工作变得十分快捷。

在绘制原理图前需要先建立一个工程文件和原理图文件，而在新建工程前需要为该工程新建一个文件夹。文件夹可以建立在计算机的本地硬盘的任意一个位置上，例如在F盘上建立一个文件夹，命名为“Altium Designer Release 10”，本章中生成的文件以及今后和该工程相关的文件将全部保存在该目录中。

1. 建立工程文件

(1) 启动 Altium Designer Release 10。

(2) 选择“文件”|“创建”|“工程”|“PCB 工程”菜单命令，新建一个工程文件。

(3) 选择“文件”|“保存工程为”菜单命令，弹出一个保存工程的对话框，在对话框中选择保存文件的路径 F:\Altium Designer Release 10，工程名称可以保持默认的文件名，如图 3-6 所示。这个路径是自己定义的，读者朋友也可以自己定义。

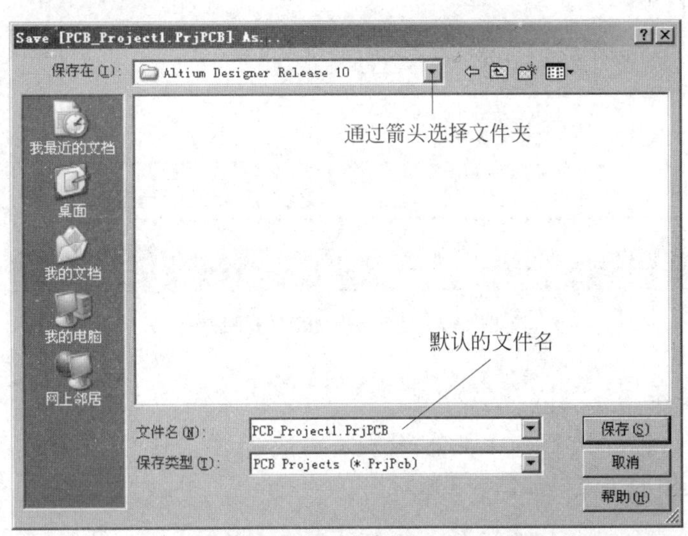

图 3-6　保存工程文件

(4) 保存后,在“Altium Designer Release 10”的文件夹下产生一个工程文件为“PCB_Project1.PrjPCB”。此时建立的工程中没有任何单文件,为一个空工程。

2. 建立原理图文件

建立工程文件后,将在工程文件中建立一个原理图文件。我们可以直接在工程文件上新建。如果工程文件已经关闭,则需要打开工程文件。

(1) 选择“文件”|“打开工程”菜单命令,打开F盘中的文件夹“Altium Designer Release 10”下的工程文件PCB_Project1.PrjPCB。

(2) 鼠标移动到空工程文件 PCB_Project1.PrjPCB上。

(3) 右击并选择“给工程添加新的”|Schematic(原理图)菜单命令,即可创建一个原理图文件,如图3-7所示。

图3-7　已经创建的原理图文件

(4) 创建原理图文件后,原理图设计窗口自动处于编辑状态,如图3-8所示。

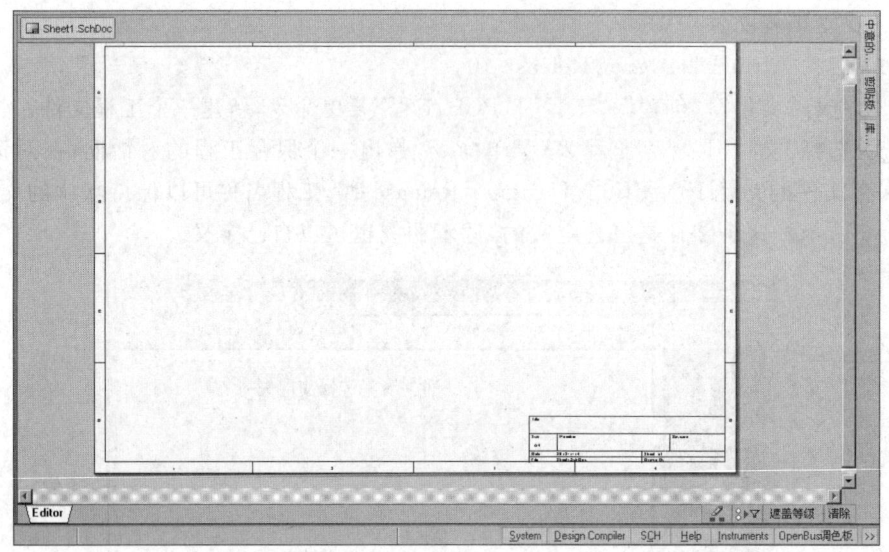

图3-8　处于编辑状态的原理图

3.3.2　主菜单

原理图设计的界面包括4个部分,分别是主菜单、主工具栏、左边的工作面板和右边的工作窗口,其中的主菜单如图3-9所示。

DXP　文件(F)　编辑(E)　查看(V)　工程(C)　放置(P)　设计(D)　工具(T)　仿真器(S)　报告(R)　窗口(W)　帮助(H)

图3-9　原理图设计界面中的主菜单

在主菜单中，可以找到所有绘制新原理图所需要的操作，这些操作如下所示。

（1）DXP：该菜单大部分功能为高级用户设定，如可以设定界面内容、察看系统信息等，如图 3-10 所示。

（2）“文件”：主要用于文件操作，包括新建、打开、保存等功能，如图 3-11 所示。

（3）“编辑”：用于完成各种编辑操作，包括撤销/恢复操作、选中/取消选中、复制、粘贴、剪切、移动、对齐、查找文本等功能，如图 3-12 所示。

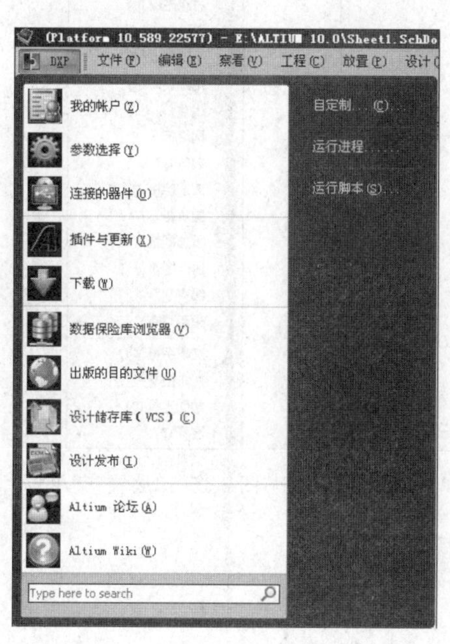

图 3-10　DXP 菜单

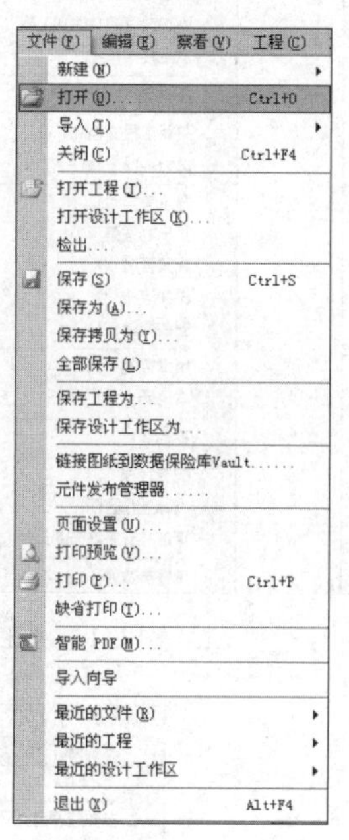

图 3-11　“文件”菜单

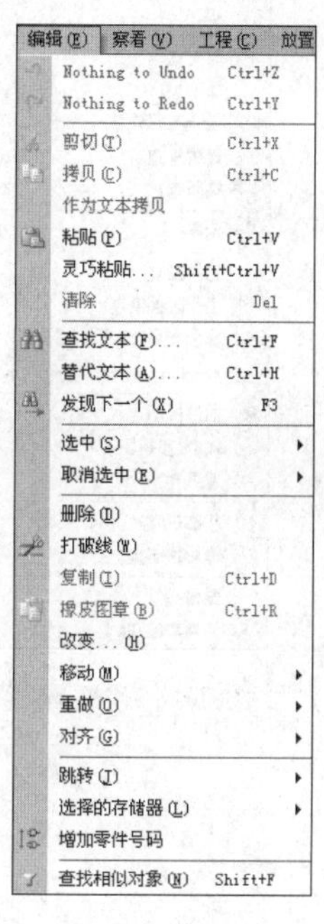

图 3-12　“编辑”菜单

（4）“查看”：用于视图操作，包括工作窗口的放大/缩小、打开/关闭工具栏、显示格点、工作区面板、桌面布局等功能，如图 3-13 所示。

（5）“工程”：用于完成工程相关的操作，包括新建工程、打开工程、关闭工程等文件操作，此外还有工程比较、在工程中增加文件、增加工程、删除工程等操作，如图 3-14 所示。

（6）“放置”：用于放置原理图中的各种电气元件符号和注释符号，如图 3-15 所示。

（7）“设计”：用于对元件库进行操作，生成网络报表、层次原理图设计等操作，如图 3-16 所示。

（8）“工具”：为设计者提供各种工具，包括元件快速定位、原理图元件标号注解、信号完整性等，如图 3-17 所示。

（9）“报告”：产生原理图中的各种报表，如图 3-18 所示。

（10）“窗口”：改变窗口显示方式，切换窗口。

（11）“帮助”：帮助菜单。

以上主菜单的具体应用会在 PCB 设计的例子中进行较为详细的介绍。

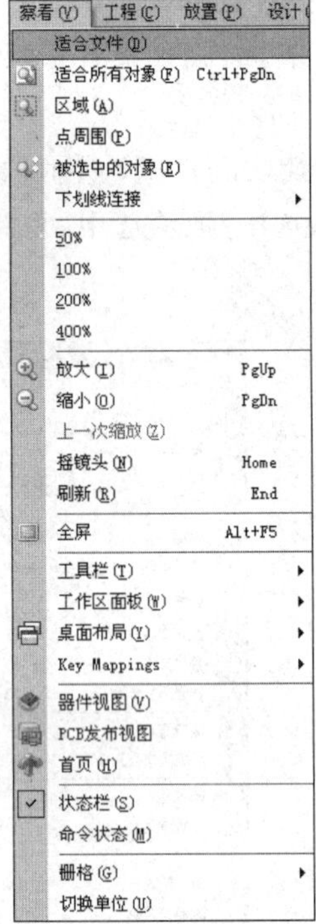

图 3-13 “察看”菜单

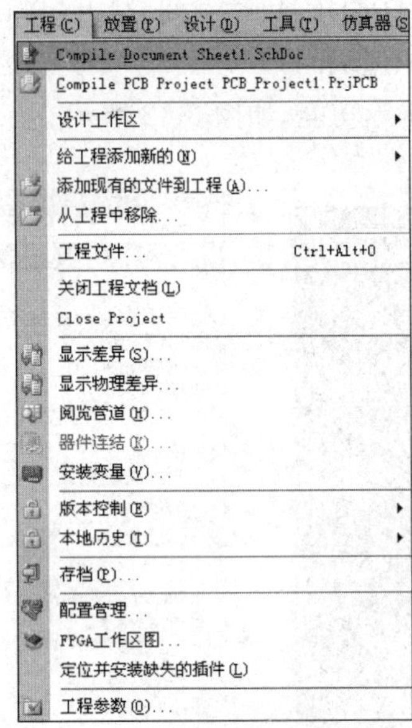

图 3-14 “工程”菜单

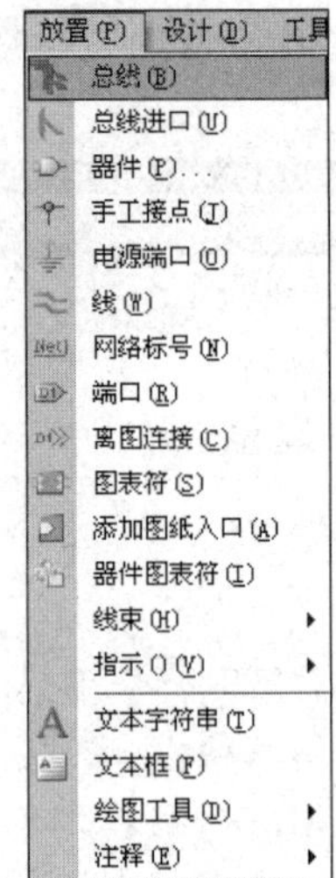

图 3-15 “放置”菜单

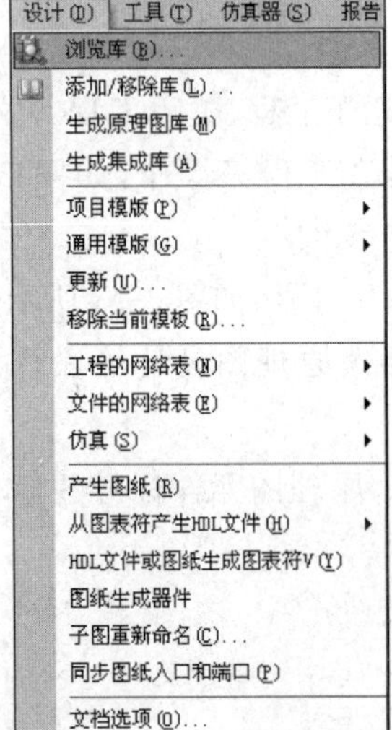

图 3-16 “设计”菜单

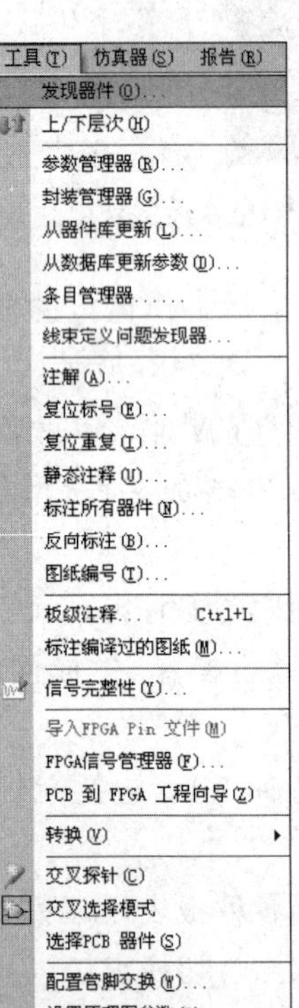

图 3-17 “工具”菜单

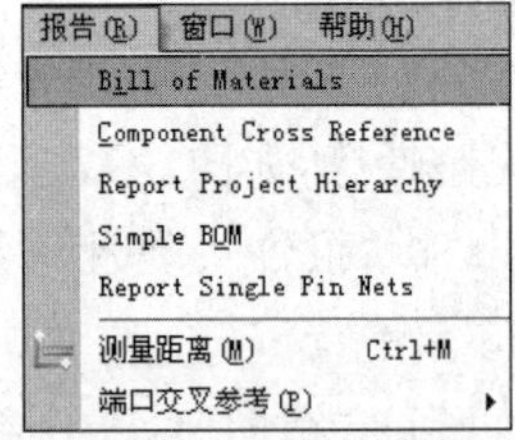

图 3-18 “报告”菜单

3.3.3　主工具栏

在原理图设计界面中，提供了齐全的工具栏，其中绘制原理图常用的工具栏包括以下几个。

(1)“原理图标准”工具栏：该栏提供了常用的文件操作、视图操作和编辑功能操作等，该工具栏如图 3-19 所示，将鼠标指针放置在图标上会显示该图标对应的功能。

图 3-19　“原理图标准”工具栏

(2)“画线”工具栏：该栏中列出了建立原理图所需要的导线、总线、连接端口等工具，该工具栏如图 3-20 所示。

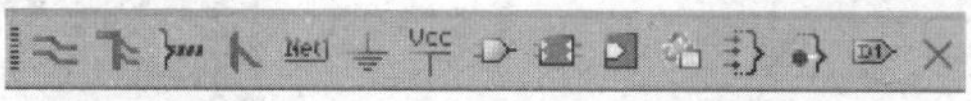

图 3-20　“画线”工具栏

(3)“画图”工具栏：该栏中列出了常用的绘图和文字工具等工具，该工具栏如图 3-21 所示。

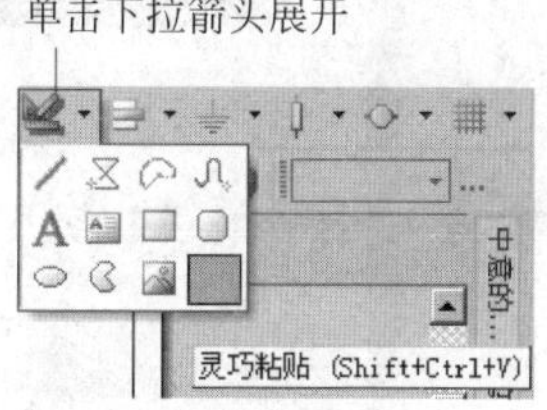

图 3-21　“画图”工具栏

注意：通过主菜单中“察看”菜单的操作可以很方便地打开或关闭工具栏。单击“察看”按钮并选择“工具栏”菜单选项，在图 3-22 所示的级联菜单中选择各个下级菜单，可以使工具栏中的下级菜单打开或关闭，打开的工具栏将有一个“√”显示。如果要关闭工具栏，只要在打“√”的下级菜单上单击即可关闭。

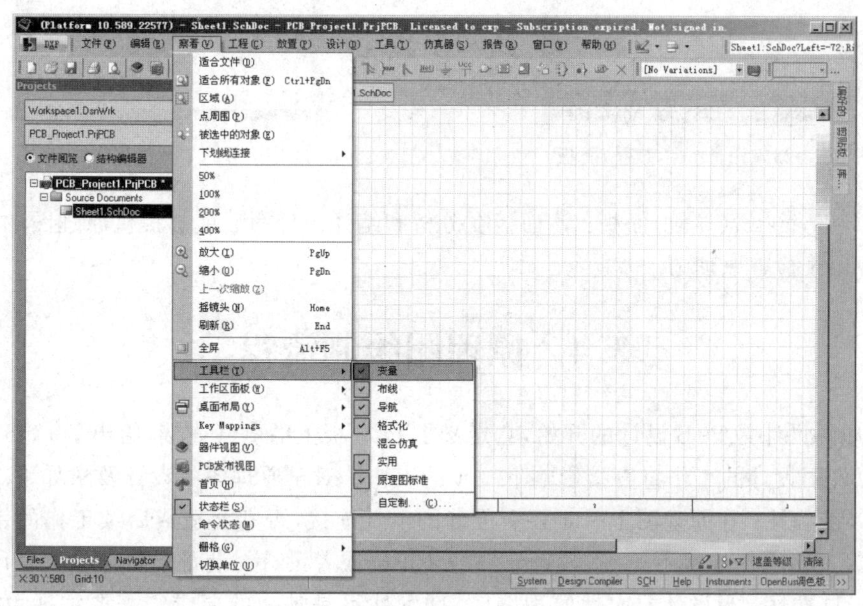

图 3-22　打开或关闭工具栏

3.3.4 工作面板

在原理图设计中经常要用到的工作面板有以下 3 个。

(1) Projects(工程)面板：该面板如图 3-23 所示，在该面板中列出了当前打开工程的文件列表以及所有的临时文件。在该面板中，提供了所有有关工程的功能，从而可以方便地打开、关闭和新建各种文件，还可以在工程中导入文件、比较工程中的文件等。

(2)“元件库”面板：该面板如图 3-24 所示，在该面板中可以浏览当前加载了的所有元件库，通过该面板可以在原理图上放置元件，此外还可以对元件的封装、SPICE 模型和 SI 模型进行预览。

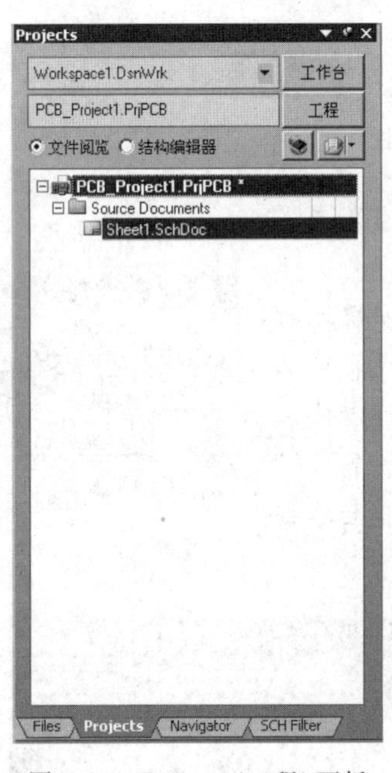

图 3-23 Projects(工程)面板

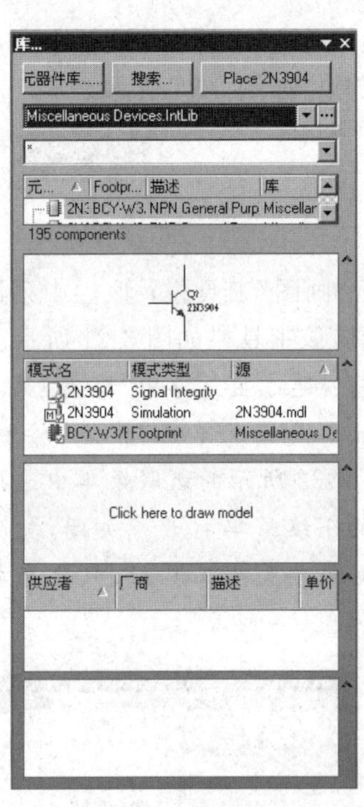

图 3-24 “元件库”面板

(3) Navigator(导航)面板：该面板在分析和编译原理图后能够提供原理图的所有信息，通常用于检查原理图。

3.4 原理图绘制流程

原理图设计是 PCB 设计的开始，它定义了 PCB 板上的电气连接，给出了 PCB 的封装信息，原理图设计的工作将直接影响下一步的工作。对于原理图的设计要求如下。

(1) 准确性：在原理图上一定要有准确的电气连接，否则会造成后续工作的错误、原理图错误或者电气连接不正确，或者元件封装正确或者没有封装都不可能设计好印制板。

(2) 层次性：当设计层次性原理图时，准确性不是唯一的要求。需要掌握设计的层次，根据电路需求选择设计方法。

(3) 美观：单张原理图应该布局合理，清楚易读。此外，在原理图上还应该有适当的注释，方便设计者对原理图的阅读。

原理图设计较为复杂，需要按照一定的流程。其具体流程如下：

(1) 在工程文件中新建原理图文件。

(2) 设置原理图图纸及相关信息。

原理图图纸是原理图绘制的工作平台，所有的工作都是在图纸上进行的，为原理图选择合适的原理图图纸并对其进行合理的设置，将使得设计更加美观。

(3) 装载所需要的元件符号库。

原理图设计中使用的是元件符号，因此需要在设计前导入所有需要的元件符号。在 Altium Designer Release 10 中使用元件库来管理所有的元件符号，因此需要载入元件符号库。如果 Altium Designer Release 10 中没有所绘图纸需要的元件，则需要自己建立元件符号库，并加载自己绘制的元件符号库。

(4) 放置元件符号。

元件符号将按照设计原理放置在原理图图纸上，而元件放置过程中的另外一个重要工作就是设置元件属性，尤其是元件的标号和封装属性，该项属性将作为网络报表的一部分导入 PCB 设计中，如果没有标号和封装将不可能完成 PCB 的设计。

(5) 调整原理图中的元件布局。

由于在放置元件的过程中，元件并不是一次放置到位，有可能元件的位置在连接线路时不太方便，因此需要对元件进行布局调整，以方便连接导线和使得原理图美观。

(6) 对原理图进行连线。

该步骤的主要目的是为元件建立电气连接，在建立连接的过程中可以使用导线和总线，也可以使用网络标号，在建立跨原理图电气连接时将使用端口。该步骤引入的网络信息将作为网络报表的一部分导入 PCB 设计中。在完成连线工作后，原理图设计的主要工作已经完成，所有 PCB 设计需要的信息已经完备，此时即可生成网络报表，准备 PCB 设计。

(7) 检查原理图错误并修改。

在完成原理图绘制后，Altium Designer Release 10 引入了自动的 ERC 检测功能帮助设计者检查原理图。

(8) 注释原理图。

(9) 保存并打印输出。

以上的流程是为单张原理图绘制准备的，在层次化的原理图设计中将采用更加复杂的流程，但是层次原理图中的单张原理图绘制仍将采用这个流程。

3.5　原理图图纸的设置

3.5.1　默认的原理图窗口

在新建立一个原理图文件后，已经出现了一个默认的原理图编辑窗口，如图 3-25 所

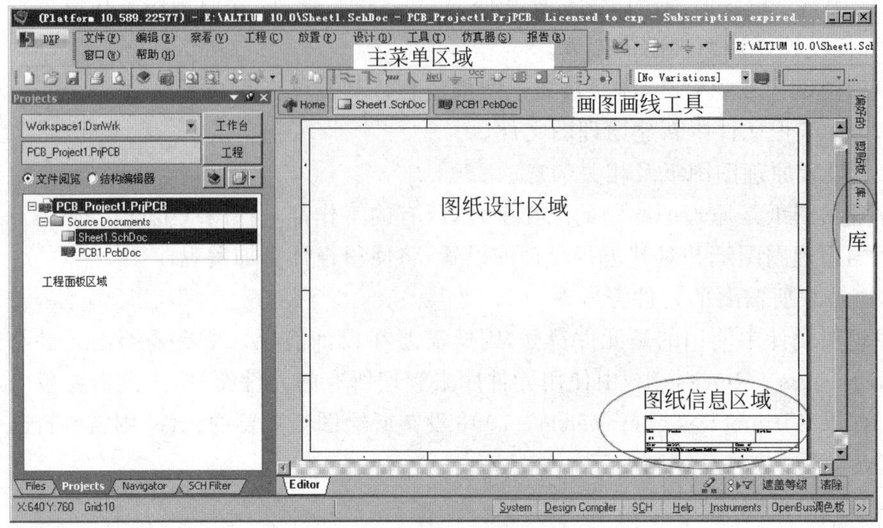

图 3-25　原理图的默认窗口

示。在该窗口中有很多区域，图中所标示的区域都是要经常使用的，在图中进行文字说明，且要注意文字内容。

3.5.2　默认图纸的设置

图 3-25 是新建立一个原理图文件后的默认环境，可以更改这个环境中的原理图的图纸大小，也可以修改图 3-25 右下角的原理图默认的设计信息区域。首先，可以通过对不同的原理图设置进行介绍，原理图图纸的设置方法如下。

(1) 方法一：可以在图 3-25 中的原理图区域中右击，然后选择“选项”|“文档选项”命令即可启动原理图设置的窗口，如图 3-26 所示。

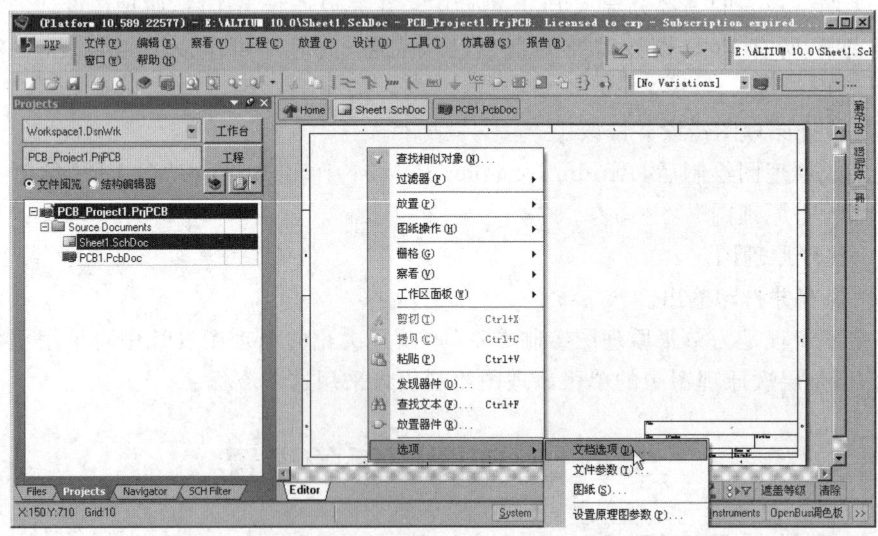

图 3-26　选择“选项”|“文档选项”

(2) 方法二：在主菜单“设计”中选择“文档选项”命令，同样可以启动原理图的图纸设置，如图 3-27 所示。

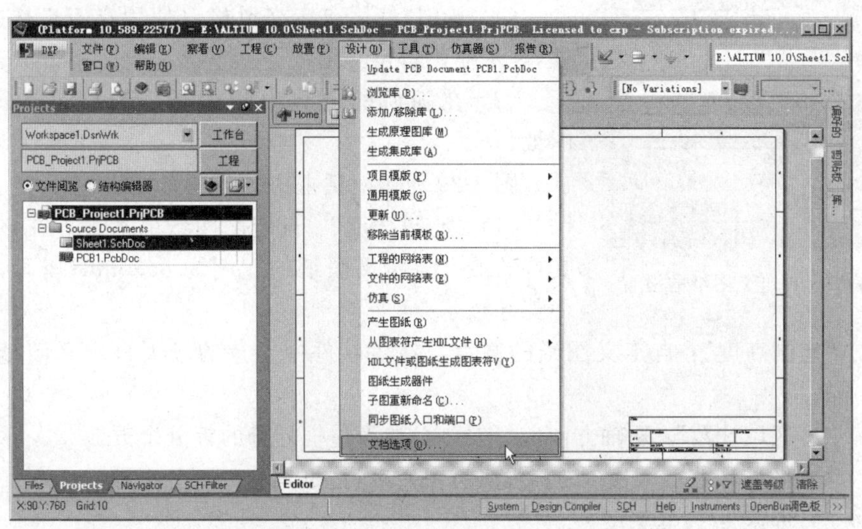

图 3-27　选择“设计”|“文档选项”命令

(3) 两种方法都可以启动原理图的设置对话框，如图 3-28 所示。图 3-28 是原理图的默认图纸设置对话框，在该对话框中可以设置图纸的各项参数。

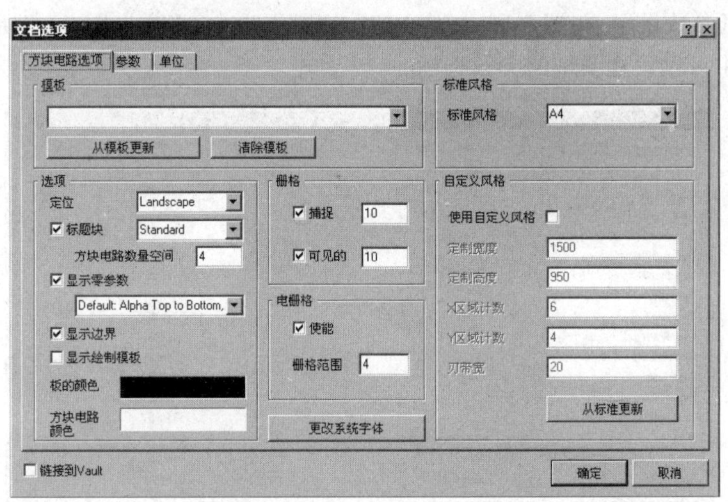

图 3-28　图纸设置对话框

(4) 在该对话框中包含“模板”、“选项”、“栅格(格点)”、“电栅格(电气格点)”、“标准风格”(标准样式)和“自定义风格”(自定义样式)6 个选项组以及“更改系统字体”按钮。

(5) 在“选项”(参数)选项卡中，设置图纸的方位、边界颜色、方块电路颜色等内容。

3.5.3　自定义图纸格式

除了可以直接使用标准图纸之外，设计者还可以使用自定义的图纸。有关自定义图

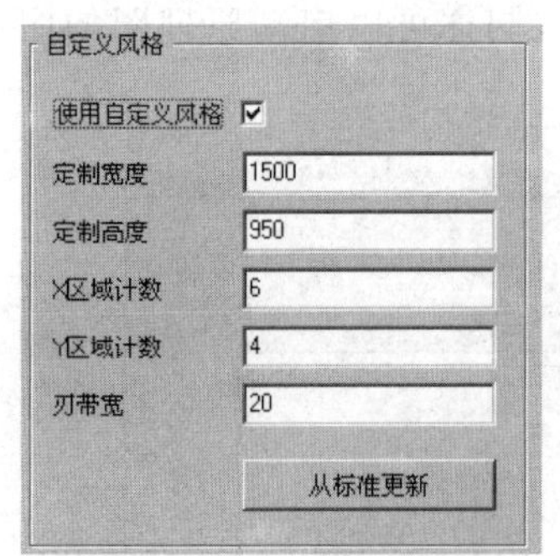

图 3-29 自定义图纸的设置

纸的内容如图 3-29 所示。

自定义图纸的步骤如下：

(1) 选中"使用自定义风格"(使用自定义样式)复选框，表示使用自定义图纸。

(2) 在随后的内容中输入对应数值，定义想要的图纸。

图 3-29 所示对话框中的各项意义如下。

(1) "定制宽度"：自定义图纸的宽度。在该软件中支持的最大自定义图纸的宽度为 6500mil(密耳，千分之一英寸)。

(2) "定制高度"：自定义图纸的高度。在该软件中支持的最大自定义图纸的高度为 6500mil。

(3) "X 区域计数"：X 轴方向(水平方向)参考边框划分的等分个数。

(4) "Y 区域计数"：Y 轴方向(垂直方向)参考边框划分的等分个数。

(5) "刃带宽"：边框宽度。

3.5.4 设置图纸参数

1. 图纸基本选项

设置图纸参数的具体操作如下。

(1) 图纸参数设置，在图 3-28 中切换到"参数"选项卡，将弹出图 3-30 所示的对话框，在该对话框中可以设置图纸的参数选项。

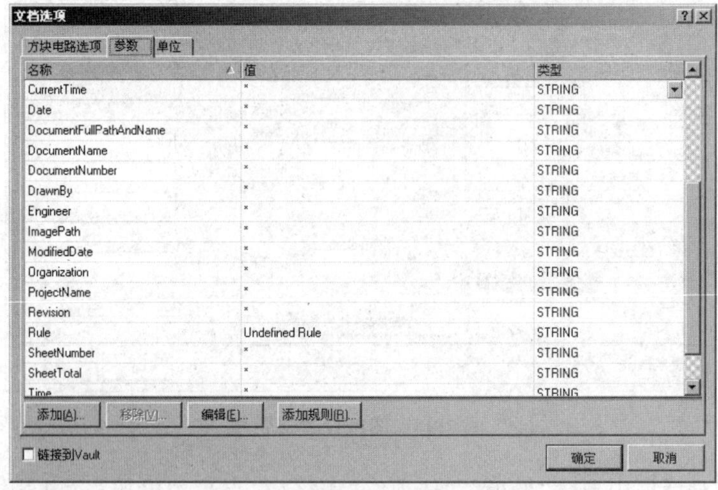

图 3-30 设置图纸"参数"选项

(2) 在图 3-30 所示的对话框中拖动右侧的滚动条，可以发现有很多设置选项，其中常用的选项包括：

① Address：绘制该原理图的公司或者个人的地址。

② ApprovedBy：该原理图的核实者。

③ Author：该原理图的作者。

④ CheckedBy：该原理图的检查者。

⑤ CompanyName：该原理图所属公司。

⑥ CurrentDate：绘制原理图的日期。

⑦ CurrentTime：绘制原理图的时间。

⑧ DocumentName：该文档的名称。

⑨ SheetNumber：该原理图在整个设计工程所有原理图中的编号。

⑩ SheetTotal：整个工程拥有的原理图数目。

⑪ Title：该原理图的名称。

由下面的列表框可见，Altium Designer Release 10 使得设计者可以更加方便地管理原理图，整个软件变得更加完善。

2. 在图纸中显示设计信息

(1) 在图 3-30 中增加一些图纸的设计信息，如图 3-31 所示。在该图中输入了作者、日期、文件名字、图纸标题 Title(输入显示电路)，可以拖动滚动条至下面部分，进行输入。

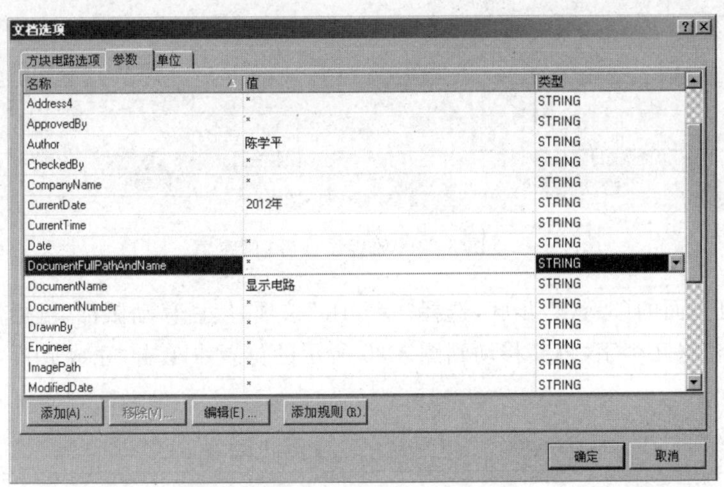

图 3-31　增加一些图纸信息

(2) 单击“确定”按钮。

(3) 在图纸右下角显示相关的设计信息，如显示设计者和图纸的标题。选择主菜单中的“放置”|“文本字符串”命令。

(4) 出现图 3-32 所示的光标带着一串文字。

(5) 按 Tab 键，弹出一个“注释”对话框，在该对话框的“属性”区域中单击“文本”后面的下三角按钮，选择“=Author”选项，如图 3-33 所示。

(6) 然后移动鼠标，鼠标带着选择的文字设计者“陈学平”这几个字，将其移动到图 3-34 所示的位置中单击，完成放置，然后再右击，结束放置。

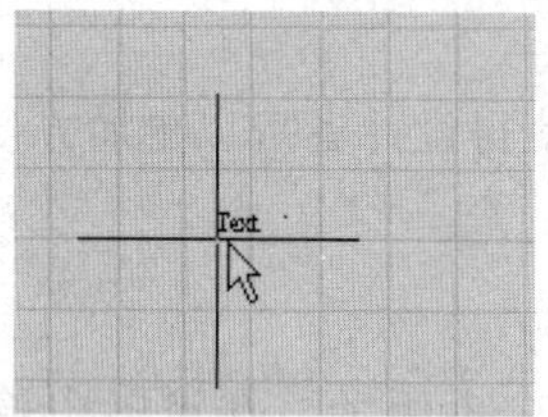

图 3-32　带着文字的光标

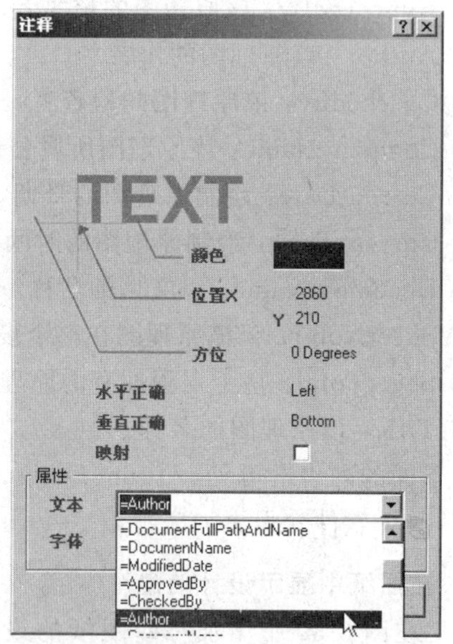

图 3-33　选择"＝Author"选项

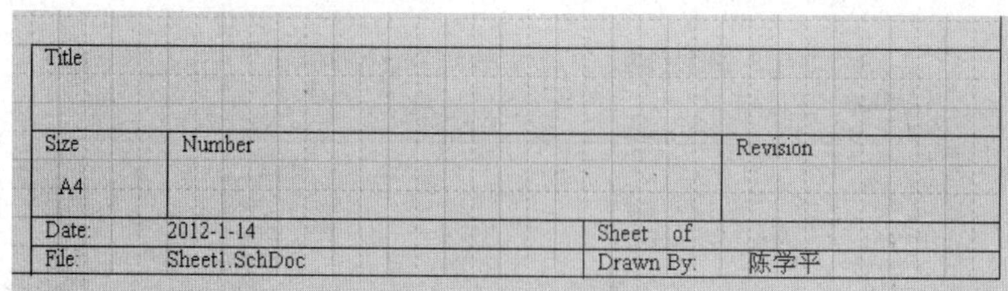

图 3-34　放置设计者信息

(7) 重复上面的(3)、(4)步骤，选择"＝Title"选项，然后移动鼠标，鼠标带着选择的文字"显示电路"这几个字，将其移动到图 3-35 所示的位置中单击，完成放置，然后再右击，结束放置。

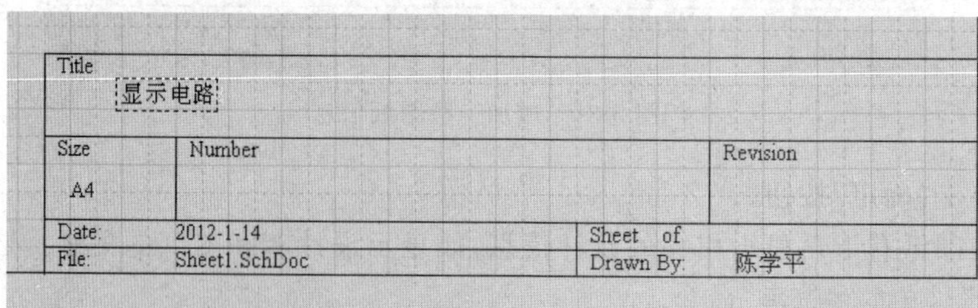

图 3-35　放置图纸信息区域内容后的标题

(8) 经过上面的设置，图纸中就出现了相关的一些基本信息，如设计者、图纸的标题、图纸的设计日期等。

3.6　图纸的设计信息模板的制作和调用

Altium Designer 提供了大量的原理图的图纸模板供用户调用，这些模板存放在 Altium Designer 安装目录下的 Templates 子目录里，用户可根据实际情况调用。但是针对特定的用户，这些通用的模板常常无法满足图纸需求，因此 Altium Designer 提供了自定义模板的功能，本节将介绍原理图设计信息区域模板的创建和调用方式。

3.6.1　创建原理图模板

本节将通过创建一个纸型为 16 开的文档模板的实例，介绍如何自定义原理图图纸模板以及如何调用原理图图纸参数。

(1) 单击工具栏中的“文件”按钮，选择“新建”|“原理图”命令，建立一个空白原理图文件。

(2) 在原理图上任意位置右击，在打开的菜单中选择“选项”|“文档选项”命令，弹出“文档选项”对话框，如图 3-36 所示。

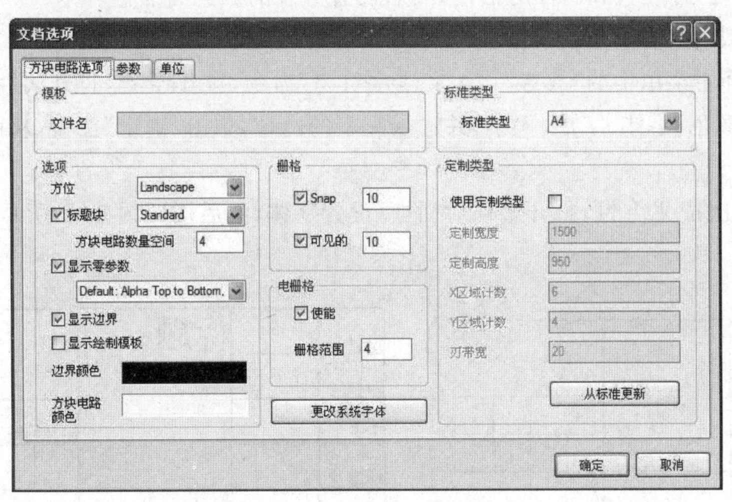

图 3-36　“文档选项”对话框

(3) 在“文档选项”对话框中“方块电路选项”选项卡中的“选项”组中取消选中“标题块”复选框。

(4) 切换到“单位”选项卡，在“单位”选项卡中的“公制单位系统”选项组中选中“使用公制单位系统”复选框，在激活的“习惯公制单位”下拉列表中选择 Millimeters 选项，将原理图图纸中使用的长度单位设置为毫米。

(5) 单击“方块电路选项”选项卡，选中“定制类型”选项组中的“使用定制类型”复选框，然后输入相应的值，如图 3-37 所示，单击“确定”按钮。

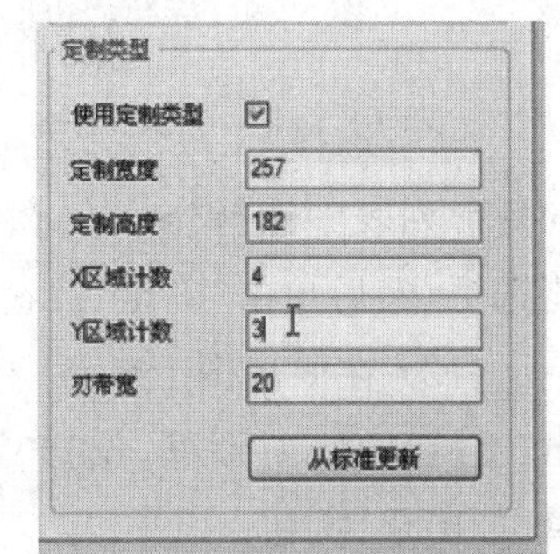

图 3-37　设置图纸

(6) 通过以上步骤，创建了一个图 3-38 所示的无标题

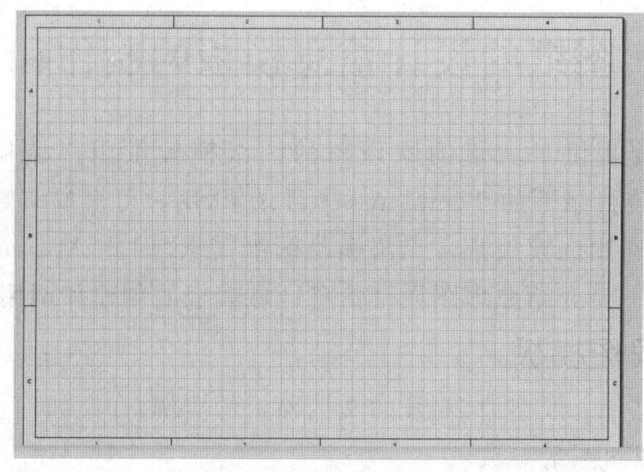

图 3-38　空白图纸

栏的空白图纸。

(7) 单击工具栏中的“绘图”工具按钮，在弹出的工具面板中选择绘制直线工具按钮“/”，按 Tab 键，打开直线属性对话框，然后设置直线的颜色为黑色。

(8) 在图纸的右下角绘制图 3-39 所示的标题栏边框。

(9) 选择主菜单中的“放置”|“A 文本字符串”命令，按 Tab 键，打开属性对话框，然后设置文字的颜色、字体、字形、大小，并输入文字的内容，单击“确定”按钮，从而将“标题”两个字放好。

(10) 再次按 Tab 键，打开属性对话框，设置字体，然后按照图 3-40 所示，添加其他的文字。

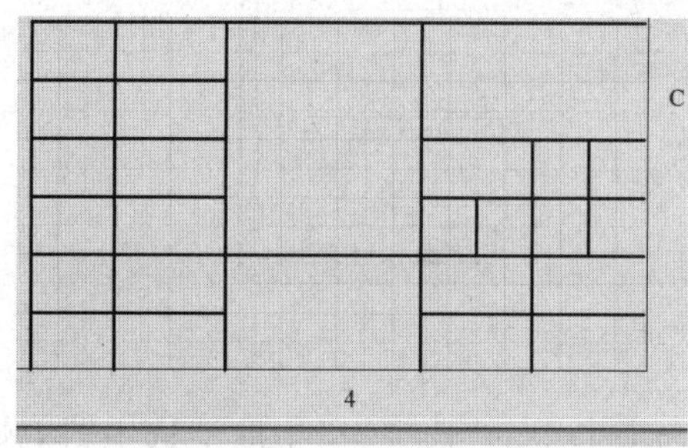

图 3-39　标题栏边框

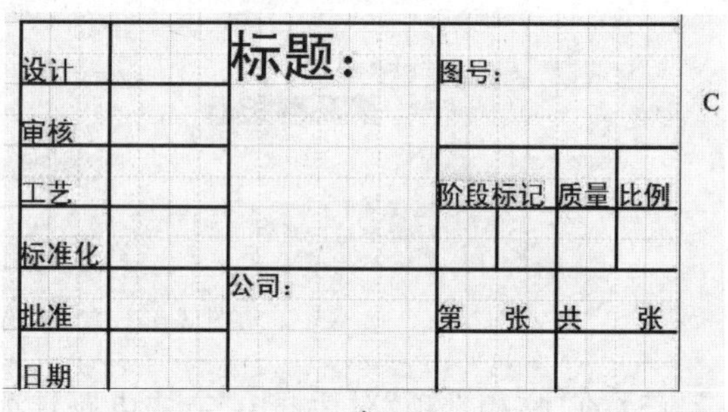

图 3-40　添加其他文字

(11) 选择“工具”|“设置原理图参数”命令，打开“参数选择”对话框，在对话框的左边的树形列表中选择“Schematic-Graphical Editing”选项，在选项组中选中“转化特殊字符”复选框，然后单击“确定”按钮，如图 3-41 所示。

(12) 在原理图上任意位置右击，在弹出的对话框中选择“选项”|“文档选项”命令，弹出“文档选项”对话框，选择“参数”选项卡，如图 3-42 所示，然后在相应的位置输入参数，单击“确定”按钮。

(13) 单击工具栏中的“绘图”工具按钮，在弹出的工具面板中选择添加放置文本按钮

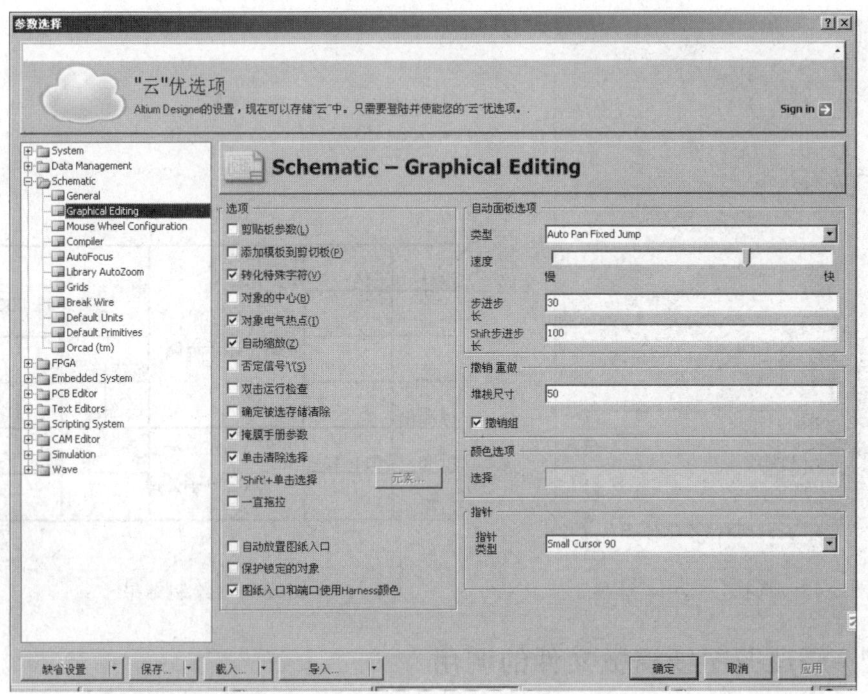

图 3-41　选中"转化特殊字符"复选框

文档选项

方块电路选项　参数　单位

名称	值	类型
Address1	*	STRING
Address2	*	STRING
Address3	*	STRING
Address4	*	STRING
ApprovedBy	陈学平	STRING
Author	王伟	STRING
CheckedBy	*	STRING
CompanyName	*	STRING
CurrentDate	*	STRING
CurrentTime	*	STRING
Date	*	STRING
DocumentFullPathAndName	*	STRING
DocumentName	*	STRING
DocumentNumber	*	STRING
DrawnBy	*	STRING

添加(A)...　移除(V)...　编辑(E)...　添加规则(R)

确定　取消

图 3-42　输入参数值

A，按 Tab 键，打开属性对话框，然后在属性选择区域中的文本下拉列表中选择"＝Title"选项，如图 3-43 所示，并单击"确定"按钮。

(14) 重复步骤(13)选择所需的变量，结果如图 3-44 所示。

(15) 单击"保存"按钮，在弹出的保存对话框中设置文件的后缀名为". SchDot"，然后单击"保存"按钮。

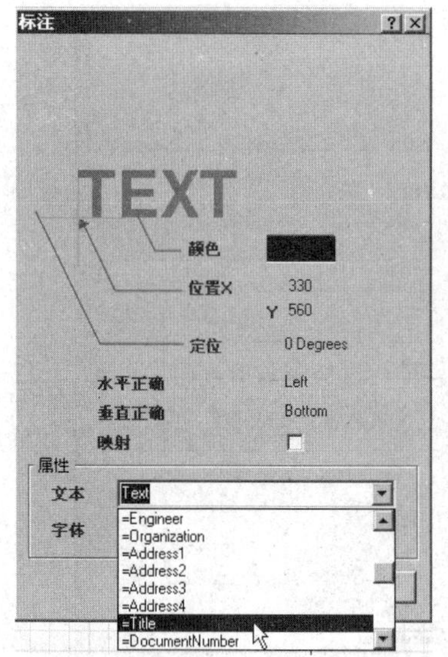

图 3-43 选择"＝Title"选项

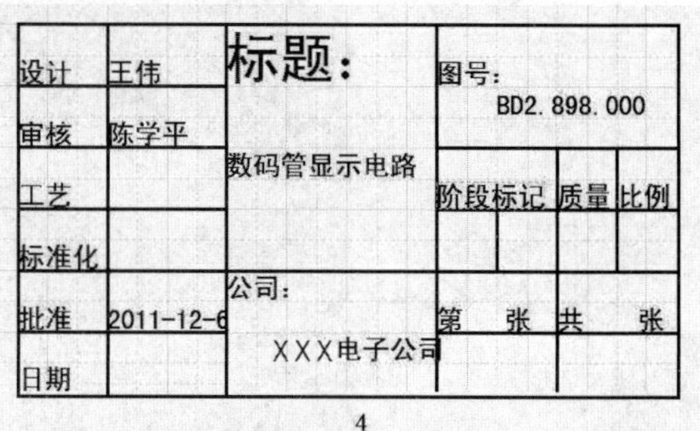

图 3-44 绘制结果

3.6.2 原理图图纸模板文件的调用

本小节介绍模板文件的调用方法。

(1) 在主菜单中执行"文件"|"新的"|"原理图"命令，新建一个空白原理图文件。在调用新的原理图图纸模板之前，首先要删除旧的原理图图纸模板。

(2) 在主菜单中执行"设计"|"移除当前模板"命令，打开图 3-45 所示的 Remove Template Graphics 对话框。

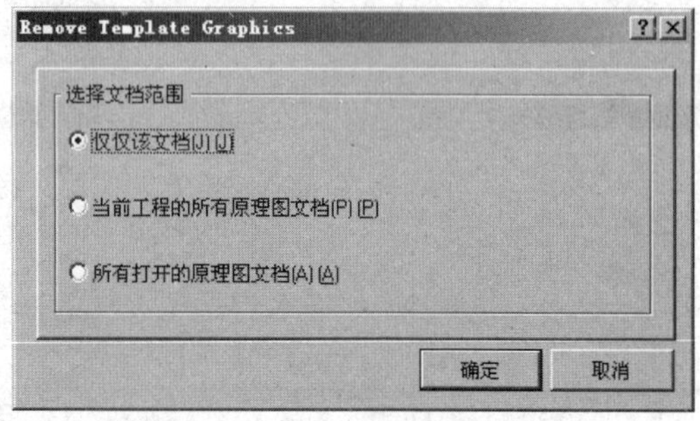

图 3-45 Remove Template Graphics 对话框

该对话框中的"选择文档范围"选项组有 3 个选项，用来设置操作的对象范围，具体介绍如下。

① "仅仅该文档"：表示仅仅对当前原理图文件进行操作，即移除当前原理图文件调用的原理图图纸模板。

② "当前工程的所有原理图文档"：表示将对当前原理图文件所在的工程中的所有原理图文件进行操作，即将移除当前原理图文件所在的工程中所有的原理图文件调用的原理图图纸模板。

③“所有打开的原理图文档”：表示将对当前所有已打开的原理图文件进行操作，即移除当前打开的所有原理图文件调用的原理图图纸模板。

(3) 选择“仅仅该文档”单选按钮，单击“确定”按钮，弹出图 3-46 所示的 Information 消息框，要求用户确认移除原理图图纸模板的操作。

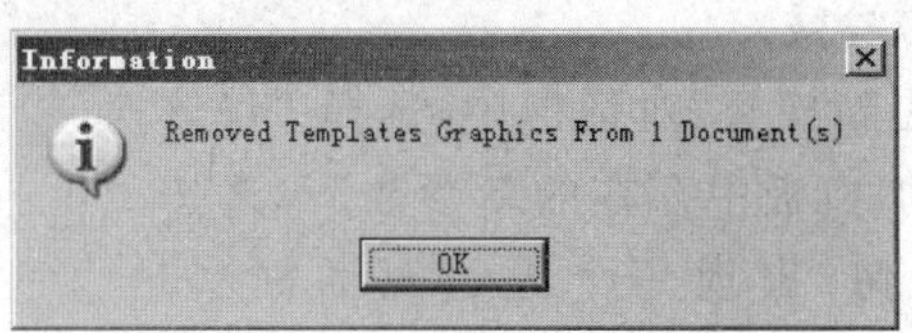

图 3-46　Information 消息框

(4) 单击 Information 消息框中的 OK 按钮，确认操作。

(5) 选择主菜单中的“设计”|“通用模板”|Choose a File 命令，如图 3-47 所示，打开“打开”对话框，选择 3.6.1 小节中创建的原理图图纸模板文件“B5_Template.SchDot”，单击“打开”按钮，则打开图 3-48 所示的“更新模板”对话框。

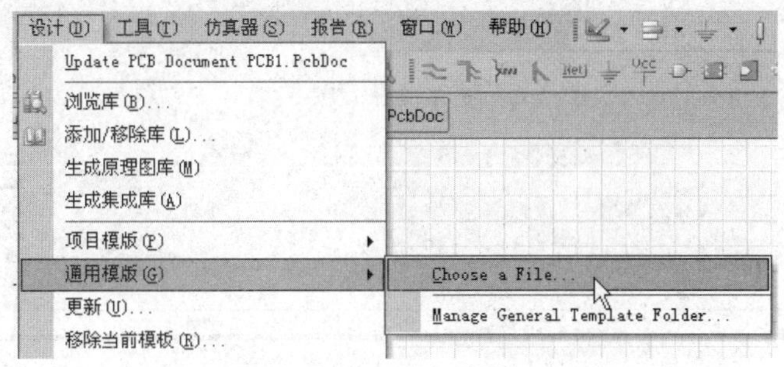

图 3-47　选择模板

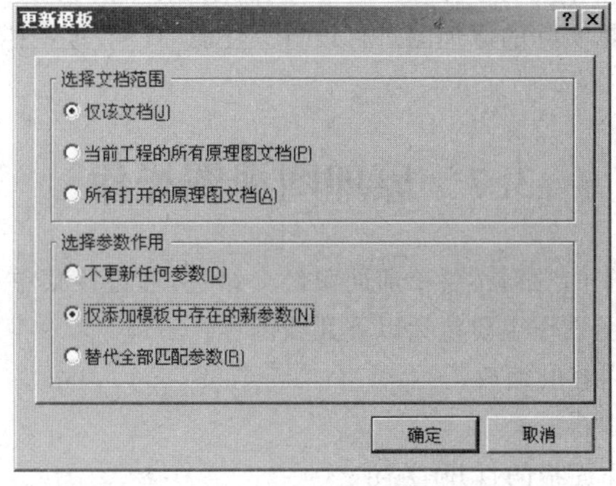

图 3-48　“更新模板”对话框

“更新模板”对话框中的“选择文档范围”选项组中的 3 个选项与“移除模板”对话框中的 3 个选项相同，表示更新原理图图纸模板的对象。

“选择参数作用”选项组内的 3 个选项用于设置对于参数的操作，其意义如下。

① 不更新任何参数：表示不更新任何参数。

② 仅添加模板中存在的新参数：表示将原理图图纸模板中的新定义的参数添加到调用原理图图纸模板的文件中。

③ 替代全部匹配参数：表示用原理图图纸模板中的参数替换当前文件的对应参数。

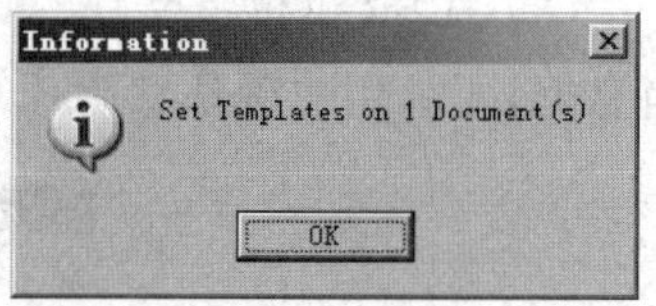

图 3-49 提示选择了一个模板

在图 3-48 所示的"更新模板"对话框中，选择"仅该文档"单选按钮和"仅添加模板中存在的新参数"单选按钮，然后单击"确定"按钮，出现一个提示对话框，如图 3-49 所示。然后，就调出了原理图图纸模板，如图 3-50 所示。

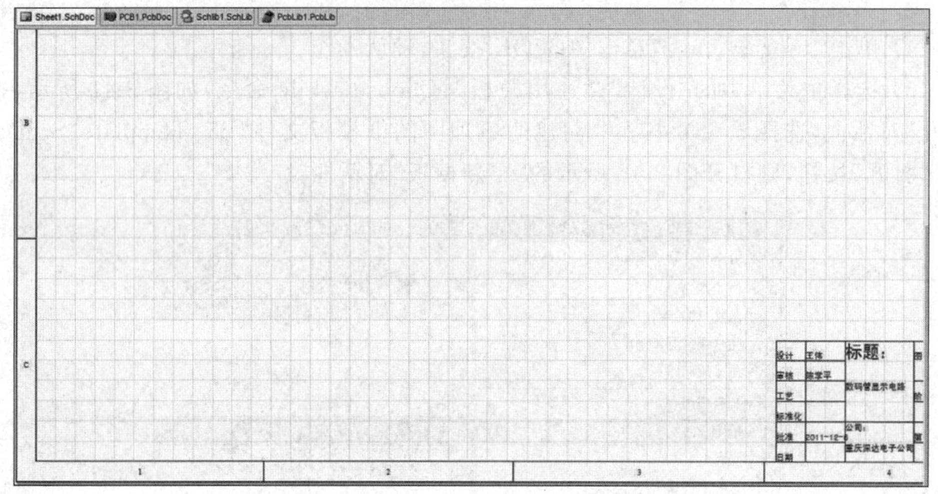

图 3-50 调用的原理图图纸设计信息区域模板

(6) 调用的原理图图纸模板与 3.6.1 小节建立的标题栏的格式完全相同，只是标题栏里参数需要用户根据实际的原理图进行设置。注意"日期"这一栏的内容是计算机内的系统日期。

3.7 原理图视图操作

原理图设计系统中的"察看"菜单前面曾经介绍过，通过该菜单可以很方便地对原理图进行视图操作。视图操作主要包括以下几项内容。

(1) 工作窗口中内容的缩放。

(2) 工作窗口的刷新。

(3) 工具栏和工作面板的打开/关闭。

(4) 状态信息显示栏的打开/关闭。

(5) 图纸的格点设置。

(6) 工作区面板设置。

(7) 桌面布局设置。

各项操作中最常用的是对工作窗口中内容的缩放。通过选择"察看"菜单中的选项可以实现功能不同的工作窗口操作，具体描述如下。

3.7.1　工作窗口的缩放

1. 在工作窗口中显示选择的内容

该操作包括在工作窗口中显示所有文档、所有元件（工程）、选定的区域、选择的工程（元件）、选择的格点周围等。

(1)"适合文件"：在工作窗口显示当前的整个原理图。

(2)"适合所有对象"：在工作窗口显示当前原理图上所有的元件。

(3)"区域"：在工作窗口中显示一个区域。具体的操作如下：选择该菜单选项，指针将变成十字形状显示在工作窗口中；在工作窗口中单击，确定区域的一个顶点，移动鼠标确定区域的对角顶点后可以确定一个区域；单击，则在工作窗口中将显示刚才选择的区域。

(4)"被选中的对象"：选中一个元件后，选择该菜单选项，将在工作窗口中心显示该元件。

(5)"点周围"：在工作窗口显示一个坐标点附近的区域。具体操作如下：选择该菜单选项，鼠标指针将变成十字形状显示在工作窗口中；移动鼠标到想要显示的点，单击后移动鼠标，在工作窗口中将显示一个以该点为中心的虚线框；在确定虚线框后，单击，则在工作窗口中将显示虚线框所包含的范围。

(6)"全屏"：指将原理图在整个 Altium Designer Release 10 的设计窗口中显示。

2. 显示比例的缩放

该类操作包括按照比例显示原理图、放大和缩小显示原理图以及不改变显示比例显示原理图上坐标点附近区域，它们一起构成了"察看"菜单的第二部分。

(1)"50%"：工作窗口中显示 50%大小的实际图纸。

(2)"100%"：工作窗口中显示正常大小的实际图纸。

(3)"200%"：工作窗口中显示 200%大小的实际图纸。

(4)"400%"：工作窗口中显示 400%大小的实际图纸。

(5)"缩小"：缩小显示比例，使工作窗口显示更大范围。

(6)"放大"：放大显示比例，使工作窗口显示较小范围。

总之，Altium Designer Release 10 提供了强大的视图操作，通过视图操作，设计者可以察看原理图的整体和细节，并方便地在整体和细节之间切换。通过对视图的控制，设计者更加轻松地绘制和编辑原理图。

3.7.2　视图的刷新

当绘制原理图时，在完成滚动画面、移动元件等操作后，又会出现画面显示残留的斑点、线段或图形变形等问题。虽然这些内容不会影响电路的正确性，但是为了美观起见，选择"察看"|"刷新"菜单命令可以使显示恢复。

3.7.3　工具栏和工作面板的开关

"工具条"、"工作区面板"和"桌面布局"这几个子菜单，都是位于主菜单"察看"这个菜单中，鼠标移动到“察看”菜单上就会找到这几个子菜单，鼠标再移动到这几个子菜单上，就会显示第三级子菜单。

注意：工具栏中下级菜单的中的“√”表示该工具栏显示，如果选择该菜单“√”消除表示该工具栏关闭。

当由于移动某个对话框而使窗口显示混乱时，可以选择主菜单中的“察看”|“桌面布局”|Default 菜单命令使桌面恢复正常。

3.7.4 状态信息显示栏的开关

Altium Designer Release 10 中有坐标显示和系统当前状态显示，它们位于 Altium Designer Release 10 窗口的底部，通过“察看”菜单、“状态栏”菜单和“命令状态”菜单可以设置是否显示它们，默认的设置是显示坐标，而不显示系统当前状态。

3.7.5 图纸的格点设置

在“察看”菜单中也可以设置图纸的格点，如图 3-51 所示。

此时的格点设置常用的 3 项介绍如下。

(1)“切换可视栅格”：是否显示/隐藏格点。

(2)“切换电气栅格”：电气格点设置是否有效。

(3)“设置跳转栅格”：设置格点间距。选择该选项将弹出图 3-52 所示的对话框，在该对话框中可以设置格点间距。

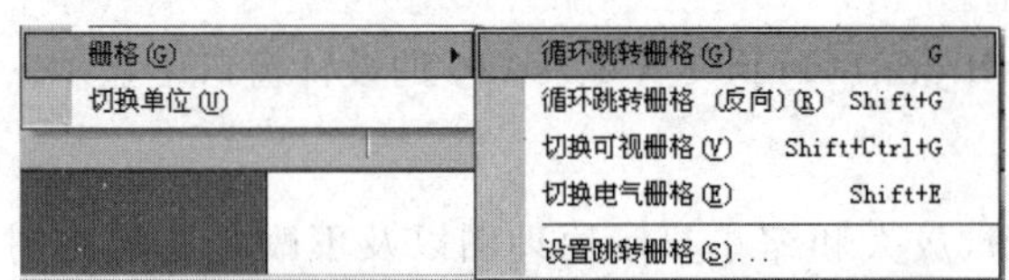

图 3-51 图纸的格点设置

图 3-52 设置格点间距

3.8 对象编辑操作

Altium Designer Release 10 的编辑对象是指放置的元件、导线、元件的说明文字以及其他各种原理图组成内容，可以对以上编辑对象进行选择、移动、删除、复制、粘贴、剪切。除了以上的编辑操作以外，Altium Designer Release 10 还提供了对象的对齐操作，使得原理图更加的美观。综上所述，元件的编辑操作可以分为以下几类。

(1) 对象的选择。

(2) 对象的移动和对齐，该类操作主要是为了使原理图更加美观。

(3) 对象的删除、复制、剪切和粘贴。

(4) 操作的撤销和恢复。

(5) 相似对象的搜索。

原理图中的编辑操作都可以通过“编辑”菜单执行。下面将介绍具体编辑操作，这里编辑操作的对象主要以元件为例。

3.8.1　对象的选择

在原理图上单个对象的选取非常简单，只需要在工作窗口中用鼠标单击即可选中。元件的选中状态如图 3-53 所示。

除了单个元件的选择，Altium Designer Release 10 中还提供了一些别的元件选择方式。它们在“编辑”菜单中的“选中”菜单选项的下级菜单中列举了出来，该菜单如图 3-54 所示。

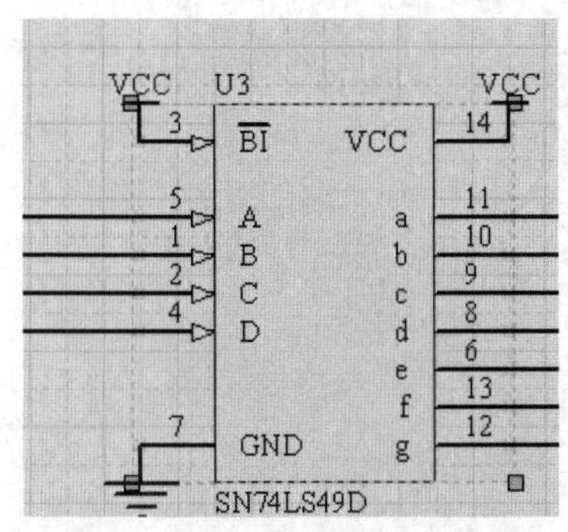

图 3-53　元件的选中状态

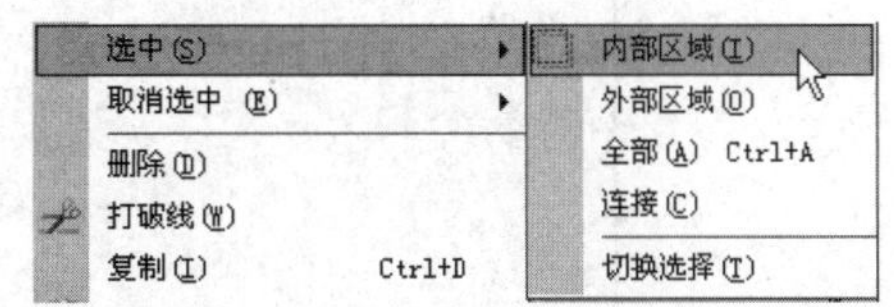

图 3-54　“选中”的级联菜单

1. 选择一个区域内的所有对象

该操作通过选择图 3-54 所示菜单中的“内部区域”菜单选项执行。

操作步骤如下：

(1) 选择该菜单选项，鼠标指针将变成十字形状显示在工作窗口中。

(2) 单击确定区域的一个顶点，然后移动鼠标，在工作窗口中将显示一个虚线框，该虚线框就是将要确定的区域。

(3) 单击确定区域的对角顶点，此时在区域内的对象将全部处于选中状态。在执行该操作时，右击或者按 Esc 键将退出该操作。

选择一个区域内的对象的操作过程如下：大家可以看见图上的鼠标十字形状；在工作窗口中按住鼠标左键不放，拖动鼠标确定一个区域，也可以选择该区域内的所有对象。图 3-55 所示为执行“编辑”|“选中”|“内部区域”命令后，然后用鼠标拖动选择部分元件的结果。

2. 选择一个区域外的所有对象

该操作通过选择图 3-54 所示菜单中的“外部区域”菜单选项执行，具体步骤和选择一个区域内的所有对象的操作相同，但该操作的结果是区域外的所有对象全部被选中。图 3-56 所示为该操作的执行过程，此时选择的是 P1，结果显示的是 P1 区域外的其他元件对象。

3. 选择原理图上的所有对象

该操作通过选择图 3-54 所示菜单中的“全部”菜单选项执行。

4. 选择一个连接上的所有导线

该操作通过选择图 3-54 所示菜单中的“连接”菜单选项执行。具体的操作步骤如下：

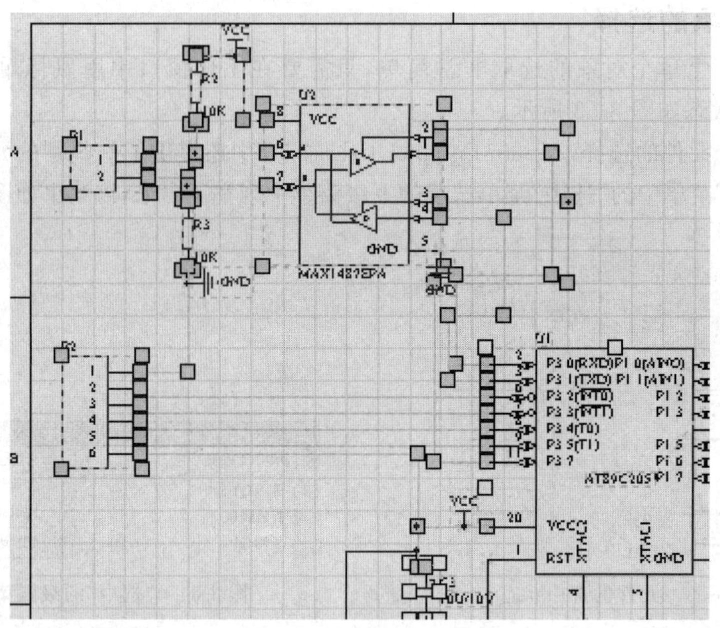

图 3-55 选择一个区域内的所有对象

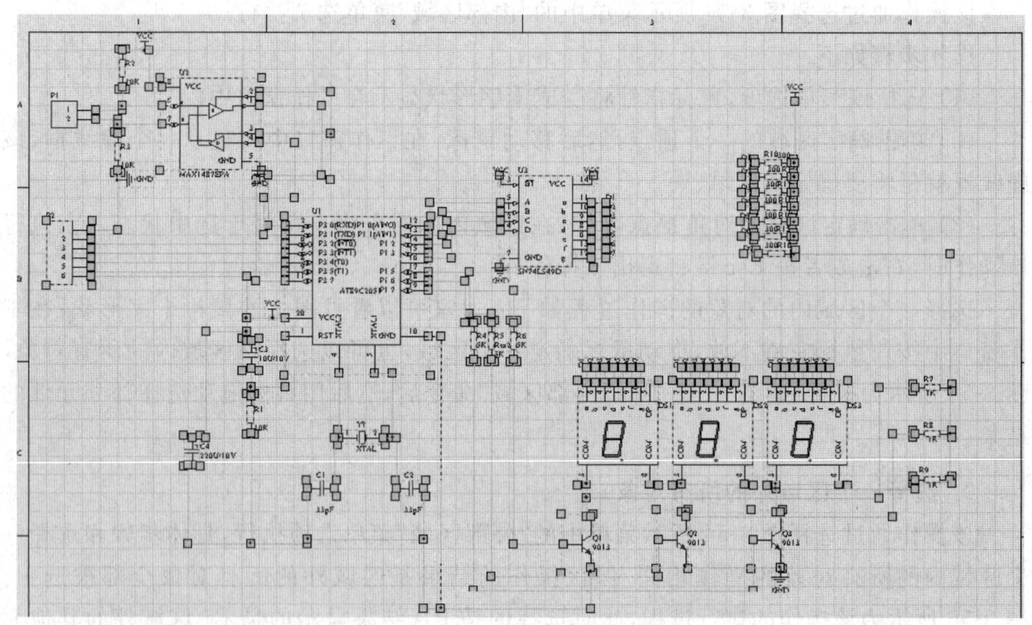

图 3-56 选择一个区域外的所有对象

(1) 选择该菜单选项,鼠标指针变成十字形状并显示在工作窗口中。

(2) 将鼠标指针移动到某个连接的导线上,单击。

(3) 该连接上所有的导线都被选中,并高亮地显示出来,同时元件也被特殊地标示出来。

(4) 此时,鼠标指针的形状仍为十字形状,重复步骤(2)、(3)可以选择其他连接的导线。

图3-57所示为选择一个连接上所有导线。

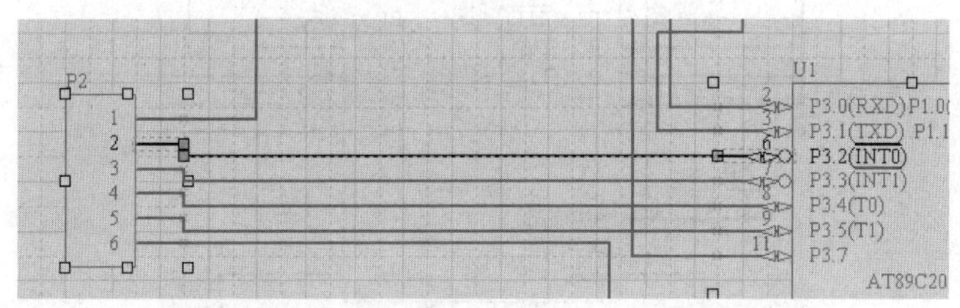

图3-57　选择一个连接上的所有导线

5. 反转对象的选中状态

该操作通过选择图3-54所示菜单中的“切换选择”菜单命令执行。通过该操作,用户可以转换对象的选中状态,即将选中的对象变成没有选中的,将没有选中的变为选中的。

6. 取消对象的选择

在工作窗口中如果有被选中对象,此时在工作窗口的空白处单击,可以取消对当前所有选中对象的选择。如果当前有多个对象被选中而只想取消其中单个对象的选中状态,可以将鼠标指针移动到该对象上,单击即可取消对该对象的选择,但保持其他对象的选中状态。

3.8.2　对象的删除

在Altium Designer Release 10中可以直接删除对象,也可以通过菜单删除对象。具体操作方法如下。

1. 直接删除对象

在工作窗口中选择对象后,按Delete键可以直接删除选择的对象。

2. 通过菜单删除对象

(1) 单击“编辑”按钮,选择“删除”菜单选项,鼠标指针将变成十字形状出现在工作窗口中。

(2) 移动鼠标,在想要删除的对象上单击,该对象即被删除。

(3) 此时鼠标指针仍为十字形状,可以重复步骤(2)继续删除对象。

(4) 当完成对象删除后,右击或者按Esc键退出该操作。

3.8.3　对象的移动

选择对象后直接移动,就可以执行移动操作了。该操作可以直接执行,也可以通过工具栏按钮执行,具体描述如下。

1. 直接移动对象

当选中想要移动的对象后,将鼠标指针移动到对象上。当鼠标指针变成移动形状后,按住鼠标左键同时拖动鼠标,如图3-58所示,选中的对象将随着鼠标指针移动,移动到合适的位置后,松开鼠标左键,对象将完成移动。当完成移动操作后,对象仍处于选中状态。

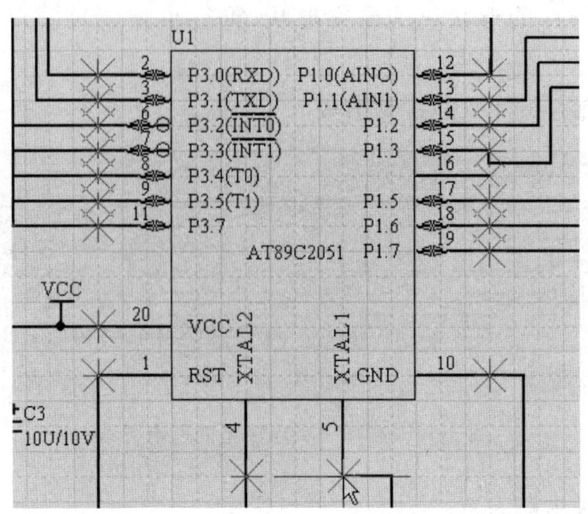

图 3-58 对象的移动

2. 使用工具栏按钮移动对象

使用工具栏按钮移动对象的操作如下：

(1) 选择想要移动的对象。

(2) 单击工具栏中的 按钮，鼠标指针将变成十字形状。移动鼠标指针到选中的对象上，单击，元件将随着鼠标指针移动。

(3) 移动鼠标指针到目的位置，单击，则完成对象的移动。

在移动的过程中，在选择对象时同时选中多个元件，即可完成多个元件的同时移动。

在使用工具移动对象的过程中，右击或者按 Esc 键可以退出对象的移动。

注意：移动元件的目的是方便连线，在绘制原理图中需要对部分元件进行移动，并对元件的标注进行适当的位置调整。

3.8.4 操作的撤销和恢复

在 Altium Designer Release 10 中可以撤销刚执行的操作。例如，如果用户误操作删除了某些对象，单击"编辑"按钮，选择 Undo 菜单选项或者单击工具栏中的 按钮，即可撤销刚才的删除。但是，操作的撤销不能无限制的执行，如果已经对操作进行了存盘，用户将不可以撤销存盘之前的操作。

操作的恢复是指操作撤销后，用户可以取消撤销，恢复刚才的操作。该操作可以通过单击"编辑"按钮，选择 Nothing to Redo 菜单选项或者单击工具栏中的 按钮执行。

3.8.5 对象的复制、剪切和粘贴

1. 对象的复制

在工作窗口选中对象后即可复制该对象。单击"编辑"按钮，选择"复制"菜单选项，鼠标指针将变成十字形状出现在工作窗口中。移动鼠标指针到选中的对象上，单击，即可以将选择的对象复制。此时对象仍处于选中状态。当完成对象复制后，复制内容将保存在 Windows 的剪贴板中。

2. 对象的剪切

在工作窗口选中对象后即可剪切该对象。单击"编辑"按钮,选择"剪切"菜单选项,鼠标指针将变成十字形状显示在工作窗口中。移动鼠标指针到选中的对象上,单击,即可完成对象的剪切。此时在工作窗口中该对象被删除,但该对象将保存在 Windows 的剪贴板中。

3. 对象的粘贴

在完成对象的复制或者剪切后,Windows 的剪贴板中已经有所复制或剪切的对象,此时可以执行粘贴。操作步骤如下:

(1) 复制/剪切某个对象,使得 Windows 的剪贴板中有内容。

(2) 单击"编辑"按钮并选择"粘贴"菜单选项,鼠标指针将变成十字形状并附带着剪贴板中的对象出现在工作窗口中。

(3) 移动鼠标指针到合适的位置,单击,剪贴板中的内容将被放置在原理图上,被粘贴的内容和复制/剪切的对象完全一样,它们具有相同的属性。

(4) 右击或者按 Esc 键,退出对象粘贴状态。

4. 元件的阵列粘贴

在原理图中,某些相同元件可能有很多个,如电阻、电容等,它们具有大致相同的属性,如果一个个地放置它们、设置它们的属性,工作量大。Altium Designer Release 10 提供了阵列粘贴,大大地方便了这里的操作。该操作通过选择"编辑"菜单中的"智能粘贴"菜单选项完成。具体的操作步骤如下:

(1) 复制或剪切某个对象,使得 Windows 的剪贴板中有内容。

(2) 单击"编辑"按钮,选择"智能粘贴"菜单选项,弹出图 3-59 所示的对话框,在该对话框中可以设置阵列粘贴的参数。

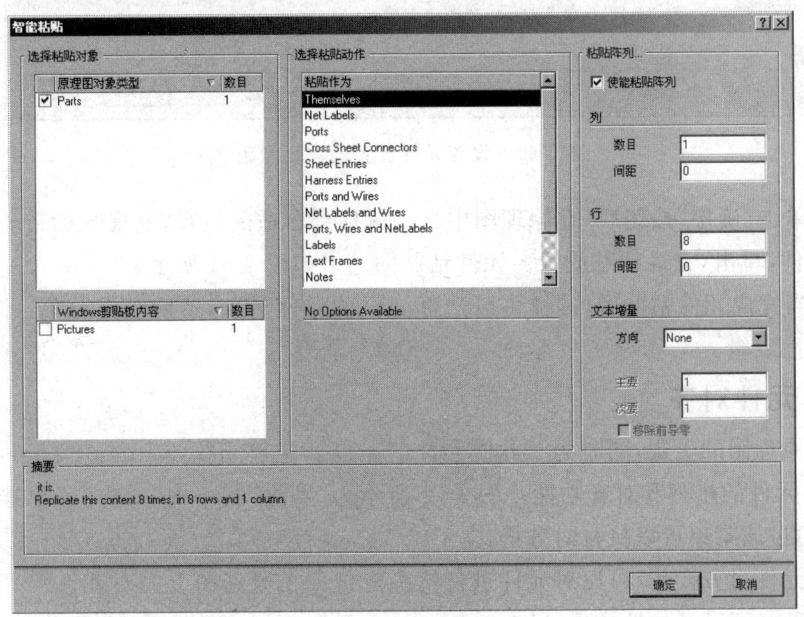

图 3-59　设置"智能粘贴"参数

首先选中“使能粘贴阵列”的复选框，可以看到该区域的一些默认设置。

其中，该对话框中各项参数的意义如下。

“列”区域的含义说明如下。

“数目”：指在水平方向上排列的元件的数量，可以设置为默认值。

“间距”：指元件在垂直方向上的元件之间的距离，可以设置为默认值。

“行”区域的含义说明如下。

“数目”：指元件在垂直方向上排列的个数。如设置为“3”个，如图 3-60 所示。

“间距”：指元件在垂直方向上的元件之间的距离。如果设置得过小，则元件在垂直方向上离得很近，还需要自己拖动分离，且这个值越大，元件在垂直方向上的距离也越大。此时，将它设置为“20”，如图 3-60 所示。

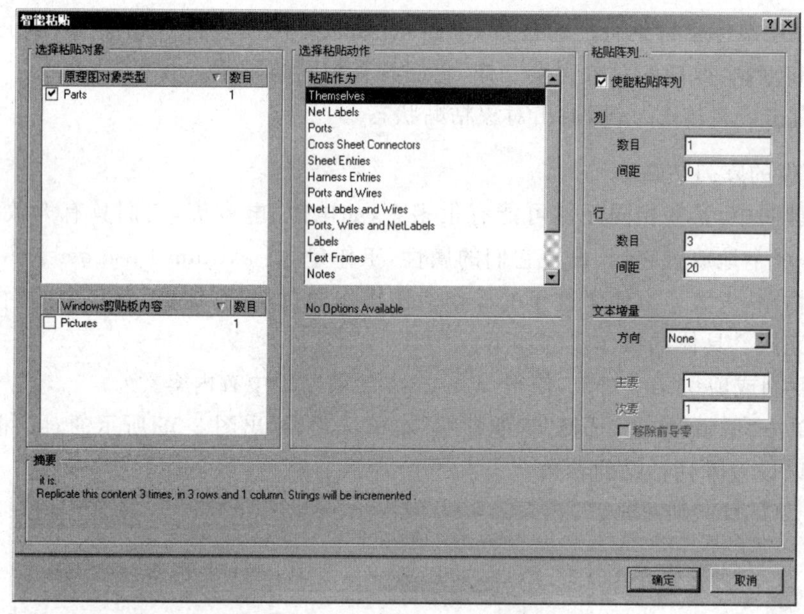

图 3-60 设置元件放置的数目和距离

(3) 单击“确定”按钮后，在原理图中移动鼠标到合适的位置，发现光标带着已经需要粘贴的元件，单击，完成粘贴放置。元件粘贴的结果如图 3-61 所示。

(4) 当完成元件粘贴后，同样可以选择图中的元件对象，然后双击对象，即可对该对象进行属性编辑。

3.8.6 元件对齐

为了原理图的美观，同时为了方便元件的布局及连接导线，Altium Designer Release 10 提供了元件的排列和对齐功能。图 3-62 所示为“编辑”菜单中“对齐”菜单选项的下一级菜单，通过该菜单可以执行对齐操作。

通过元件对齐操作，可以对元件进行精确定位。在原理图上的对齐有水平方向和垂直方向两种。下面具体地描述 Altium Designer Release 10 提供的对齐操作。

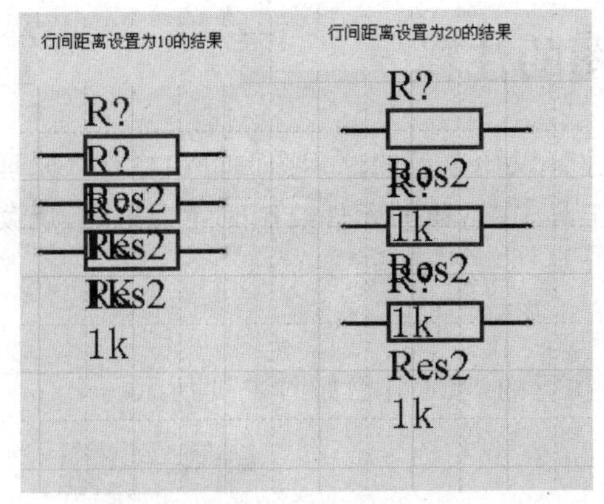

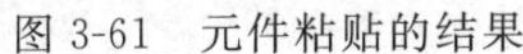
图 3-61　元件粘贴的结果

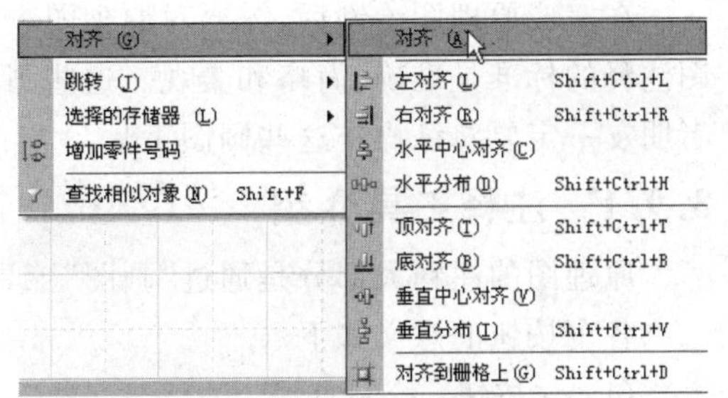

图 3-62　排列下级联菜单

1. 水平方向上的对齐

水平方向上的对齐是指所有选中的元件垂直方向上坐标不变，而以水平方向上(左、右或者居中)的某个标准进行对齐。水平方向对齐操作的步骤如下：

(1) 选中原理图中所有需要对齐的元件。

(2) 单击“编辑”按钮，选择“对齐”|“左对齐”菜单选项，此时元件仍处于选中状态。

(3) 在空白处单击取消元件选择状态，完成对齐操作。此后用户可再自行调整。

2. 垂直方向上的对齐

垂直方向上的对齐与水平方向上的对齐类似，选择元件及对齐元件的操作方法相同。

3. 同时在水平和垂直方向上对齐

除了单独的水平方向对齐和垂直方向对齐外，Altium Designer Release 10 还提供了同时在水平方向和垂直方向上的对齐操作。其具体的操作步骤如下：

(1) 选择需要对齐的元件。

(2) 单击“编辑”按钮，选择“对齐”|“对齐”菜单命令。

(3) 弹出图 3-63 所示的对话框。

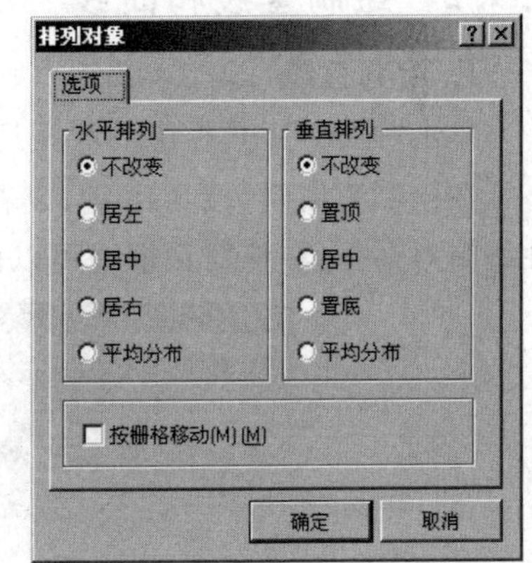

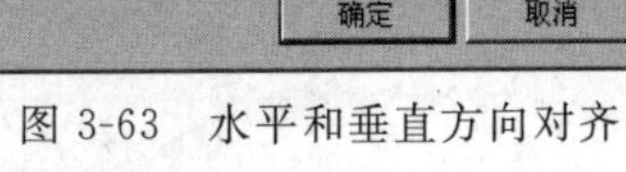
图 3-63　水平和垂直方向对齐

(4) 在该对话框中设置水平方向和垂直方向上的对齐标准。其中水平方向有左对齐、右对齐、中对齐、分散对齐；垂直方向有顶部对齐、底部对齐、居中对齐、分散对齐。

(5) 单击“确认”按钮，结束对齐操作。

3.9 原理图的注释

在完成原理图绘制后，需要对原理图进行注释以便今后的原理图阅读和检查。原理图注释的标准是准确、简略和美观。这些画图工具，在后面的元件绘制时还会用到，请读者朋友一定要熟练操作这些画图工具。

3.9.1 注释工具介绍

原理图的注释大部分是通过“画图”工具栏执行的，该工具栏如图 3-64 所示。

各个按钮的意义如下。

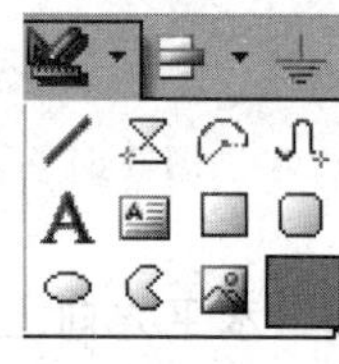

图 3-64 “画图”工具栏

(1) 按钮：绘制直线。

(2) 按钮：绘制不规则多边形。

(3) 按钮：绘制椭圆曲线。

(4) 按钮：绘制贝塞尔曲线。

(5) 按钮：放置单行文字。

(6) 按钮：放置区块文字。

(7) 按钮：放置矩形。

(8) 按钮：放置圆角矩形。

(9) 按钮：放置椭圆。

(10) 按钮：放置扇形。

(11) 按钮：在原理图上粘贴图片

(12) 按钮：灵巧粘贴。

3.9.2 绘制直线和曲线

1. 绘制直线

单击“画图”工具栏中的按钮，即可开始绘制直线。

在绘制直线时，按 Tab 键，或者双击已经绘制好的直线，将弹出图 3-65 所示的直线属性编辑对话框，在该对话框中可以设置直线的属性。其中，各项的意义如下。

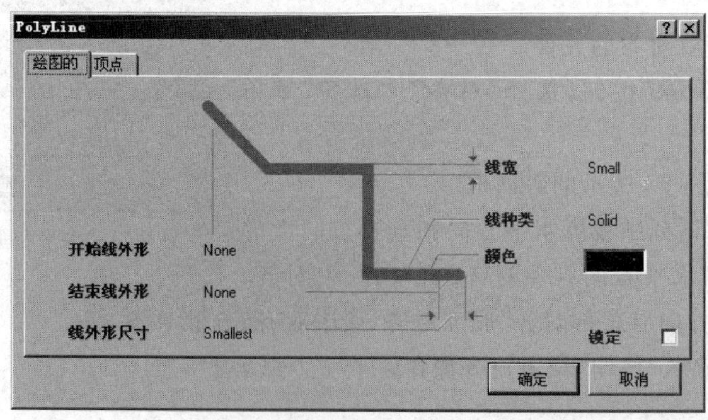

图 3-65 直线属性编辑对话框

(1)“线宽”：直线宽度。Altium Designer Release 10 提供 Smallest、Small、Medium 和 Large 4 种选择。

(2)“线种类”：直线类型。Altium Designer Release 10 提供 Solid(实线)、Dashed(虚线)和 Dotted(点线)3 种线形。

(3)“颜色”：直线颜色。

2. 绘制曲线

Altium Designer Release 10 中提供了椭圆和贝塞尔两种曲线的绘制按钮。下面以绘制椭圆曲线的过程为例，进行说明。

(1) 单击“画图”工具栏中的按钮，鼠标指针将变成十字形状并附加着椭圆曲线显示在工作窗口中，如图 3-66 所示。

(2) 按 Tab 键，弹出图 3-67 所示的椭圆曲线属性编辑对话框，在该对话框中设置曲线的属性。该对话框中各项的意义如下。

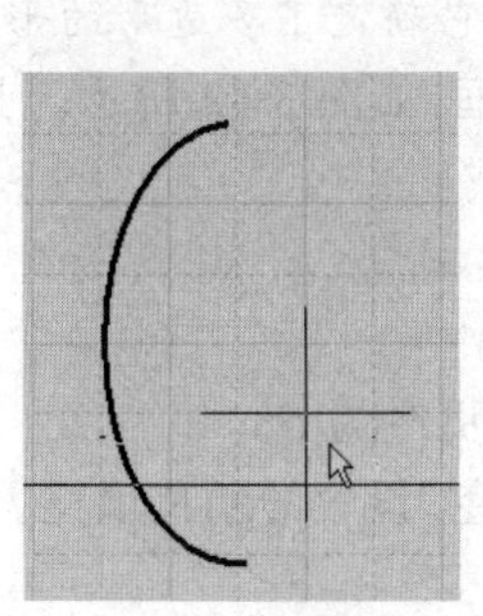

图 3-66　绘制曲线时的鼠标指针

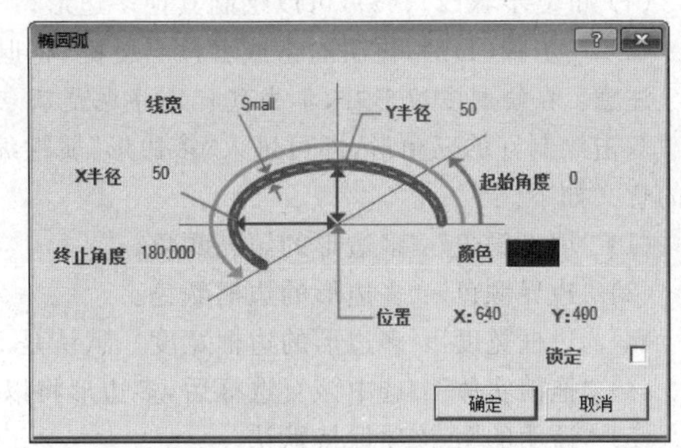

图 3-67　椭圆曲线属性对话框

①“线宽”：曲线宽度。此项设置保持不变。

②“X 半径”：曲线 X 方向上半径。此项设置为“50”。

③“Y 半径”：曲线 Y 方向上半径。此项设置为“50”。

④“起始角度”：曲线起始角度。指与坐标轴右半轴的夹角。此项设置为“0”。

⑤“终止角度”：曲线终止角度。指与坐标轴右半轴的夹角。此项设置为“180”。

⑥“颜色”：曲线颜色。此项设置保持不变。

⑦“位置”：曲线位置。

要注意的是，绘制曲线时，在图纸中单击会有一个起始点。起始点不同，起始角度就会不同，半径也不同，因此可以在图 3-67 对话框中调整数据以取得要求的参数。

(3) 移动鼠标到合适位置后，在不移动鼠标的情况下连续单击5 次，此时放置了一个 50mil 半径的半圆。

(4) 此时重复步骤(2)、(3)可以继续绘制其他曲线。

(5) 右击或者按 Esc 键，退出曲线绘制的状态。

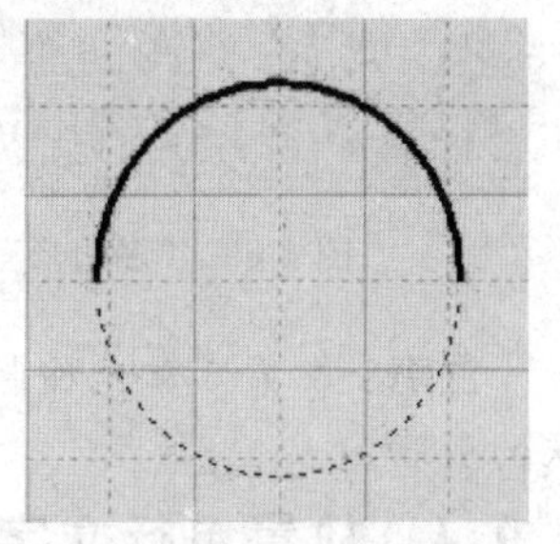

图 3-68　绘制好的曲线

经过步骤(1)到步骤(5)之后，放置好的曲线如图 3-68

所示。

绘制贝塞尔曲线和绘制直线类似，实际上，贝塞尔曲线是一种表现力非常丰富的曲线，利用它可以大体描绘各种特殊曲线，如余弦曲线等。

总而言之，在原理图中绘制各种直线、曲线的步骤比较类似，绘制出来的线条只是一种图形，没有任何的电气特性，只有注释作用。

3.9.3 绘制不规则多边形

单击“画图”工具栏中的按钮，即可开始绘制不规则多边形。绘制多边形的步骤如下：

(1) 单击“画图”工具栏中的按钮，鼠标指针变成十字形状显示在工作窗口中。

(2) 移动鼠标指针到合适的位置，单击，确定多边形的一个顶点。移动鼠标，确定多边形的其他顶点。

(3) 在确定所有顶点后，右击，将完成一个多边形的绘制。

(4) 重复步骤(2)、(3)，可以绘制其他多边形。

(5) 在步骤(4)后，再次右击或者按 Esc 键，将退出绘制多边形的状态。

注意：在绘制多边形时，单击鼠标次序也是顶点的序号，它确定了多边形的形状。

双击绘制好的三角形，即可进入“多边形”属性编辑对话框，如图 3-69 所示。其中，各项的意义如下。

(1) “填充颜色”：多边形的填充颜色。

(2) “边界颜色”：多边形的边框颜色。

(3) “边框宽度”：多边形的边框宽度。默认是 Large，可更改为 Small。

(4) “拖拽实体”：选中该复选框后，多边形将以“填充颜色”设置的颜色填充。

(5) “透明的”：该项保持默认。

图 3-70 所示为绘制一个三角形的全过程。

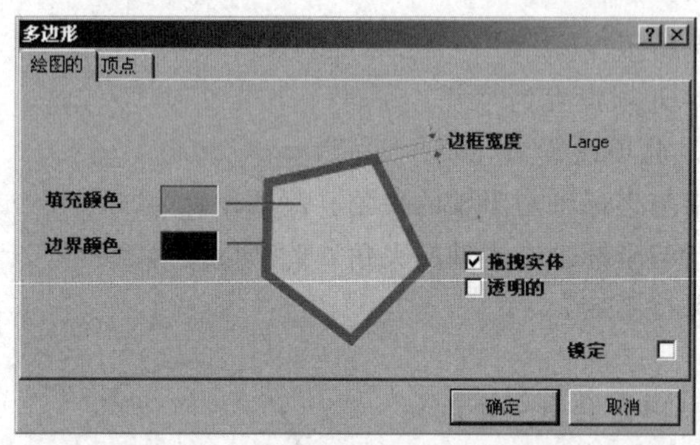

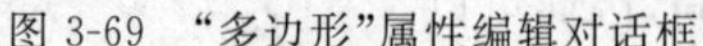
图 3-69 “多边形”属性编辑对话框

图 3-70 绘制三角形

注意：在第 6 章元件制作部分，给大家讲一下如何通过这个按钮，绘制一个箭头形状的引脚。

3.9.4 放置单行文字和区块文字

在原理图上最重要的注释方式就是文字说明，在 Altium Designer Release 10 中提供单行文字注释和区块文字注释两种注释方式。

1. 放置单行文字

放置单行文字的具体步骤如下：

(1) 单击“画图”工具栏中的A按钮，鼠标指针变成十字形状并附加着单行注释的标记显示在工作窗口中。

(2) 按 Tab 键，将弹出单行文字属性对话框，在该对话框中可以设置被放置文字的内容和属性。

(3) 移动鼠标指针到合适的位置，单击即可完成单行文字的放置。

(4) 重复步骤(2)和(3)可以放置其他的单行文字。

(5) 右击或者按 Esc 键即可退出放置单行文字的状态。

2. 放置区块文字

单行文字放置起来很方便，但是内容比较单薄，通常用于小处的注释。大块的原理图注释通常采用放置文字区块的方法。放置文字区块的步骤如下：

(1) 单击“画图”工具栏中的按钮，鼠标指针将变成十字形状并附加着文本区块的标记显示在工作窗口中。

(2) 移动鼠标指针到合适位置后，单击确定区块文字的一个顶点。移动鼠标指针到区块文字的对角顶点，单击确定区块位置和大小。

(3) 此时鼠标指针仍处于区块文字设置的状态，重复步骤(2)可以继续放置区块文字。

(4) 右击或者按 Esc 键，退出区块文字放置的状态。

执行完步骤(1)到步骤(4)之后，区块文字已经被放置好了，此时需要对它的属性和内容进行设置。双击区块文字，将弹出“文本结构”属性编辑对话框。

该对话框中各选项的意义如下。

(1) “边框宽度”：区块文字的边框宽度。

(2) “文本颜色”：区块文字中的文字颜色。

(3) “队列”：区块文字中的文字对齐方式，有左对齐、居中和右对齐 3 种对齐方式。

(4) “位置”：区块文字对角顶点的位置。

(5) “显示边界”：该选项决定是否显示区块文字的边框。

(6) “边界颜色”：区块文字的边框颜色。

(7) “拖拽实体”：该选项决定是否填充区块文字。

(8) “填充颜色”：区块文字的填充颜色。

(9) “文本”：区块文字的内容。

(10) “字体”：区块文字的字体。单击其后的按钮，即可更改区块文字的字体。

完成区块文字属性设置后，单击“确认”按钮，将完成区块文字的放置。

3.9.5　放置规则图形

在 Altium Designer Release 10 中可以方便地放置矩形、圆角矩形、椭圆和扇形四种规则图形，它们的操作类似。下面将以绘制一个半径 50mil、145°的扇形为例说明放置规则图形的方法。

(1) 单击“画图”工具栏中的按钮，鼠标指针将变成十字形状并附加着扇形标记显示在工作窗口中。

(2) 按 Tab 键后将弹出“Pie 图表”属性编辑对话框，在该对话框中可以设置扇形的属性。一般情况下保持默认值。

(3) 单击“确定”按钮后移动鼠标指针到合适位置，在保持鼠标不移动的情况下单击 4 次将完成一个扇形的放置。

(4) 重复步骤(2)、(3)可以放置其他扇形。

(5) 右击或者按 Esc 键，退出扇形放置的状态。

其他的规则形状放置和扇形放置类似，这里就不再叙述了。

3.9.6 放置图片

有时为了让原理图更加美观，需要在原理图上粘贴上一些图片，如公司标志等。这些可以通过放置图片的按钮来实现。放置图片的步骤如下：

(1) 单击“画图”工具栏中的按钮，鼠标指针将变成十字形状并附加着扇形标记显示在工作窗口中。

(2) 按 Tab 键将弹出“绘图”属性编辑对话框，在该对话框中可以设置放置图片的属性和内容。

(3) 完成图片属性和内容设置后单击“确定”按钮，移动鼠标指针到合适位置，单击确定图片框的一个顶点，继续移动鼠标指针到图片框的对角顶点，单击确定图片框的位置和大小。

(4) 此时会再次弹出“打开”对话框确定粘贴的图片，选择图片后单击“打开”按钮，此时图片将显示在鼠标指针刚才确定的位置上，完成图片粘贴的操作。

3.9.7 阵列式粘贴

放置元件可以采用阵列式粘贴，在原理图注释时也提供阵列式粘贴。在完成对某个对象的复制或者剪切后，单击画图工具栏中的按钮，即可开始阵列式粘贴的操作。具体的操作步骤和元件阵列式粘贴类似，这里就不再多述了。

3.9.8 图件的层次转换

在绘制原理图时可能会显示图件重叠的情况，上层的图件将覆盖住下层图件的重叠部分，这时可能需要对图件的层次进行设置。图件层次设置的操作在“编辑”|“移动”菜单的下一级菜单中可以找到。

3.10 原理图的打印

在完成原理图绘制后，除了在计算机中进行必要的文档保存之外，还需要打印原理图以便设计者进行检查、校对、参考和存档。

3.10.1 设置页面

选择“文件”|“页面设计”菜单选项，将弹出 Schematic Print Properties 对话框，在该对话框中可以设置页面。

该对话框中各项的意义如下。

(1)“尺寸”：页面尺寸。

(2)“肖像图”：选择该项将纵向打印原理图。

(3)“风景图”：选择该项后将横向打印原理图。

(4)“缩放比例”：设置缩放比例。该项通常保持默认的 Fit Document On Page 设置表示在页面上正好打印一张原理图。

(5)“颜色”：设置颜色。颜色设置有 3 种：单色打印、彩色打印、灰色打印。

3.10.2 设置打印机

在完成页面设置后，单击 Schematic Print Properties 对话框中的“打印设置”按钮将弹出设置打印机对话框，在该对话框中可以设置打印机。

3.10.3 打印预览

在完成页面设置后，单击 Schematic Print Properties 对话框中的“预览”按钮，可以预览打印效果。如果设计者对打印预览的效果满意，单击“打印”按钮即可打印输出。

3.10.4 打印输出

选择“文件”|“打印”菜单命令，将弹出一个对话框，此时单击“确定”按钮即可打印输出。

本章小结

第 3 章主要介绍了原理图的设计流程，并介绍了原理图图纸的模板设计、原理图图纸的视图操作和对象操作、原理图的注释和打印。

本章主要知识点如下：

1. 原理图的设计流程

(1) 设计图纸大小。

(2) 设置 Altium Designer Release 10 Schematic(原理图)的设计环境。

(3) 放置元件。

(4) 原理图布线。

(5) 调整线路。

(6) 报表输出。

(7) 文件保存并打印。

2. 原理图的组成

(1) 元件。

(2) 铜箔。

(3) 丝印层。

(4) 端口。

(5) 网络标号。

(6) 电源符号。

3. 原理图的界面

原理图设计的界面包括 4 个部分，分别是主菜单、主工具栏、左边的工作面板和右边的工作窗口。

在原理图设计界面中提供了齐全的工具栏，其中绘制原理图常用的工具栏包括以下几个。

(1) “原理图标准”工具栏。

(2) “画线”工具栏。

(3) “画图”工具栏。

4. 原理图的工作面板

在原理图设计中经常要用到的工作面板有以下 3 个。

(1) Projects(工程)面板。

(2) “元件库”面板。

(3) Navigator(导航)面板。

5. 原理图的设置方法

可以通过不同的方法对原理图进行设置。

(1) 方法一：可以在图 3-25 所示的原理图区域中右击，选择“选项”|“文档选项”命令即可启动原理图设置的窗口。

(2) 方法二：在主菜单“设计”上，并选择“文档选项”命令，同样可以启动原理图的图纸设置。

习 题 3

1. Altium Designer Release 10 原理图绘制的主菜单有哪些？
2. Altium Designer Release 10 原理图绘制的主工具栏有哪些？
3. 简述原理图绘制的流程。
4. 如何对原理图中的元件进行对齐操作？

第 4 章

原理图的电路绘制

本章导读：第 3 章介绍了原理图的设计流程，并介绍了原理图图纸的模板设计、原理图图纸的视图操作和对象操作、原理图的注释和打印，本章将介绍原理图中最为重要的内容，即电路的绘制。

学习目标：

(1) 掌握原理图元件库的安装方法。

(2) 掌握原理图元件的搜索方法。

(3) 掌握原理图元件的放置方法。

(4) 掌握原理图元件的封装检查及封装的添加方法。

(5) 掌握原理图的电气连接方法。

4.1 元件的放置

原理图中有两个基本要素：元件符号和线路连接。绘制原理图的主要操作就是将元件符号放置在原理图图纸上，然后用导线或总线将元件符号中的引脚连接起来，建立正确的电气连接。放置元件符号前，需要知道元件符号在哪一个元件库中，并需要载入该元件库。

4.1.1 元件库的引用

1. 启动元件库

在 Altium Designer Release 10 中支持单独的元件库或元件封装库，也支持集成元件库。它们的扩展名分别为 SchLib、IntLib。

启动元件库的方法如下：

(1) 选择主菜单中的“设计”|“浏览库”选项，如图 4-1 所示。

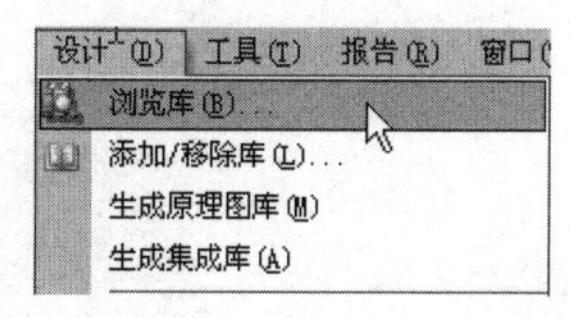

图 4-1 选择“浏览库”选项

(2) 弹出“库”面板。

(3) 窗口中默认打开的是 Altium Designer Release 10 自带的 Miscellaneous Devices. IntLib 集成元件库，集成元件库的元件符号、封装、SPICE 模型、SI 模型都集成在库里。

(4) 在“库”面板中选择一个元件，如 ADC-8 将会在库面板中显示这个元件的元件符号、封装、SPICE 模型、SI 模型，如图 4-2 所示。

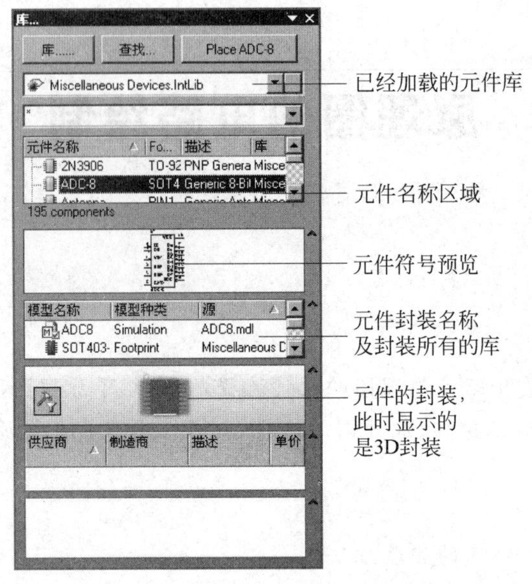

图 4-2　选择 ADC-8 的元件库面板

2. 加载元件库

当启动元件库面板后，可以方便地加载元件库。加载元件库的方法如下：

(1) 单击图 4-2 所示的"库"面板中的"库"按钮。

(2) 弹出图 4-3 所示的对话框，在该对话框中列出了已经加载的元件库文件。

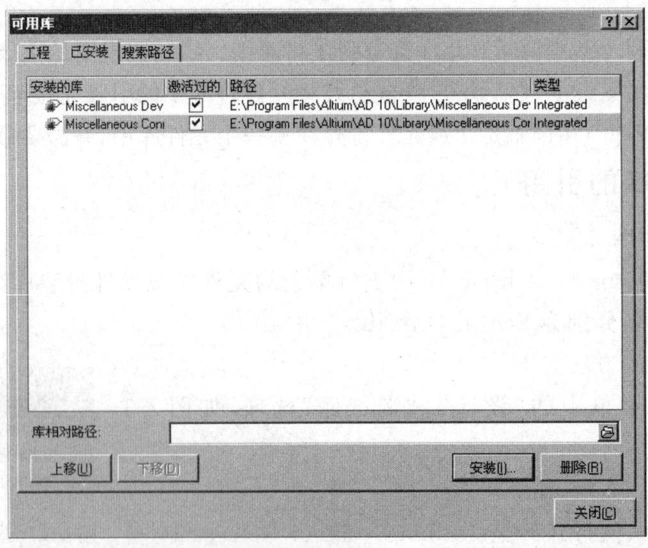

图 4-3　可用元件库

(3) 单击图 4-3 中的 安装(I)... 按钮，将弹出图 4-4 所示的对话框，可以在该对话框中选择需要加载的元件库，单击"打开"按钮即可加载选中的元件库。

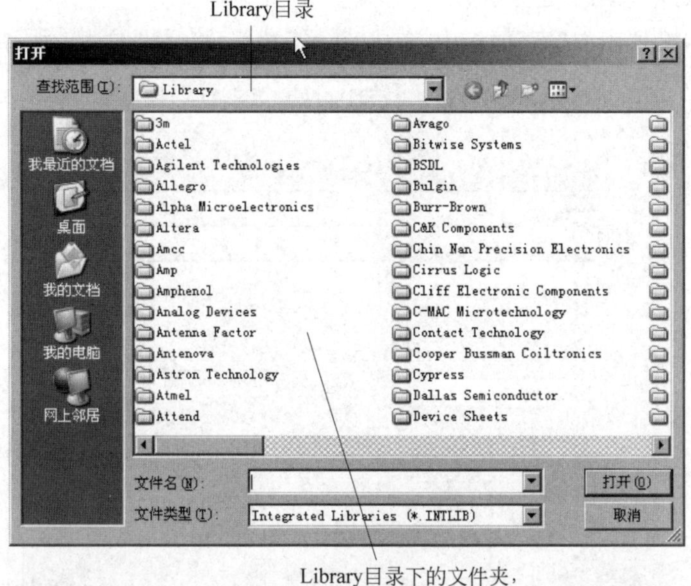

图 4-4　加载元件库

注意：Altium Designer Release 10 默认的库文件目录为 Altium Designer Release 10 安装目录下的 Library 目录，在此目录下有许多库目录，可以打开后选择加载。如果要加载 PCB 的库文件，则在 Library 目录的下级目录 PCB 中查找加载。

(4) 选择加载库文件后将会回到“可用库”对话框，该对话框将列出所有可用的库文件列表。

(5) 在库文件列表中可以更改元件库位置，在图 4-3 所示的对话框中，选中一个库文件，该文件将以高亮显示。单击“上移”按钮可以将该库文件在列表中上移一位，单击“下移”按钮可以将该库文件在列表中下移一位。

3. 卸载库文件

在加载元件后，可以卸载元件库，卸载方法如下：选择图 4-3 库列表中的元件库，单击“删除”按钮，即可卸载选中了的元件库。

注意：在设计工程中卸载元件库只是表示在该工程中不再引用该元件库，而没有真正删除软件中的元件库。

4.1.2　元件的搜索

4.1.1 小节讲述的元件库的加载或卸载操作，设计者已经知道了需要的元件符号在哪个元件库中，所以直接加载需要的元件库。但是，实际情况可能并非如此，设计者有时并不知道元件在哪个元件库中。此外，当设计者面对的是一个庞大的元件库时，挨个地寻找列表中每个元件直到找到自己想要的元件是一件非常麻烦的事情，工作效率很低。Altium Designer Release 10 提供了强大的元件搜索能力，帮助设计者轻松地在元件库中搜索元件。

搜索元件可以采用下述方法。

(1) 在图 4-2 所示的"库"面板中,单击 查找... 按钮,将弹出图 4-5 所示的对话框。

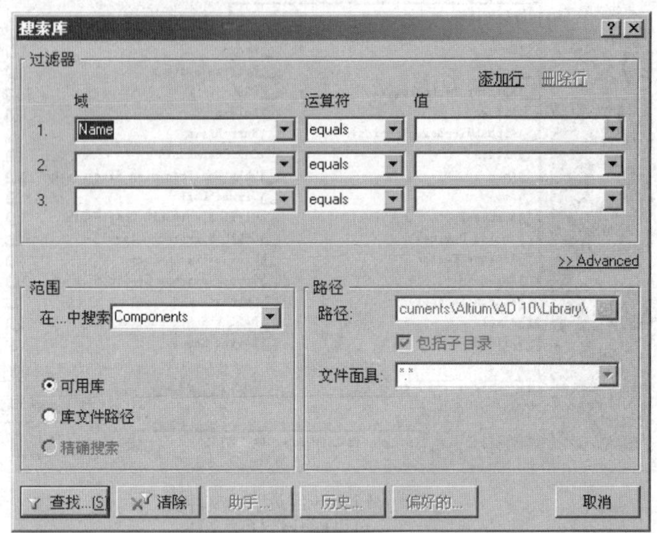

图 4-5 搜索元件

(2) 在该对话框中可以设置查找元件的域、元件搜索的范围、元件搜索的路径、元件搜索的标准及值,然后进行搜索即可得到元件搜索的结果。

(3) 设置元件查找的类型:单击图 4-5 中的"范围"选项区域内的"在...中搜索"文本框后面的下三角按钮选择查找类型,如图 4-6 所示。

说明:图 4-6 中 4 种类型分别为"元件"、"封装"、"3D 模式"、"数据库元件"。

(4) 设置元件搜索的范围:在 Altium Designer Release 10 中支持两种元件搜索范围,一种是在当前加载的搜索元件库中搜索,另一种是在指定路径下的所有元件库中搜索。

在"范围"选项区域中选择"可用库"单选按钮,表示搜索范围是当前加载的所有元件库;选择"库文件路径"单选按钮,则表示在右边"路径"选项区域中给定的路径下搜索元件,如图 4-7 所示。

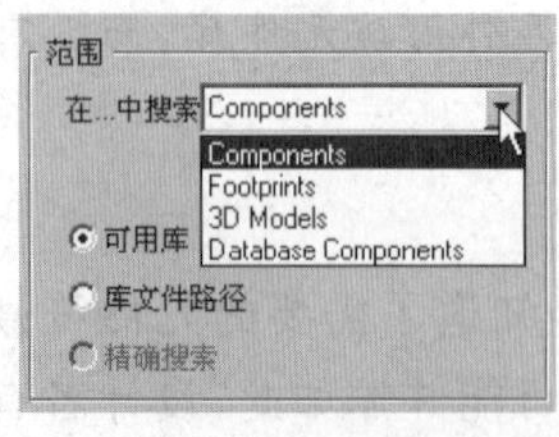

图 4-6 查找类型

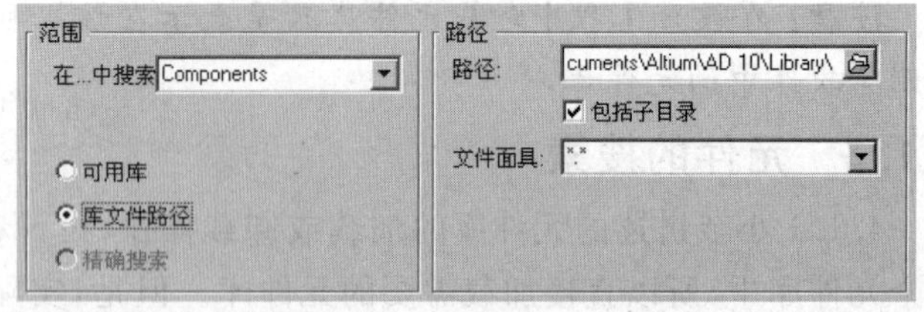

图 4-7 在给定路径下搜索元件

其具体的设置步骤如下:

① 在"范围"选项区域中选择"库文件路径"单选按钮,申明搜索方式。

② 在“路径”选项区域中单击按钮，弹出如图 4-8 所示的对话框。在该对话框中选中要搜索的路径，单击“确定”按钮即可。

③ 确定搜索路径是否包含设置路径下的子目录。选中“包含子目录”复选框，表示搜索将在设置路径的子目录下进行。

④ 设置搜索文件的掩码。例如，如果设计者只想在名称中包含“dip”字样的集成库文件中搜索，则在“文件面具”栏中输入“ *.IntLib”即可。通过设置搜索文件掩码，可以大大地加速元件搜索的速度。

图 4-8　设置搜索路径

(5) 确定元件搜索标准：元件搜索的标准设置在图 4-9 所示的“过滤器”选项区域中完成。

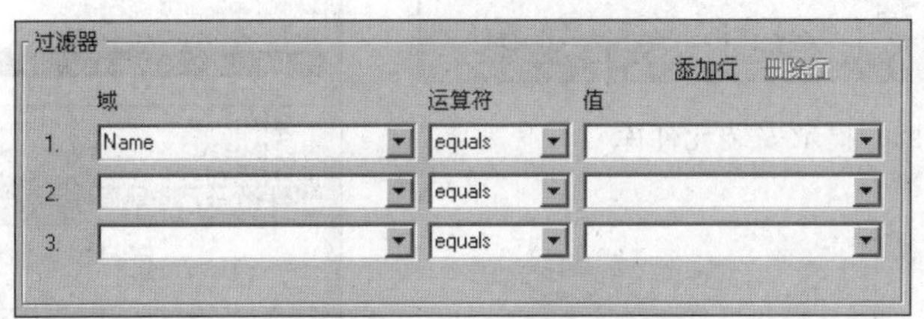

图 4-9　元件库查找

(6) 元件搜索举例。例如，要搜索 LM311，即可在图 4-10 所示对话框中输入 LM311，其他做如图 4-10 所示的设置。同时，在图 4-10 所示的“路径”选项区域选择好路径即可搜索。元件搜索结果面板如图 4-11 所示。

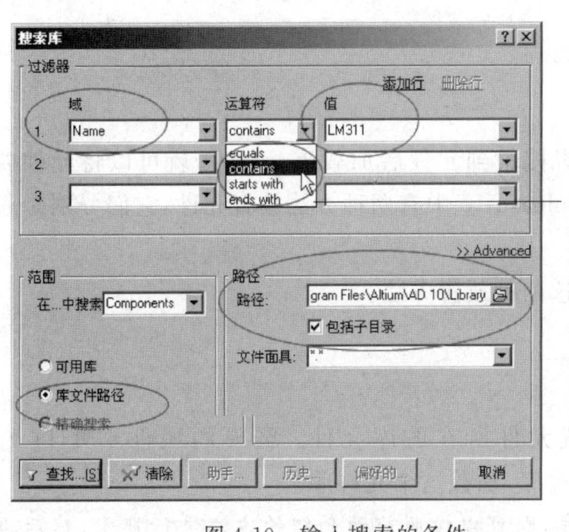

此处的下拉菜单，选择第一个是完全等于，选择第二个是包含这个名称的元件列表

图 4-10　输入搜索的条件

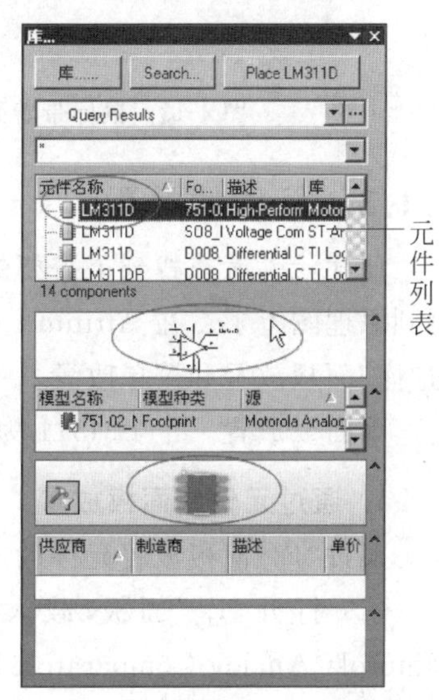

图 4-11　元件搜索结果面板

注意：在图 4-11 所示的面板中列出了搜索到的元件的名称、所在的元件库以及该元件的描述，在对话框的下方还有搜索到元件的符号预览和元件封装预览。

如果查找到的元件符合设计者的要求，则在图 4-11 中“元件列表”区域中双击符合要求的元件即可将元件放置在图纸中。

如果搜索的元件所在元件库没有安装过，则会弹出一个提示对话框，提示安装元件所在的元件库，图 4-12 所示为提示该元件库没有安装，并提示用户进行安装。只是不同的元件，提示安装的元件库名称是不一样的。

单击“是”按钮将会安装该元件库，同时元件会跟着鼠标出现在原理图中，如图 4-13 所示。单击即可放置该元件。同时，安装的元件库将在原理图中可用，如图 4-14 所示。

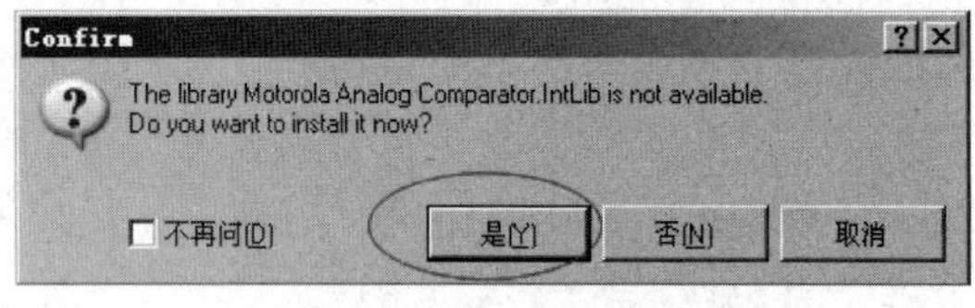

图 4-12 提示安装元件库

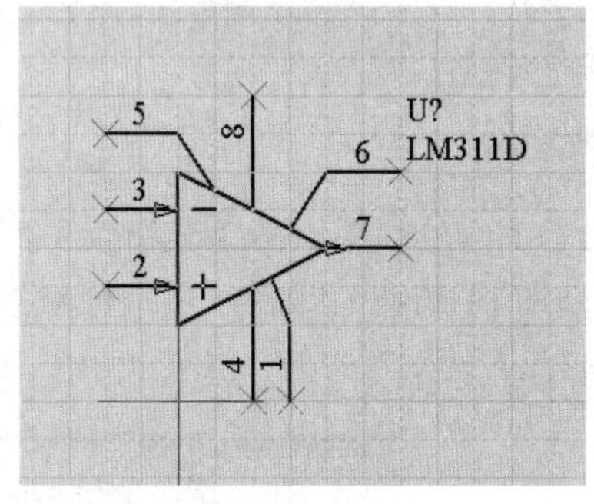

图 4-13 鼠标带着元件

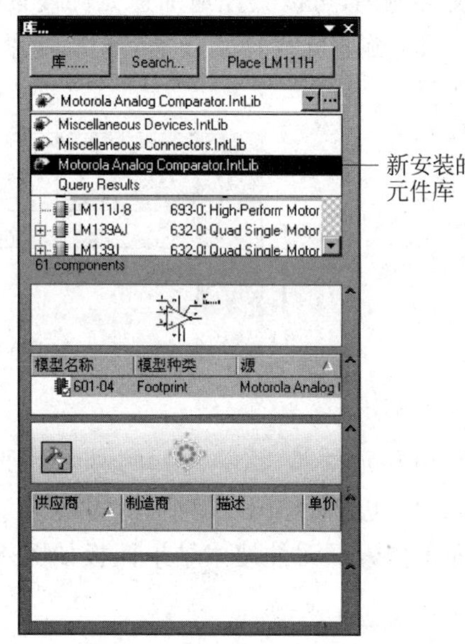

图 4-14 新安装的元件库

4.1.3 元件的放置

加载元件库查找到了需要的元件或者搜索到元件后加载该元件库，就可以将元件放置到原理图上了。在 Altium Designer Release 10 中有两种方法放置元件，它们分别是通过“库”面板放置和菜单改置。

下面以放置一个 LM311 为例，叙述这两种放置方法。

1. 通过元件库面板放置

通过“库”面板放置元件的步骤如下：

(1) 打开“库”面板，载入所要放置元件所在的库文件。需要的元件 LM311 在 Motorola Analog Comparator. IntLib 元件库，加载这个元件库。

注意：如果不知道元件所在的元件库，则可以按照前面介绍的方法进行搜索，然后再加载搜索到的元件所在的元件库。

(2) 在加载元件库后，选择想要放置元件所在的元件库。在图 4-14 所示的下拉列表中选择 Motorola Analog Comparator. IntLib 文件。

(3) 单击，则该元件库出现在文本框中，可以放置其中的所有元件。在元件列表区域中将显示库中所有的元件，如图 4-15 所示。

(4) 在图 4-15 所示的面板中选择需要放置的元件，此时选择“LM311D”选项，则该元件将以高亮显示，图 4-16 所示为此时可以放置该元件的符号。

(5) 在选中元件 LM311D 后，在“库”面板中将显示元件符号的预览以及元件的模型预览，当确定是想要放置的元件后，单击面板上方的 Place LM311D 按钮，鼠标指针将变成十字形状并附加着元件 LM311D 的符号显示在工作窗口中，如图 4-17 所示。

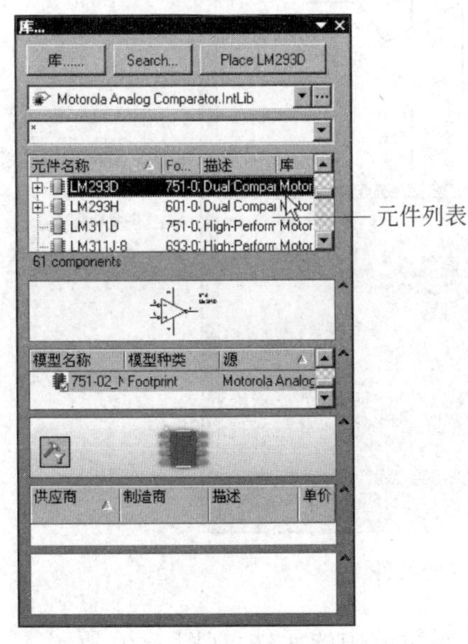

图 4-15　元件库中的元件列表

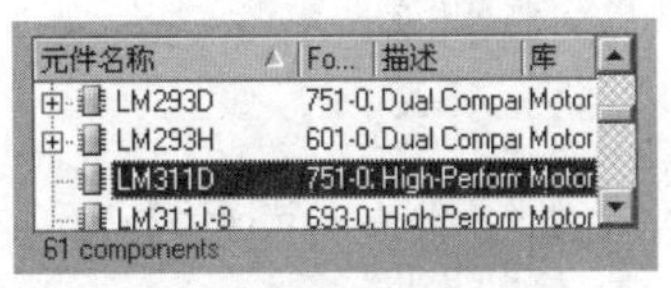

图 4-16　高亮显示的元件

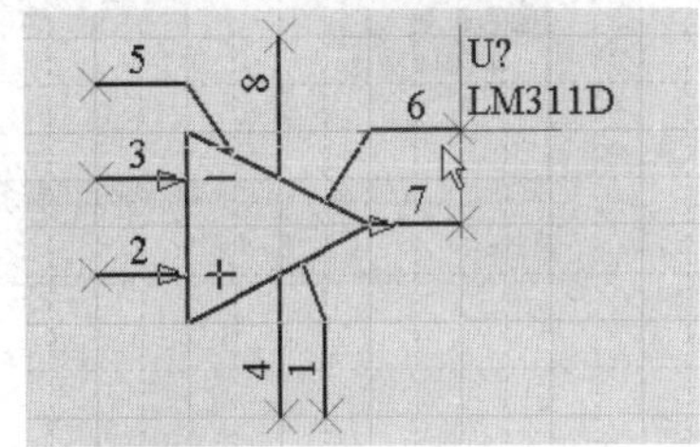

图 4-17　放置元件的鼠标状态

(6) 移动鼠标指针到原理图中合适的位置，单击，则元件将被放置在鼠标指针停留的地方。此时鼠标指针仍然保持图 4-17 所示的状态，可以继续放置该元件。在完成放置选中元件后，右击，则鼠标指针恢复成正常状态，从而结束元件的放置。

(7) 在完成一些元件的放置后，可以对元件位置进行调整，设置这些元件的属性。然后，重复刚才的步骤，放置其他的元件。

注意：除了可以通过上述的单击“放置”按钮放置元件外，还可以直接双击图 4-16 所示元件列表中的元件放置元件。

2. 通过菜单放置

选择主菜单中的“放置”|“器件”菜单选项，弹出图 4-18 所示的对话框。

图 4-18　放置元件窗口

例如放置元件 LM311N，放置的具体步骤如下：

(1) 单击图 4-18 对话框中的“选择”按扭，弹出如图 4-19 所示的对话框，在元件库下拉列表中选择 Motorola Analog Comparator. IntLib 元件库，然后选择元件“LM311N”选项。

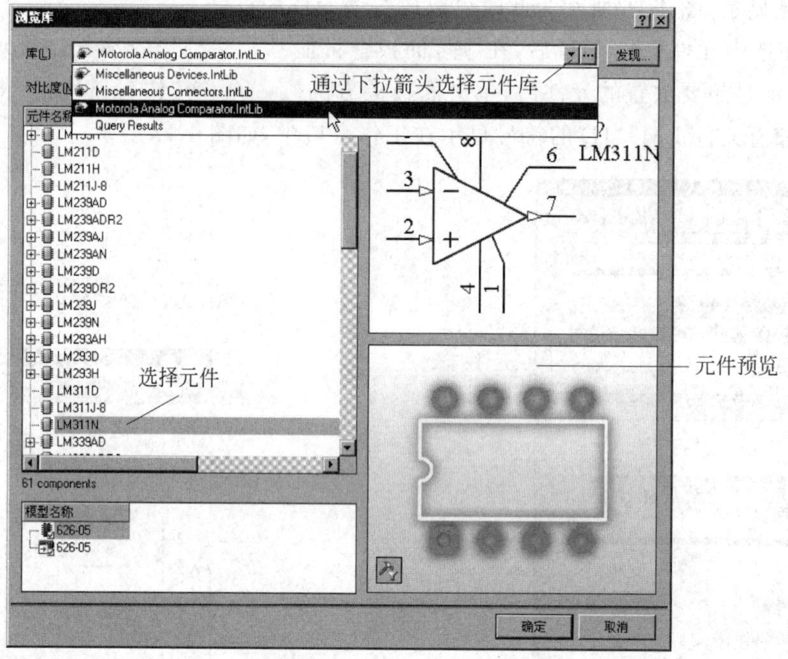

图 4-19 选择放置的元件

(2) 单击“确定”按钮，在弹出的对话框中，将显示选中的元件，如图 4-20 所示。

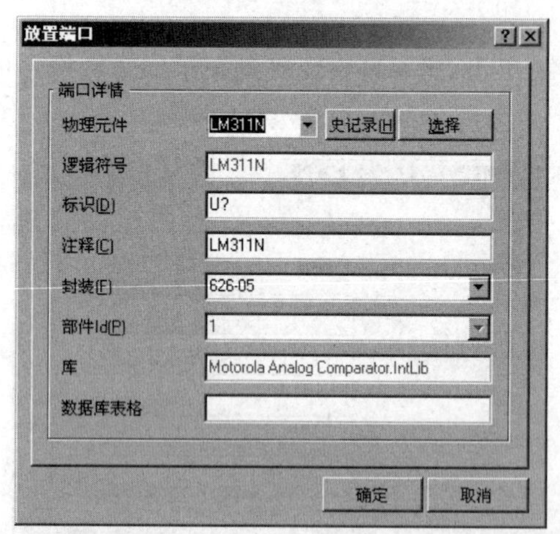

图 4-20 显示已经选中的元件

此时对话框中显示出了被放置元件的部分属性，包括以下几个。

① “标识”：被放置元件在原理图中的标号。这里放置的元件为集成电路，因此采用 U 作为元件标号。根据电路图设置好元件的标号。

② “注释”：被放置元件的说明。

③ “封装”：被放置元件的封装。如果元件为集成元件库的元件，则在本栏中显示元件的封装，否则需要自己定义封装。

(3) 单击“确定”按钮，鼠标指针带着元件，此时元件处于放置状态，单击即可连续放置多个元件，放置完成后，右击则完成元件的放置。

注意：在放置元件时，并不需要一次性将一张原理图上所有的元件放置完，因为这样往往难以把握原理图的绘制。通常的做法是将整个原理图划分为若干个部分，每个部分包含放置位置接近的一组元件，一次放置一个部分，进行元件属性设置，然后再连线。若原理图中的元件数目较少，则可以一次性将所有元件全部放置上去。

4.1.4　元件属性设置

在放置元件后，需要对元件属性进行设置。元件的设置一方面确定了后面生成网络报表的部分内容，另一方面也可以设置元件在图纸上的摆放效果。此外，在 Altium Designer Release 10 中还可以设置部分的布线规则，同时也可以编辑元件的所有管脚。

元件属性设置包含以下 5 个方面的内容。

(1) 元件的基本属性设置。

(2) 元件在图纸上的外观属性设置。

(3) 元件的扩展属性设置。

(4) 元件的模型设置。

(5) 元件管脚的编辑。

设置元件的属性首先需要进入元件属性编辑对话框。

进入元件属性编辑对话框的方法非常简单，只需要在原理图图纸中双击想要编辑的元件，系统会弹出图 4-21 所示的元件属性编辑对话框。除了这种方法，还可以在放置元件的过程中按 Tab 键，这样也会弹出元件属性编辑对话框。

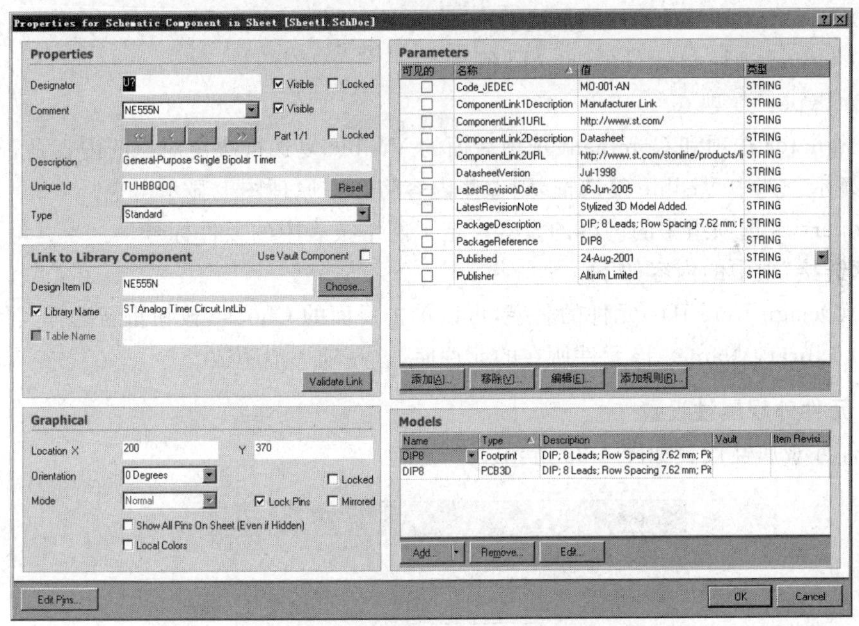

图 4-21　元件属性编辑对话框

1. 元件基本属性设置

元件基本属性设置在“属性”项和“库链接”项及“图形”项中进行，如图 4-22 所示。

“属性”项中包含以下内容。

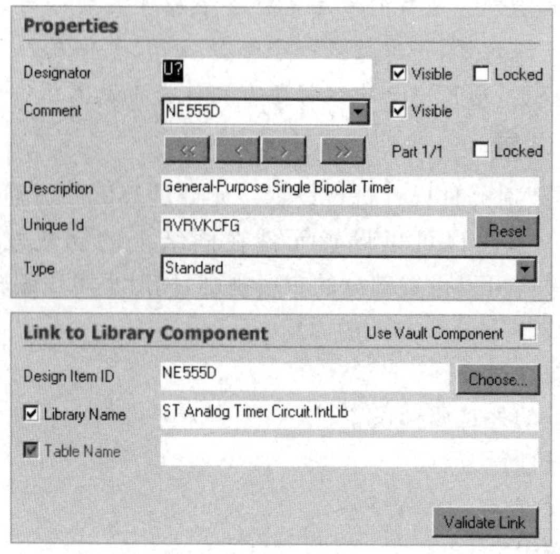

图 4-22　元件基本属性设置

(1) Designator：元件的标号。一个项目中的所有元件都有自己的标号，标号区别了不同的元件，因此标号的设定是唯一的。

(2) Comment：对元件的说明。

(3) Description：对元件的描述。

(4) Unique Id：该元件的唯一 Id 值。

(5) Type：类型。

Designator 选项和 Comment 选项后面的 Visible 复选框决定对应的内容是否在原理图上有显示。选中 Visible 复选框，则这些内容将会在原理图上显示出来。

Properties 选项组中的内容的设置决定了网络报表中的元件标号。

"库链接"项中的内容如下。

(1) Design Item ID：元件的名字，可以单击后面的 Choose 按钮重新选择其他元件。

(2) Library Name：该元件所在的元件库，这一项一般不改。

2. 元件外观属性设置

元件外观属性设置如图 4-23 所示。

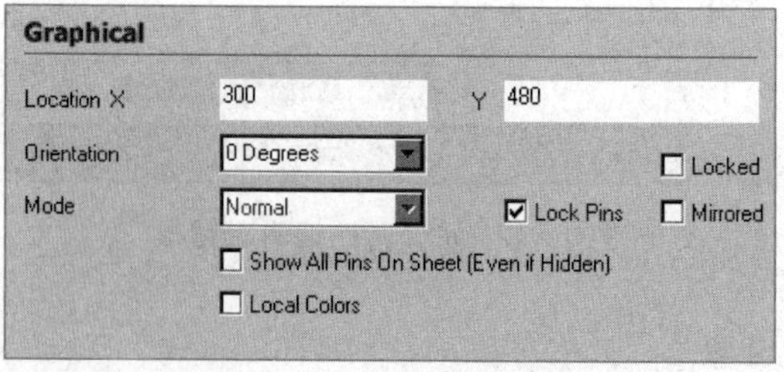

图 4-23　元件外观属性设置

该项中包含以下内容。

(1) Location(位置)：该元件在图纸上的位置。原理图图纸上的位置是通过元件的坐标来确定的，其中的坐标原点为图纸的左下角顶点。直接在 X 和 Y 文本框中输入数值可改变元件的位置。

(2) Orientation(方向)：该元件的旋转角度。在 Altium Designer Release 10 中提供了 4 种旋转角度：0°、90°、180°和 270°。单击下三角按钮，弹出一个选择旋转度数的下拉列表框，从列表框中即可设置元件的旋转角度。

(3) Mirrored(镜像)：是否将该元件镜像显示。选中该复选框即可使得元件镜像显示。

(4) Show All Pins On Sheet(Even if Hidden)(显示所有隐藏引脚即使引脚是隐藏的)：是否显示该元件的隐藏引脚。有些元件在使用时会有些引脚需要悬空，而有些时候在一个设计中元件的某些引脚没有被用到，这些情况下，都可以在绘制元件符号时将这些引脚隐藏起来。当在原理图中引用该元件符号时，隐藏了的引脚将不会显示出来。如果想要显示隐藏了的引脚，选中该复选框即可。

(5) Local Colors(本地颜色)：设置本地的元件符号颜色。选中该复选框，将出现颜色选择色块，如图 4-23 所示。

选择颜色块弹出设置颜色的对话框，这里可以设置元件符号填充颜色、边框颜色和引脚颜色，而一般情况下保持默认即可。

(6) Lock Pins(锁定引脚)：设置是否锁定引脚位置。如果取消选中该复选框，设计者将可以在原理图中改变引脚位置。

(7) Locked (锁定元件)：设置是否锁定元件位置。

Graphical 选项组中的内容的设置决定了元件在原理图中的位置，合理的设置会让原理图更加美观，且连线也更加容易。

3. 元件扩展属性编辑

元件扩展属性编辑如图 4-24 所示。

Parameters

可见的	名称	值	类型
☐	Code_IPC	SOIC127P600-8	STRING
☐	Code_JEDEC	MS-012-AA	STRING
☐	ComponentLink1Description	Manufacturer Link	STRING
☐	ComponentLink1URL	http://www.st.com/	STRING
☐	ComponentLink2Description	Datasheet	STRING
☐	ComponentLink2URL	http://www.st.com/stonline/products/li	STRING
☐	DatasheetVersion	Jul-1998	STRING
☐	LatestRevisionDate	13-Apr-2006	STRING
☐	LatestRevisionNote	IPC-7351 Footprint Added.	STRING
☐	PackageDescription	8-Pin Small Outline Integrated Circuit 1.:	STRING
☐	PackageReference	SO8	STRING
☐	PackageVersion	Dec-2002	STRING
☐	Published	24-Aug-2001	STRING
☐	Publisher	Altium Limited	STRING

添加(A)...　移除(V)...　编辑(E)...　添加规则(R)...

图 4-24　元件扩展属性编辑

双击某一选项，即可进入相关的属性设置，如图 4-25 所示。

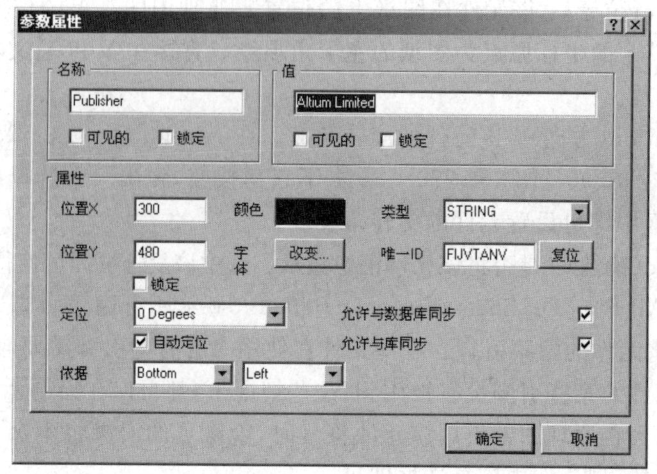

图 4-25　元件说明选项

(1)“名称”：说明选项的名称。在该栏中可以设置该选项在原理图上是否可见。

(2)“值”：说明选项的取值。在该栏中可以设置该选项在原理图上是否可见、是否锁定。

(3)“属性”：说明选项的属性，包括说明选项的位置、颜色、字体、旋转角度等。

除了系统给出的默认说明选项以外，设计者也可以根据需要新增或者删除自己定义元件的说明选项。

(1) 单击图 4-24 中所示的添加(A)...按钮，将弹出和图 4-25 相同的对话框。设计者可以根据实际情况自己设置对话框，完成设置后，单击“确定”按钮，即可在说明选项的列表中加入刚才定义的说明选项。

(2) 单击图 4-24 中所示的移除(V)...按钮，设计者可以删除元件的说明选项。

(3) 单击图 4-24 中所示的添加规则(R)...按钮，设计者可以在原理图中定义布线规则。

4. 元件模型设置

元件的模型设置如图 4-26 所示。

在该项中可以设置元件的封装。单击图 4-26 中所示的 Add 按钮，可以增加 Footprint 模型、SI 模型等，如图 4-27 所示。

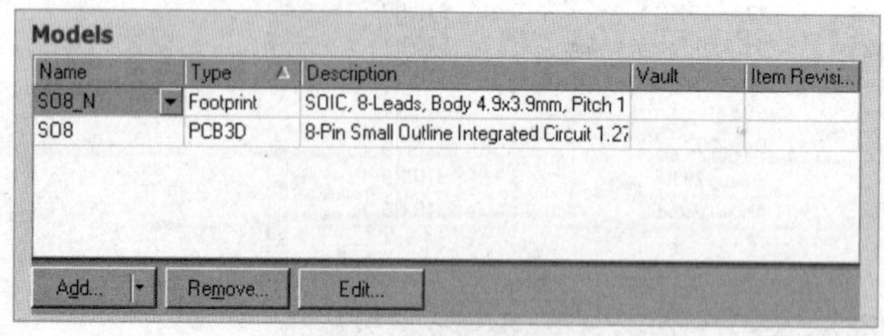

图 4-26　元件的模型设置

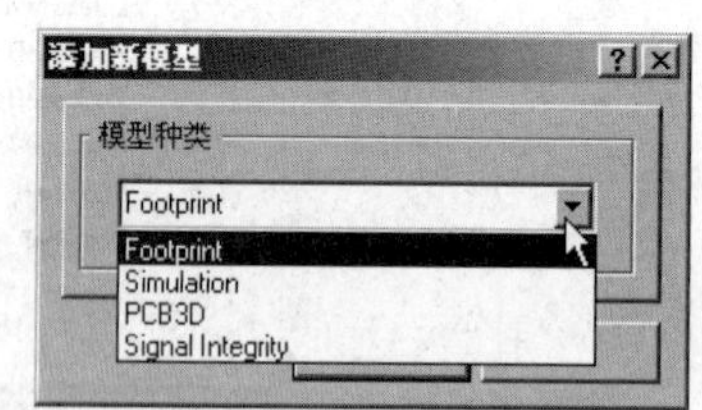

图 4-27　增加元件模型

在普通设计中通常涉及的模型只有元件封装，设置元件封装的步骤如下：

(1) 在图 4-26 中选中元件封装选项，则该选项将高亮显示，单击 Edit... 按钮，将弹出图 4-28 所示的对话框。

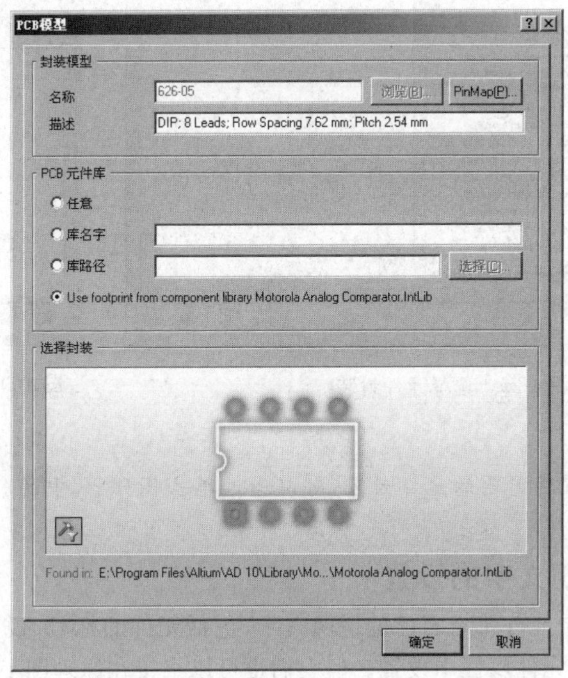

图 4-28 "PCB模型"对话框

(2) 加载封装所在的库。Altium Designer Release 10 支持的封装库包括集成元件库和普通的封装库，选中编辑的对象来自集成元件库，该栏中的默认设置为 Use footprint from component library Motorola Analog Timer Comparator. IntLib，表示采用集成元件库中和元件符号关联上的封装，此时无须加载别的封装库。图 4-28 中已经出现了封装，说明已经加载成功了。如果没有封装预览，或者预览的封装不正确，则可以进行下面第(3)步中的操作。

① 选择"任意"单选按钮，表示在所有加载了的元件库中选择封装。

② 选择"库名字"单选按钮，表示在指定名称的元件库中选择封装。

③ 选择"库路径"单选按钮，表示在指定路径下的元件库中选择封装。

(3) 选择"任意"单选按钮，再单击 浏览(B)... 按钮，将弹出如图 4-29 所示的对话框。在该对话框中先选择元件所在的元件库，然后再选择元件对应的封装，假如 LM311N 选择的封装是 601-04 则做如图 4-29 所示的选择。

(4) 单击"确定"按钮，完成封装选择。

(5) 在图 4-28 对话框中，还提供了元件符号和元件封装间的管脚到引脚对应关系的设置功能。单击 PinMap(P)... 按钮将弹出图 4-30 所示的对话框。该对话框中显示了当前的管脚到引脚的对应关系。单击对话框中的右侧引脚模型标号即可直接进行修改，编辑对应关系。

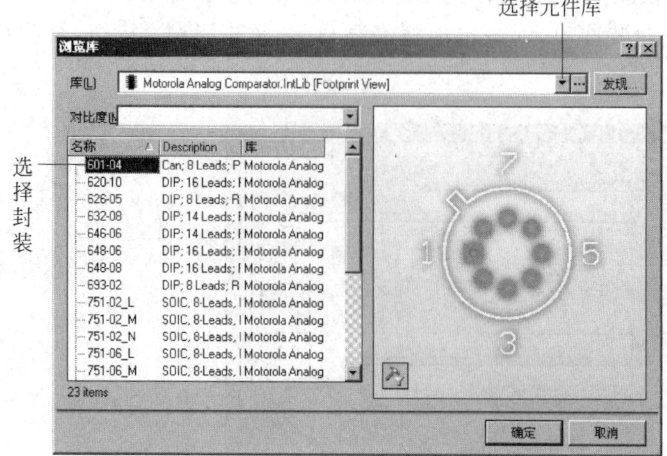

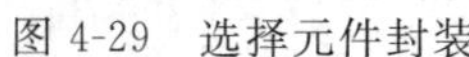

图 4-29 选择元件封装

元件管脚标号	模型管脚标号
1	1
2	2
3	3
4	4
5	5
6	6
7	7
8	8

图 4-30 管脚到引脚对应关系列表

注意：如果没有所需要的元件封装，可以通过单击图 4-29 中的“发现”按钮来查找元件的封装。

4.1.5 元件说明文字的设置

在原理图上每个元件都有自己的说明文字，包括元件的标号、说明及取值，它们都是元件的属性，可以在元件属性中设置。但它们也可以直接在原理图上设置，双击想要设置的内容，即可编辑该项内容。

(1) 如果想要编辑元件的说明，在原理图上对放置元件的“注释”文字双击，将弹出如图 4-31 所示的对话框。设计者可自行设置元件标号的各项内容，如果在设计中没有必要在原理图上显示元件说明，则将该项设置为在原理图上不可见。

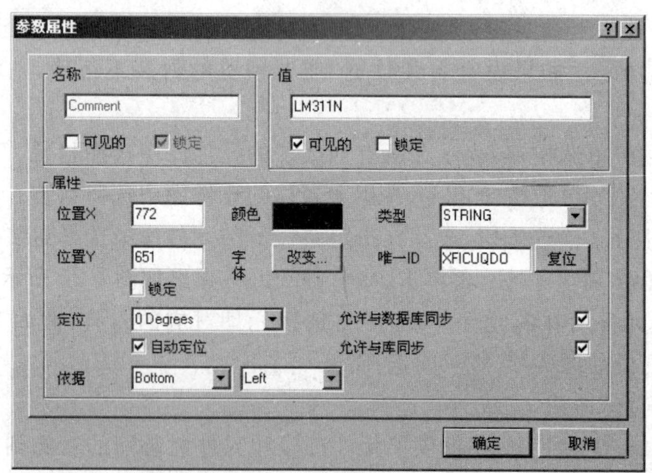

图 4-31 元件说明文字设置

(2) 在完成设置后，单击“确定”按钮，关闭对话框。此时，重新打开元件属性编辑对话框,可以看到刚才修改的内容在元件属性中也有修改。

4.2　电路绘制

在完成一部分的元件放置工作并做好元件属性和元件位置调整后,可以开始绘制电路。元件的放置只是说明了电路图的组成部分,并没有建立起需要的电气连接,而电路工作需要建立正确的电气连接。因此,需要进行电路绘制,对于单张电路图,绘制包含的内容有如下几方面。

(1) 导线/总线绘制。

(2) 添加电源/接地。

(3) 设置网络标号。

(4) 放置输入/输出端口。

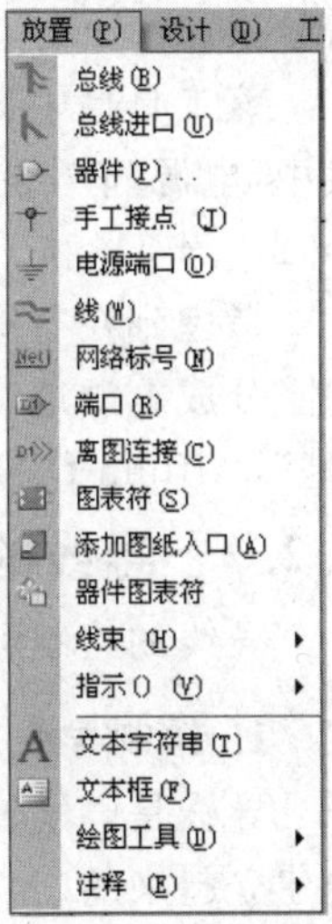

4.2.1　电路绘制工具

Altium Designer Release 10 提供了很方便的电路绘制操作。所有的电路绘制功能在图 4-32 所示的菜单中都可以找到。

Altium Designer Release 10 还提供了工具栏。常用的工具栏有两个:“画线”工具栏和“电源”工具栏。

图 4-32　电路绘制菜单

1. “画线”工具栏

“画线”工具栏如图 4-33 所示。该工具栏提供导线绘制、端口放置等操作。

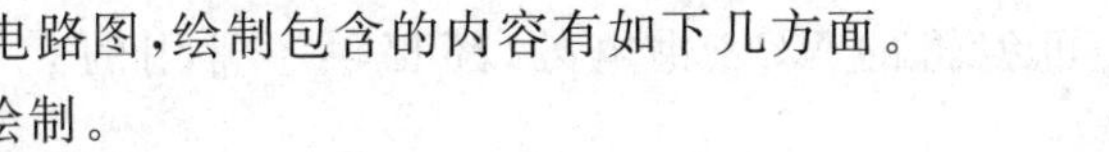

图 4-33　“画线”工具栏

工具栏中各按钮的功能分别列举如下。

(1) 按钮:绘制导线。

(2) 按钮:绘制总线。

(3) 按钮:放置信号线束。

(4) 按钮:绘制导线分支。

(5) 按钮:放置网络标号。

(6) 按钮:放置电源接地符号。

(7) 按钮:放置电源。

(8) 按钮:放置元件。

(9) 按钮:放置方框电路图。

(10) 按钮:放置方框电路图上的端口。

(11) 按钮:放置器件图表符。

(12) 按钮:放置线束连接器。

(13) 按钮：放置线束入口。

(14) 按钮：放置原理图上的端口。

(15) ×按钮：放置忽略 ERC 检查点。

2. “电源”工具栏

“电源”工具栏如图 4-34 所示。该工具栏提供了各种电源符号。

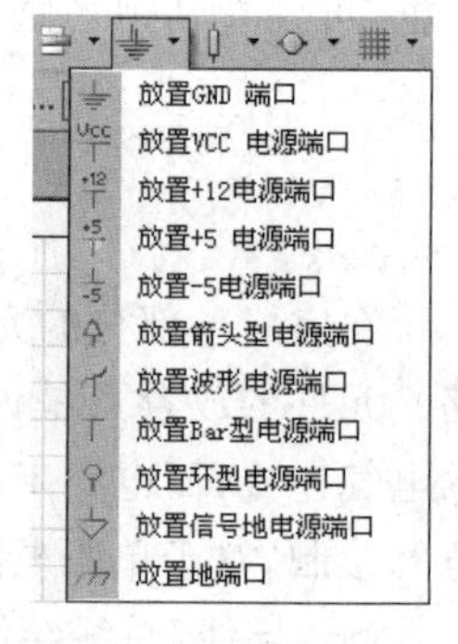

图 4-34 “电源”工具栏

该工具栏中提供了各种电源和地符号，使用起来相当方便。其中，电源符号除了可编辑的 VCC 供电外，还提供了常用的＋12V、＋5V 和－5V。

考虑到在有些电子设计中，尤其是高速电子设计中，电路的“地”分成电源地、信号地和与大地相连的机箱地三种，而为了能在电路设计中分清楚各种“地”，Altium Designer Release 10 为它们设置了各自不同的符号。

4.2.2 导线的绘制

导线的绘制可以从 3 个方面来理解，即导线的绘制、导线属性的设置、导线的操作。

1. 绘制导线

导线是电气连接中最基本的组成单位，单张原理图上的任何的电气连接都是通过导线建立起来的。

图 4-35 中已经选中的导线没有连接到任何元件管脚或者端口上，故没有具体的意义。如果将导线连接到具体元件的管脚上，则导线表示相应脚之间有电气连接。因此，在原理图上绘制导线的目的是将元件管脚用导线连接起来，表示管脚之间有电气连接。

绘制导线的方法较为简单，采用如下的步骤即可。

(1) 单击放置导线的按钮，鼠标指针将变成十字形状并附加了一个叉记号，显示在工作窗口中，如图 4-36 所示。

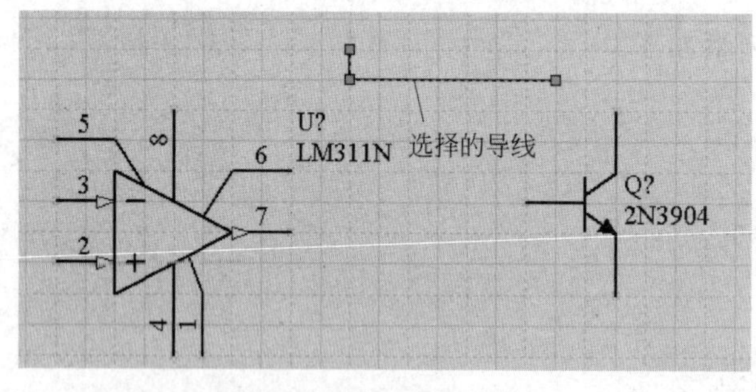

图 4-35 原理图中的导线

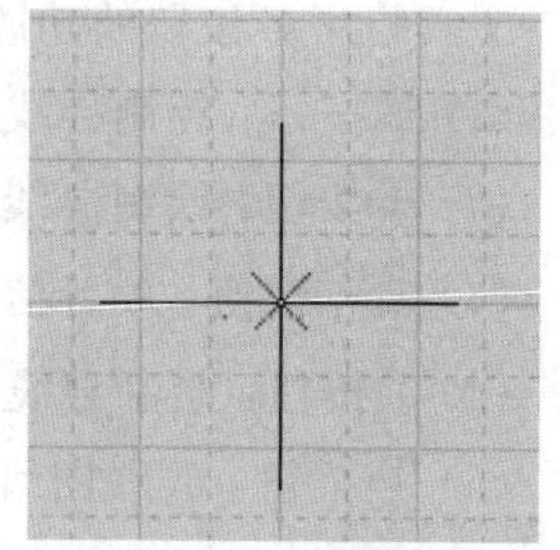

图 4-36 鼠标指针状态

(2) 将鼠标指针移动到需要建立连接的一个元件管脚上，单击即可确定导线的起点。

注意：导线的起始点一定要设置到元件的管脚上，否则绘制的导线将不能建立起电气连接。当移动鼠标到元件的管脚上时，会有一个元件引脚与导线相连接的标识，就是有一个红色的叉标记，说明已经具有电气连接。

(3) 移动鼠标，随着鼠标的移动将出现尾随鼠标的导线。移动鼠标到需要建立连接的元件管脚上，单击，此时一根导线已经绘制完成。

(4) 此时鼠标指针仍处于图 4-36 所示的状态，此时可以以刚才绘制的元件管脚为起始点，如果重复步骤(3)，则将可以开始连接下一个元件管脚。

(5) 在以这个元件管脚为起始点的电气连接建立完成后，右击，结束这个元件管脚起始点的导线绘制。

(6) 此时，可以重新选择需要绘制连接的元件管脚作为导线起始点，不需要以刚才的元件管脚为导线起始点。重复步骤(1)、(2)、(3)进行绘制，待绘制完成后，右击，即可退出绘制状态。导线绘制的过程如图 4-37 所示。

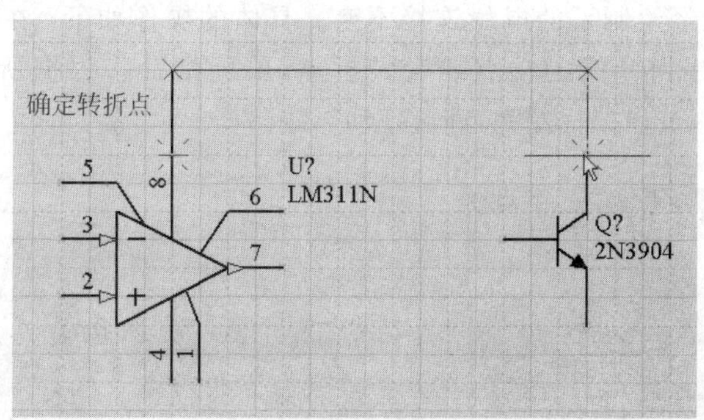

图 4-37　绘制导线的步骤

注意：当鼠标指针移动到一个元件管脚上时，鼠标指针上的叉标记将变成红色，这样可以提醒设计者已经连接到了元件管脚上。此时，可以单击，从而完成这段导线的绘制。

在导线将两个管脚连接起来后，这两个管脚则具有电气连接，任意一个建立起来的电气连接将被称为一个网络，每一个网络都有自己唯一的名称。

在导线绘制过程中，在连接元件管脚时，因为有其他元件相隔或者考虑到电路绘制美观的需要，有时候绘制导线需要转折，此时在转折处单击即可确定转折点。每一次转折需要单击一次。待转折后，可以继续向目标元件管脚绘制导线。图 4-38 所示为绘制包含转折的导线过程。

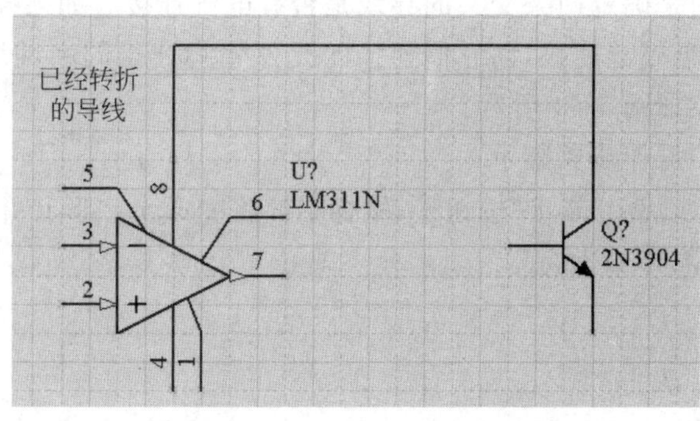

图 4-38　绘制转折导线

2. 编辑导线属性

如果设计者对所绘制的导线不满意，则可以双击该导线，进入导线属性编辑对话框，如图 4-39 所示。

在该对话框中可以设置导线的颜色、线宽等参数。

(1) 通过“颜色”：设置导线的颜色。

(2) 通过“线宽”：设置导线的宽度。

导线作为原理图上的一种对象，前面章节所介绍的各种操作都可以应用于导线上。选中导线后可以很方便地执行移动、删除、剪切、复制等操作。

除了以上的操作外，Altium Designer Release 10 还提供了导线的拖动操作。在拖动操作中，可以保持已经绘制了的电气连接不变。具体的操作如下：在选中的一根导线上单击，移动鼠标指针到导线的端点或者转折点，鼠标指针将根据所在位置不同，变成图 4-40 所示的形状，按住鼠标左键，即可拖动导线。

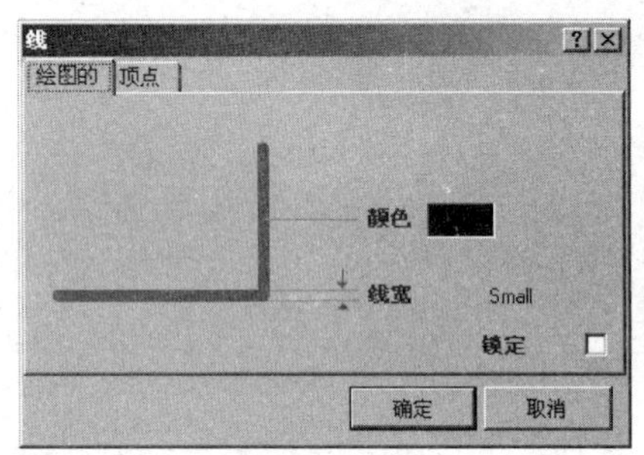

图 4-39 导线属性对话框

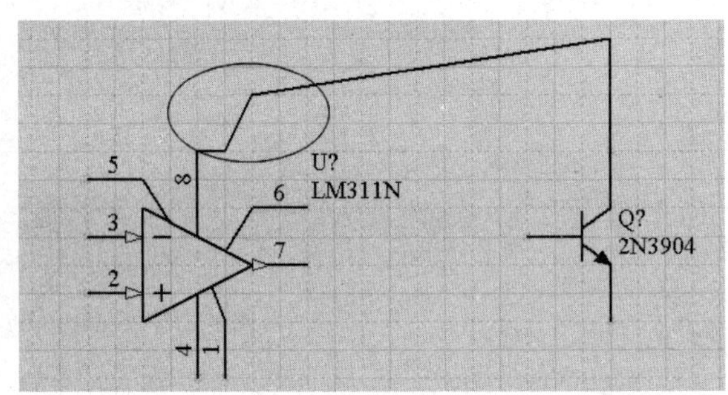

图 4-40 导线拖动的结果

通过导线的拖动可以很方便地延长导线，也可以改变转折点的位置，同时不改变导线的连接性质，这和普通的移动操作是不同的。

4.2.3 放置电路节点

设置电路节点包括放置电路节点和编辑电路节点属性两步。

1. 放置电路节点

电路节点的作用是确定两条交叉的导线是否有电气连接。如果导线交叉处有电路节点，说明两条导线在电气上连接，而它们连接的元件管脚处于同一网络。否则，认为没有电气连接。电路节点如图 4-41 所示。

放置电路节点的操作步骤如下：

(1) 单击“放置”|“手工节点”按钮，鼠标指针将变成十字形状并附加着电路节点出现在工作窗口中，如图 4-42 所示。

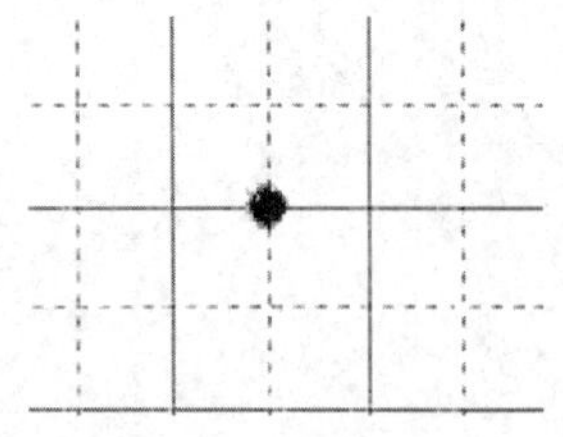

图 4-41 电路节点

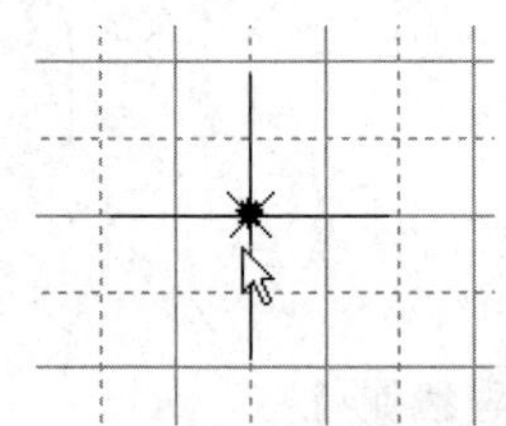

图 4-42 放置节点时的鼠标指针状态

（2）移动鼠标指针到需要放置电路节点的地方，单击，此时放置了一个电路节点。

（3）此时，鼠标指针仍处于图 4-42 时的状态。重复步骤（2）可以继续放置电路节点。

（4）在放置完电路节点后，右击或者按 Esc 键即可退出放置电路节点的操作。

（5）通过对电路节点进行连线，可绘制正确的电气连接。放置电路节点的电路如图 4-43 所示。

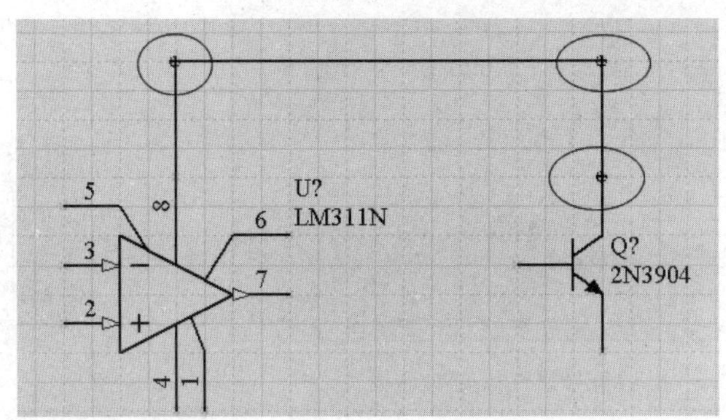

图 4-43　放置电路节点的电路

2. 编辑电路节点属性

双击电路节点，即可设置电路节点属性，此时会弹出“连接”属性编辑的对话框。

在该对话框中可以更改电路节点的颜色、位置、是否锁定以及节点的大小等各项参数，且这里的设置较为简单。

4.2.4　放置电源/地符号

在电路建立起电气连接后，还需要放置电源/地符号。在电路设计中，通常将电源和地统称为电源端口。

1. 放置电源符号

在“电源”工具栏提供了丰富的电源符号，放置起来很简单。这里以放置电源符号为例来说明放置电源符号的步骤。其操作步骤如下：

（1）单击“电源”工具栏中的按钮，鼠标指针将变成十字形状并附加着电源符号显示在工作窗口中，如图 4-44 所示。

（2）移动鼠标指针到合适的位置，单击即可定位电源符号，且鼠标指针恢复为正常状态。

（3）连接电源符号到元件的电源管脚上。

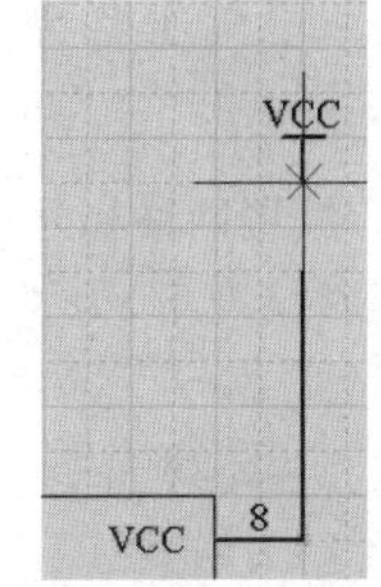

图 4-44　放置电源符号时的鼠标指针形状

2. 编辑电源符号属性

在放置好电源符号后，需要对电源符号属性进行设置。双击电源符号，即可弹出图 4-45 所示的对话框。

该对话框中各栏的意义如下。

（1）“颜色”：该电源符号的颜色。此栏中通常保持默认设置。

(2)"类型":设置电源符号风格。单击下三角按钮,弹出一个列表,如图 4-46 所示。

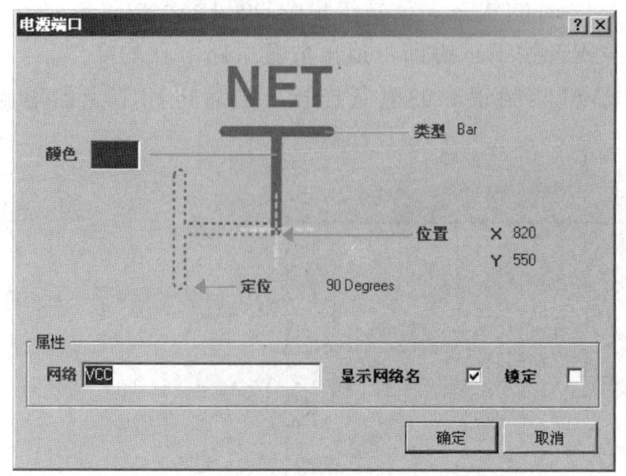

图 4-45 电源符号属性编辑对话框

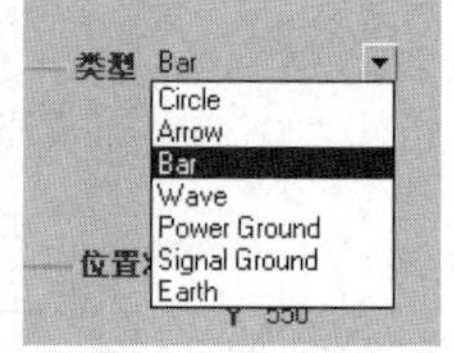

图 4-46 电源符号的风格

(3)"位置":电源符号的位置。

(4)"定位":电源符号的旋转角度。

(5)"网络":电源符号的网络名称。这是电源符号最重要的属性,它确定了符号的电气连接特性,且对于不同风格的电源符号,如果"网络"属性相同,则处于同一个网络中。

4.2.5 放置网络标号

在 Altium Designer Release 10 中除了通过在元件管脚之间连接导线表示电气连接之外,还可以通过放置网络标号来建立元件管脚之间的电气连接。

在原理图上,网络标号将被附加在元件的管脚、导线、电源/地符号等具有电气特性属性的对象上,说明被附加对象所在网络。具有相同网络标号的对象被认为拥有电气连接,它们连接的管脚被认为处于同一个网络中,而且网络的名称即为网络标号名。在绘制大规模电路原理图时,网络标号是相当重要的。具体的网络标号应用环境如下:

(1) 在单张原理图中,通过设置网络标号可以避免复杂的连线。

(2) 在层次性原理图中,通过设置网络标号可以建立跨原理图图纸的电气连接。

下面以放置电源网络标号为例来讲述具体的网络标号设置过程。因为网络标号也可用于建立电气连接,所以在放置网络标号前需要删除电源/地符号以及电源/地符号的连线。

1. 放置网络标号

通常情况下,为了原理图的美观,将网络标号附加在和元件管脚相连的导线上。在导线上标注了网络标号后,和导线相连接的元件管脚也被认为和网络标号有关系。具体的网络标号放置步骤如下:

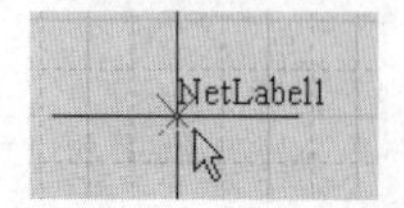

图 4-47 放置元件标号的鼠标指针

(1) 单击 Net 按钮,鼠标指针将变成十字形状并附加着网络标号的标志显示在工作窗口中,如图 4-47 所示。

(2) 移动鼠标指针到网络标号所要指示的导线上,此时鼠标将显示红色的叉标记,提醒设计者鼠标指针已经到达合适的位置。

(3) 单击,则网络标号将出现在导线上方,此时其处于名称为网络标号的网络中。

(4) 重复步骤(2)和步骤(3),为其他本网络中的元件管脚设置网络标号。

(5) 在完成一个网络设置后,右击或者按 Esc 键即可退出网络标号放置的操作。

如果网络标号放置了两次,两次网络标号的名称不相同,读者可能已经注意到,两次放置的两个标号递增,Altium Designer Release 10 自动提供了数字的递增功能。按 NetLabel1、NetLabel2、NetLabel3 进行递增,这样的网络标号因为不能同名,所以并不能建立起电气连接,因此需要对刚才的网络标号进行属性设置。

2. 设置网络标号的属性

双击网络标号,即可进入网络标号属性编辑对话框,如图 4-48 所示。

在该对话框中网络标号包含如下属性。

(1)"颜色":该网络标号的颜色。此栏中通常保持默认设置。

(2)"位置":该网络标号的位置。

(3)"定位":该网络标号的旋转角度。

(4)"网络":该网络标号所在的网络。这是网络标号最重要的属性,它确定了该网络标号的电气特性。具有相同"网络"属性值的网络标号,它们相关联的元件管脚被认为处于同一网络中,有电气连接特性。例如,将这两个网络标号 NetLabel1、NetLabel2 都设置为"TXA",则这两个 TXA 具有电气特性。

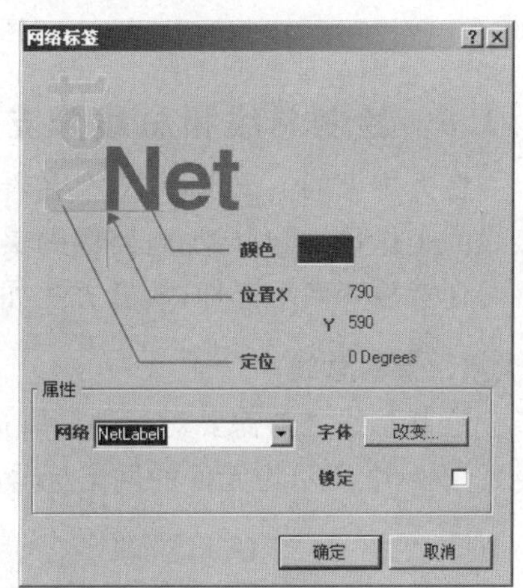

图 4-48　网络标号属性

设置完成的网络标号如图 4-49 所示。

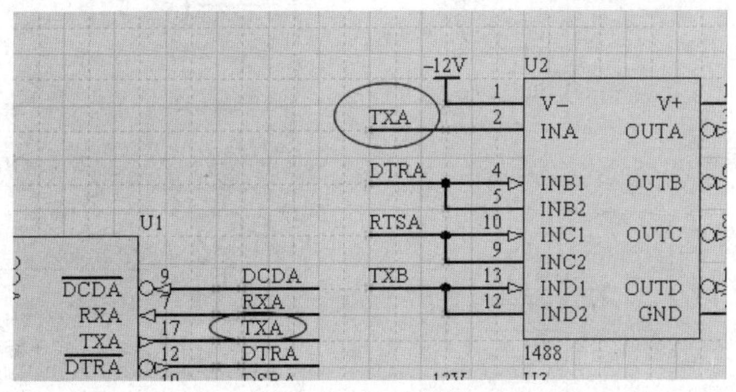

图 4-49　设置完成的网络标号

注意:在设置好网络标号后,此时因为两个网络标号都是"TXA",所以它们被认为处于同一网络中,且都具有电气连接特性。

同时还要注意的是,在原理图中为了避免很多连接导线,很多图是用网络标号来连接元件的,这个时候要注意在放网络标号时,若要移动网络标号到元件引脚,则要确定好标号的位置，不能离元件引脚太远，也不能太近，太远或太近都是没有电气特性的，只有移动到元件引脚上出现了叉标记提示，说明已经连接成功，如果网络标号没有放置正确，那么在转换成 PCB 时，会发现有很多元件没有连接线段，只是一个个元件孤立存在。图 4-50 所示即为没有导线连接的 PCB 文件。

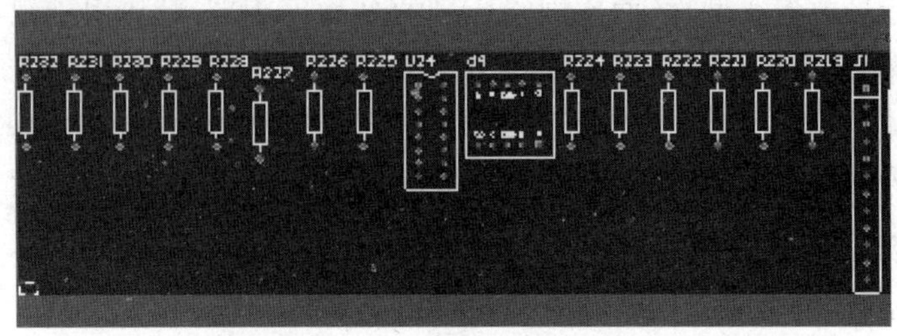

图 4-50 没有导线连接

4.2.6 绘制总线和总线分支

在大规模的电子设计中，存在着大量的连接线路，此时采用总线来连接，可以减小连接线的工作量，同时增加电路图的美观。

任意放置两个元件，放置方法如前所述，元件符号如图 4-51 所示。

1. 绘制总线

绘制总线之前需要对元件管脚进行网络标号标注，表明电气连接。

图 4-52 所示为元件的网络标号标注。

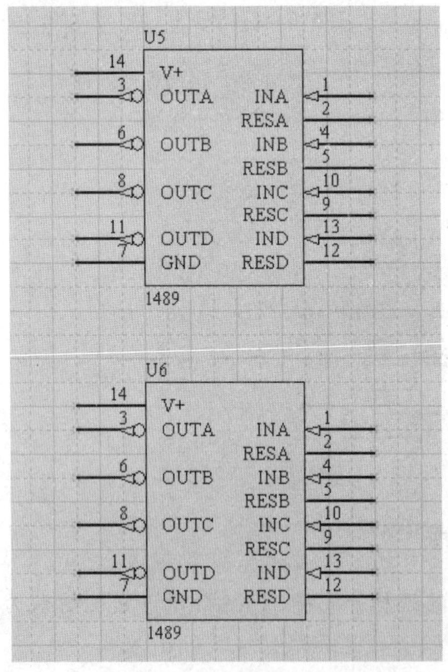

图 4-51 元件符号

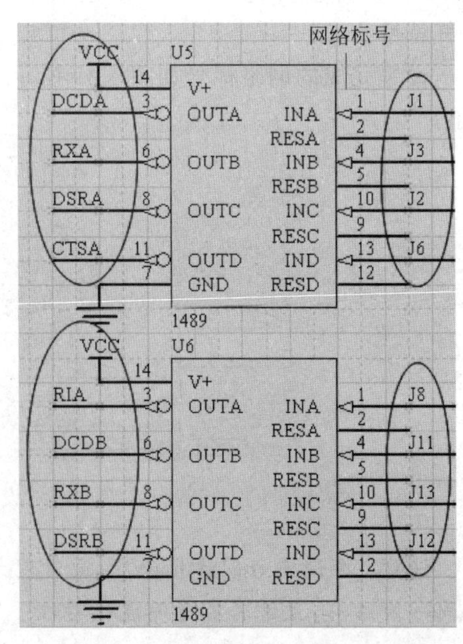

图 4-52 绘制总线前的网络标号标注

根据 4.2.5 小节所介绍的知识，放置好了网络标号的原理图已经建立好了电气连接。但是，为了让原理图更加美观易读，需要绘制总线。绘制总线的步骤如下：

(1) 单击“画线”工具栏中的按钮，鼠标指针将变成十字形状显示在工作窗口中。

(2) 和绘制导线的步骤类似，单击确定导线的起点，移动鼠标，通过单击确定总线的转折点和终点。和绘制导线不同的是，总线的起点和终点不需要和元件中的管脚相连接，只需要方便绘制总线分支即可。

(3) 绘制完一条总线之后，鼠标指针仍处于绘制的状态，重复步骤(2)可以绘制其他总线。

(4) 完成总线绘制后，右击或者按 Esc 键即可退出绘制总线的状态。

图 4-53 所示为绘制完的总线，图中的总线位置使得放置总线分支非常容易。

双击总线，即可弹出图 4-54 所示的总线属性编辑对话框。

在该属性对话框中，可以设置总线的宽度、颜色等属性。

2. 绘制总线分支

总线分支用于连接从总线和从元件管脚引出的导线。放置总线分支的步骤如下：

(1) 单击“画线”工具栏中的按钮，鼠标指针变成十字形状并附加着总线分支显示在工作窗口中，如图 4-55 所示。

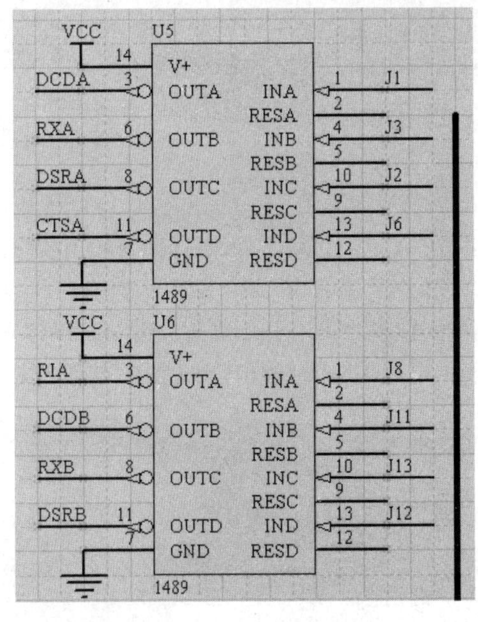

图 4-53　绘制完成的总线

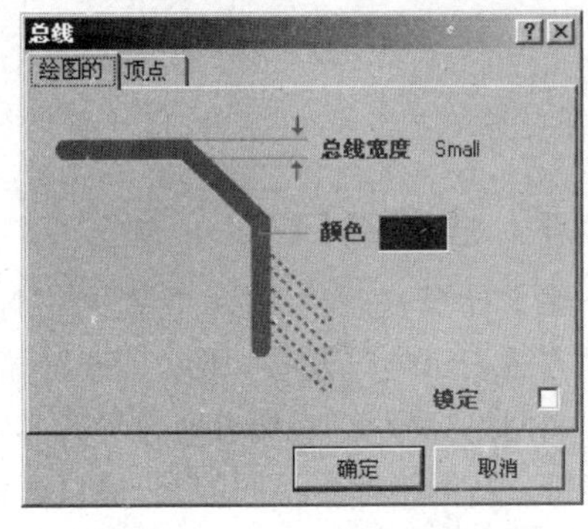

图 4-54　“总线”对话框

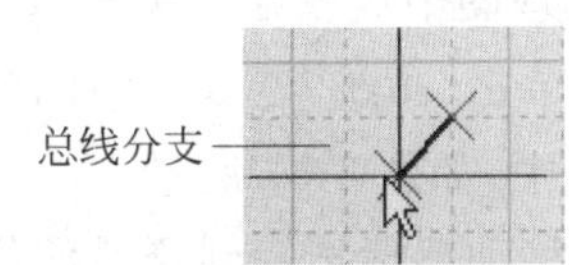

图 4-55　绘制总线分支的鼠标状态

(2) 通过按 Space 键调整鼠标指针附加的总线分支角度，然后移动鼠标指针到总线和元件管脚上，鼠标指针的叉标记变成红色后单击放置一个总线分支。

(3) 此时鼠标指针仍处于放置总线分支的状态，重复步骤(2)到放置完所有需要的总线分支。

(4) 右击或者按 Esc 键，即可退出放置总线分支的状态。

在完成总线分支绘制后，双击总线分支即可弹出“总线入口”属性编辑对话框。在该对话框中可以设置总线分支的起点/终点位置、颜色以及宽度。

在完成总线分支放置后，即可完成总线的绘制。放置好分支的总线如图 4-56 所示。

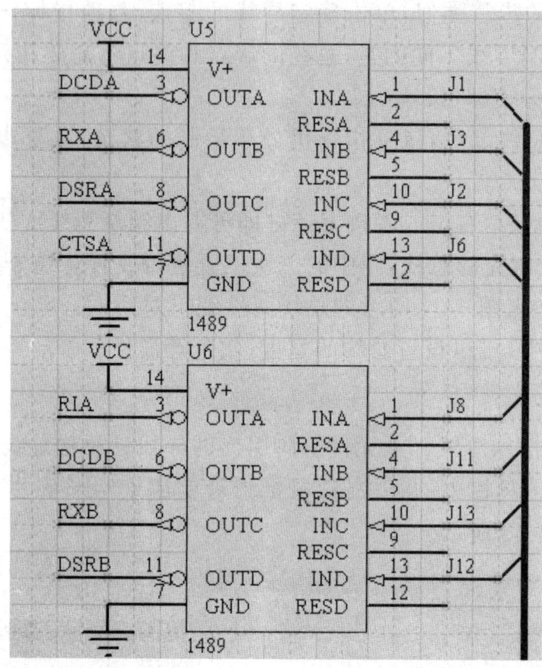

图 4-56　放置好分支的总线

4.2.7　放置端口

除了导线(总线)连接、设置网络标号之外，在 Altium Designer Release 10 中还有第三种方法表示电气连接，那就是放置端口。

和网络标号类似，端口通过导线和元件管脚相连，两个具有相同名称的端口可以建立电气连接。与网络标号不同的是，端口通常用于表示电路的输入/输出，用于层次电路图中。

1. 放置端口

在原理图中放置端口需要以下步骤。

(1) 单击“画线”工具栏中的按钮，鼠标指针变成十字形状并附加一个端口显示在工作窗口中，如图 4-57 所示。

(2) 移动鼠标指针到合适的位置，单击，确定端口的一端。

(3) 在移动鼠标确定端口的长度后，单击，确定端口的位置。

(4) 此时，已经完成一个端口的放置，鼠标指针仍处于图 4-57 所示的状态，重复步骤(2)～步骤(4)可以继续放置其他的端口。

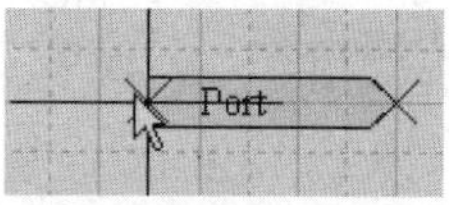

图 4-57　放置端口时的鼠标指针状态

(5) 右击或者按 Esc 键即可退出放置端口的状态。

(6) 设置端口属性，对端口进行连线。

2. 编辑端口的属性

在放置端口后，需要设置端口属性。双击端口即可打开图 4-58 所示的对话框，在该对话框中可以设置外形参数，也可以添加自定义参数。

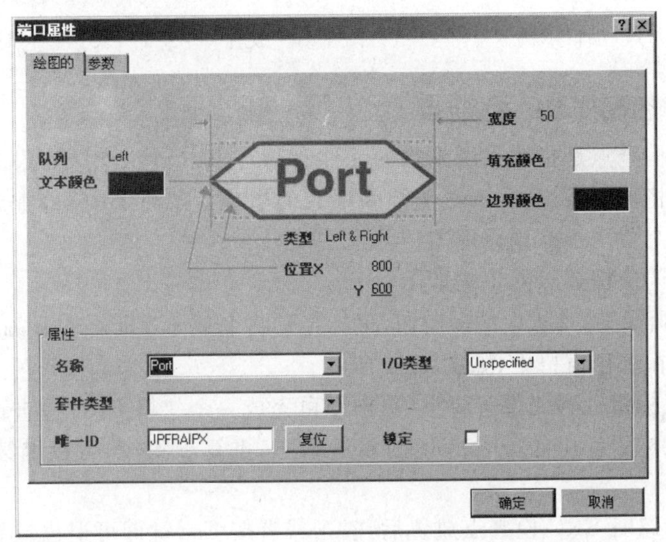

图 4-58 “端口属性”对话框

在“绘图的”选项卡中，各项意义如下。

(1) “队列”：设置端口的对齐。

(2) “文本颜色”：设置文字颜色。

(3) “宽度”：设置端口宽度。

(4) “填充颜色”：设置端口的填充颜色。

(5) “边界颜色”：设置端口的边框颜色。

(6) “位置”：端口的位置。

(7) “名称”：端口的名称。这是端口最重要的属性之一，具有相同名称的端口被认为存在电气连接。在该下拉列表框中可以直接输入端口名称。

(8) “I/O 类型”：设置端口的电气特性。该项有图 4-59 所示的下拉列表框。在下拉列表框中可以设置端口的电气特性，会对后来的电气法测试提供一定依据，它是端口的另一重要属性。

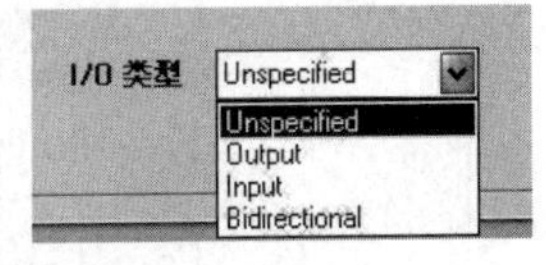

图 4-59 “I/O 类型”下拉列表

Altium Designer Release 10 提供 4 种端口类型。

(1) Unspecified：表示未指明或者不确定。

(2) Output：表示端口用于输出。

(3) Input：表示端口用于输入。

(4) Bidirectional：表示端口为双向型，即可以输入，也可以输出。

和元件类似，选择图 4-58 中的“参数”选项卡可以添加端口属性。这里涉及的操作和元件中的相关操作类似，在此不再赘述。在设置属性并单击“确定”按钮退出后，对端口进行连线。图 4-60 所示为名称设置为“INTA”的一个端口。

图 4-60　INTA 端口示例

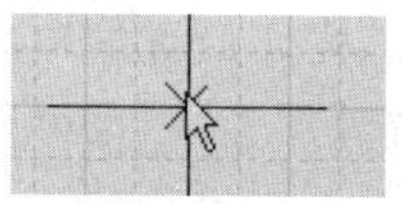
图 4-61　放置一个忽略 ERC 检查点的鼠标指针

4.2.8　放置忽略 ERC 检查点

忽略 ERC 检查点是指该点所附加的元件管脚在 ERC 检查时，如果出现错误或者警告，错误和警告将被忽略过去，不影响网络报表的生成。忽略 ERC 检查点本身并不具有任何电气特性，主要用于检查原理图。

放置忽略 ERC 检查点的步骤如下：

(1) 单击“画线”工具栏中的×按钮，鼠标指针将变成十字形状并附加着忽略 ERC 检查点形状，显示在工作窗口中，如图 4-61 所示。

(2) 移动鼠标指针到元件管脚上，单击即可完成一个忽略 ERC 检查点的放置。

(3) 此时鼠标指针仍处于图 4-61 所示的状态，重复步骤(2)可以继续放置忽略 ERC 检查点。

(4) 在完成忽略 ERC 检查点放置后，右击或者按 Esc 键即可退出放置，忽略 ERC 检查点状态。

双击一个忽略 ERC 检查点即可设置它的属性。忽略 ERC 检查点本身并没有什么电气特性，只有颜色和位置两种属性。

4.3　原理图绘制实例

本节将介绍 3 个晶体管来完成的电路图的绘制方法。

4.3.1　设计结果及设计思路

1. 设计结果

该电路原理图如图 4-62 所示。

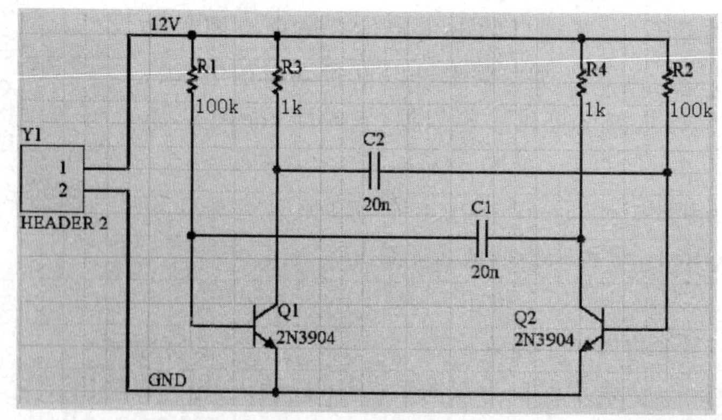

图 4-62　振荡器电路

2. 设计思路

(1) 首先看原理图中的元件，检查原理图中的元件在原理图元件库中是否能够找到。

(2) 制作原理图没有的元件。

(3) 在项目文件中建立原理图文件，然后加载原理图元件库。

(4) 将元件放置在图纸上。

(5) 设置元件的参数。

(6) 调整元件的布局。

(7) 进行电路绘制。

(8) 进行电路注释。

4.3.2 设置原理图图纸

(1) 新建立一个工程文件 PCB_Project1. PrjPCB。

(2) 在工程文件中新建立一个原理图文件，选择"文件"|"新建"|"原理图"命令，即可新建一个原理图文件。或者将鼠标移动到工程文件 PCB_Project1. PrjPCB 上右击，从弹出的快捷菜单中选择"给工程添加新的"|"Schematic"命令，如图 4-63 所示，也可以新建一个原理图文件。

图 4-63　选择 Schematic 菜单选项

(3) 在执行上面的操作后，将会打开一个空白的"原理图编辑"窗口，工作区此时发生了一些变化，主工具栏中增加了一组新的按钮，出现了新的工具栏，并且菜单栏增加了新的菜单项。此时，可以通过选择"文件"|"另存为"命令来将新原理图文件重命名(扩展名为 *. SchDoc)。指定原理图保存的位置和名称后，单击"保存"按钮。

(4) 选择主菜单中的"设计"|"文档选项"命令，在弹出的"文档选项"对话框中进行图纸设置。图纸保持默认设置，即 A4 图纸、水平放置、图纸格点为"10mil"、电气格点为"10mil"。

注意：图纸格点和电气格点的值可以改变，当自己绘制的元件在图纸中连接管脚不能对齐时则需要改动这两种格点。

4.3.3 元件库的加载

1. 元件库的位置

2N3904 晶体管和其他电阻、电容元件都位于 Miscellaneous Devices. IntLib 元件库，而连接插座位于 Miscellaneous Connectors. IntLib 元件库。首先需要加载元件库，否则将无法完成元件的放置。

2. 加载元件库

加载元件库的方法如下：

(1) 选择"设计"|"浏览库"命令。

(2) 弹出图 4-64 所示的元件库面板。

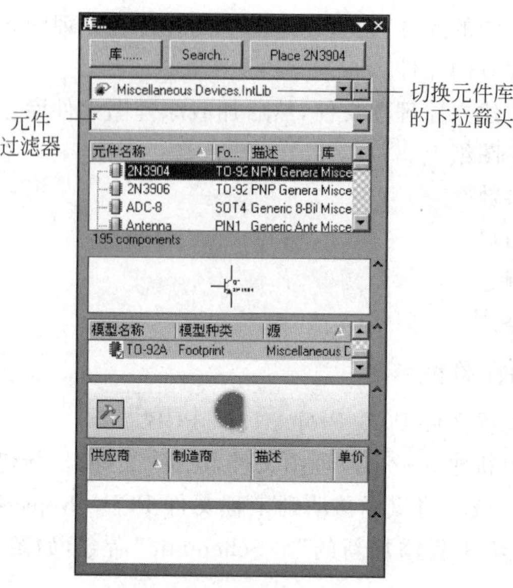

图 4-64　元件库面板

(3) 在图 4-64 中单击"库"按钮,弹出"可用库"对话框。

(4) 单击"可用库"对话框中的"安装" 按钮,从弹出的对话框中选择所需要的元件库 Miscellaneous Devices. IntLib,该元件库位于 Altium Designer Release 10 安装程序文件夹下的 Library 文件中,单击"打开"按钮,将回到"可用库"对话框。

(5) 再单击"关闭"按钮,回到元件"库"面板。

4.3.4　元件的放置

在元件库加载后,可以将元件库中原理图所需要的元件放置在原理图图纸上,放置元件时可以直接在元件库中浏览选择放置,也可以通过搜索方法进行放置,电路图中的元件放置步骤如下。

1. 放置三极管

(1) 在原理图中,首先要放置的元件是两个晶体管 Q1 和 Q2。Q1 和 Q2 是 BJT 晶体管,单击图 4-64 中的下三角按钮,使 Miscellaneous Devices. IntLib 元件库成为当前库。

(2) 在元件列表中选择 2N3904 选项,然后单击 Place 2N3904 按钮,也可以双击 2N3904 元件名。光标将变成十字状,并且在光标上悬浮着一个晶体管的轮廓,处于元件放置状态。如果移动光标,晶体管轮廓也会随之移动。

(3) 在原理图上放置元件之前,首先要编辑其属性。在晶体管悬浮在光标上时,按 Tab 键,这时将打开元件属性对话框,如图 4-65 所示。

(4) 在对话框中的属性单元中的标识符栏中输入 Q1 以将其值作为第一个元件序号。然后双击 Footprint 检查在 PCB 中该元件的封装。此时,使用的是集成元件库,这些库已经包括了封装和电路仿真的模型,确认在模型列表中含有模型名 BCY-W3/D4.7,保留其

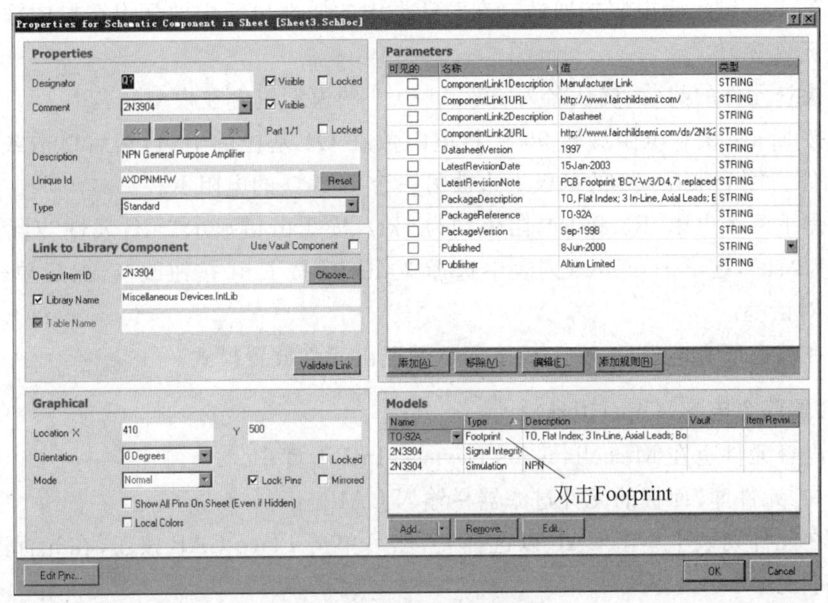

图 4-65　元件属性对话框

余栏为默认值。

(5) 移动光标(附有晶体管符号)到图纸中间偏左一点的位置。

(6) 当对晶体管的位置满意后,单击或按 Enter 键将晶体管放在原理图上。

(7) 移动光标,晶体管已经放在原理图纸上了,而此时在光标上仍然悬浮着元件轮廓,Protel 2004 的这个功能允许放置许多相同型号的元件。接着放置第二个晶体管,这个晶体管与前一个相同,因此在放之前没必要再编辑它的属性。在放置一系列元件时 Protel 2004 会自动增加元件的序号值。在这个例子中,放置的第二个晶体管会自动标记为 Q2。

注意:要将悬浮在光标上的晶体管翻过来,可以按 Space 键实现 0°、90°、270°和 360°方向的旋转,如果按 X 键可以使元件水平翻转,按 Y 键实现元件垂直方向旋转,则单独实现元件说明文字的旋转也可使用这种方法。

(8) 移动光标到 Q1 右边的位置。要将元件的位置放得更精确些,按 PageUp 键放大至能够看见栅格线,就可以准确定位元件位置。将元件的位置确定后,单击或按 Enter 键放下 Q2。在拖动的晶体管再一次放在原理图上后,下一个晶体管会悬浮在光标上准备放置。

由于已经放完了所有的晶体管,右击或按 Esc 键退出元件放置状态,且光标会恢复到标准箭头。

2. 放四个电阻(Resistors)

(1) 在 Libraries 面板中,确认 Miscellaneous Devices. IntLib 库为当前库。

(2) 在元件列表中单击 RES1 以选择它,然后单击"Place RES1"按钮。将有一个悬浮在光标上的电阻符号。

(3) 按 Tab 键编辑电阻的属性。在对话框中的属性单元中的标识符栏中输入 R1 作为第一个元件序号。

(4) 检查元件的封装,确认名为 AXIAL-0.3 的模型包含在模型列表中。

(5) 按 Space 键将电阻旋转 90°。将电阻放在 Q1 基极的上边,然后单击或按 Enter 键放下元件。接下来在 Q2 的基极上边放另一个 100kΩ 的电阻 R2。

(6) 剩下两个电阻,R3 和 R4,阻值均为 1kΩ,按 Tab 键显示“元件属性”对话框,改变 Value 栏为“1k”,在 Parameters 列表中选择 Value 后按 Edit 按钮改变,然后单击“确认”按钮关闭对话框。

(7) 在放完所有电阻后,右击或按 Esc 键退出元件放置模式。

3. 放置两个电容(Capacitors)

(1) 电容元件也在 Miscellaneous Devices.IntLib 库中。

(2) 在“元件库”面板的元件过滤器栏输入 CAP。

(3) 在元件列表中单击 CAP 以选择它,然后单击 Place CAP 按钮,在光标上悬浮着一个电容符号。

(4) 按 Tab 键编辑电容的属性。在对话框中的属性单元中的标识符栏中输入 C1 作为第一个元件序号。

(4) 检查元件的封装,确认名为 RAD-0.3 的模型包含在模型列表中。

(5) 改变 Value 栏为“20n”,在 Parameters 列表中选择 Value 后按 Edit 按钮改变,单击“确认”按钮关闭对话框。

(6) 用这种方法放置两个电容。

(7) 在放置完成后,右击或按 Esc 键退出放置模式。

4. 放置连接器(Connector)

(1) 连接器在 Miscellaneous Connectors.IntLib 元件库中。

(2) 想要的连接器是两个引脚的插座,所以设置过滤器为“*2*”。

(3) 在元件列表中选择 HEADER2 并单击 Place HEADER2 按钮。按 Tab 编辑其属性并设置标识符为 Y1,检查 PCB 封装模型为 HDR1X2,单击“确认”按钮关闭对话框。

注意:在放置过程中可以按 Space 键或 X 键、Y 键来切换元件的方向,在确定位置后即可放下连接器。

(4) 右击或按 Esc 键退出放置模式。

5. 保存文件

在“文件”菜单里,选择“保存”命令保存原理图。

注意:在图中元件之间留有间隔,这样就有大量的空间用来将导线连接到每个元件管脚上。这很重要,因为不能将一根导线穿过一条引线的下面来连接在它的范围内的另一个管脚。如果这样做,两个管脚就都连接到导线上了。如果需要移动元件,按住鼠标左键并拖动元件体,拖动鼠标重新放置。

放置元件后的图纸如图 4-66 所示。

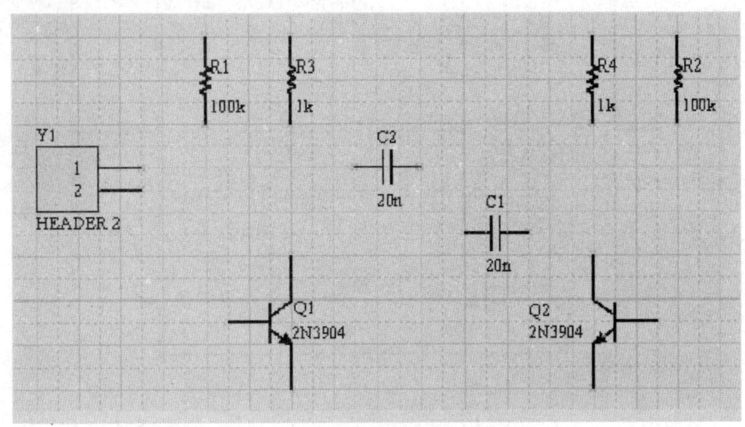

图 4-66　放置元件后的图纸

6. 连接电路

导线在电路中的各种元件之间起建立连接的作用。要在原理图中连线，按照如下步骤进行。

(1) 确认原理图图纸有一个好的视图，从菜单选择“查看”|“显示全部对象”命令。

(2) 首先用以下方法将电阻 R1 与晶体管 Q1 的基极连接起来。从菜单选择“放置”|“导线”命令或在 Wiring Tools(连线工具)工具栏上单击≈按钮进入连线模式。光标将变成十字形状。

(3) 将光标放在 R1 的下端。当放对位置时，一个红色的连接标记(大的叉标记)会出现在光标处，这表示光标在元件的一个电气连接点上。

(4) 单击或按 Enter 键固定第一个导线点。移动光标会看见一根导线从光标处延伸到固定点。

(5) 将光标移到 R1 的下边 Q1 的基极的水平位置上，单击或按 Enter 键在该点固定导线，这样在第一个和第二个固定点之间的导线就放好了。

(6) 将光标移到 Q1 的基极上，会看见光标变为一个红色连接标记。单击或按 Enter 键连接到 Q1 的基极上。

(7) 完成这部分导线的放置。注意光标仍然为十字形状，表示准备放置其他导线。要完全退出放置模式恢复箭头光标，应该右击或按 Esc 键。

(8) 现在要将 C1 连接到 Q1 和 R1。将光标放在 C1 左边的连接点上，单击或按 Enter 键开始新的连线。

(9) 水平移动光标一直到 Q1 的基极与 R1 的连线上。一个连接标记将出现，单击或按 Enter 键放置导线段，然后右击或按 Esc 键结束导线的放置。注意两条导线是怎样自动连接上的。

然后参照图 4-67 所示连接电路中的剩余部分。

在完成所有的导线之后，右击或按 Esc 键退出放置模式，且光标恢复为箭头

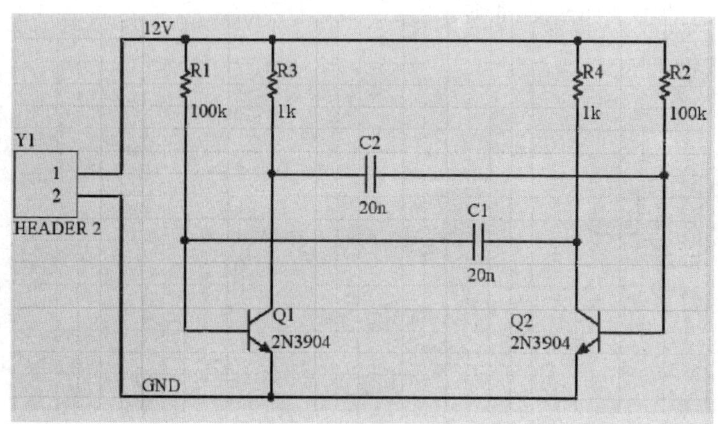

图 4-67　振荡电路图

形状。

7. 网络与网络标签

彼此连接在一起的一组元件引脚称为网络(Net)。例如,一个网络包括 Q1 的基极、R1 的一个引脚和 C1 的一个引脚。

在设计中,识别重要的网络是很容易的,可以添加网络标签"Net Label",在两个电源网络上放置网络标签的步骤如下:

(1) 从菜单选择"放置"|"Net 网络标签"命令,一个虚线框将悬浮在光标上。

(2) 在放置网络标签之前应先编辑,按 Tab 键显示 Net Label (网络标签)对话框。

(3) 在 Net 栏输入 12V,然后单击"确认"按钮关闭对话框。

(4) 将该网络标签放在原理图上,使该网络标签的左下角与最上边的导线靠在一起。

(5) 放完第一个网络标签后,仍然处于网络标签放置模式,在放第二个网络标签之前再按 Tab 键进行编辑。在 Net 栏输入"GND",单击"确认"按钮关闭对话框并放置网络标签。

(6) 保存电路图。

4.3.5 电路图的注释

(1) 单击 ▢ 按钮,画出一个圆角矩形。

(2) 单击 ▤ 按钮,按 Tab 键,弹出图 4-68 所示的对话框。

(3) 单击图 4-67 中的"文本"后面的"改变"按钮,在弹出的对话框中输入"振荡电路"字样,如图 4-69 所示。

到此为止,原理图的绘制基本完成,还可以在原理图上放置 ERC 检查点及 PCB 布线指示,这两个方面此处不放置,那么接下来的工作是需要对原理图进行错误检查。

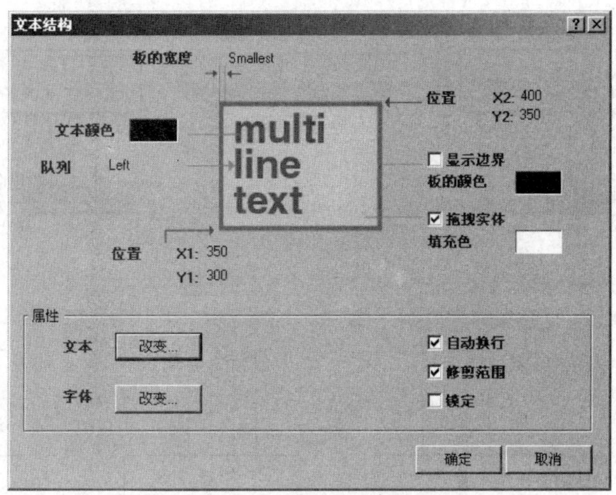

图 4-68　文字属性编辑

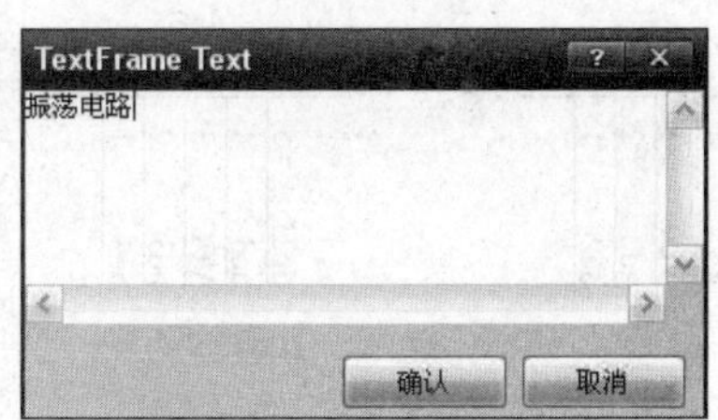

图 4-69　输入说明文字

本章小结

本章向读者具体介绍了以下知识点。

1. 元件放置：在放置元件时，首先需要加载元件符号所在的符号库，在符号库找到元件后，可以采用两种途径放置元件，一种是通过元件“库”面板来放置，另一种是通过菜单来放置。

2. 元件放置过程中和放置后都可以设置元件的属性：在元件放置过程中，可以按 Tab 键来设置元件属性；在放置元件后可以双击元件，设置元件属性。

习　题　4

1. 如何操作原理图元件库及如何搜索原理图库中的元件？
2. 如何在放置元件的过程中设置元件的属性及设置元件的放置方向？
3. 如何对原理图视图进行操作？
4. 原理图绘制中有哪些电路绘制工具及如何使用？
5. 绘制图 4-70 所示的显示电路。

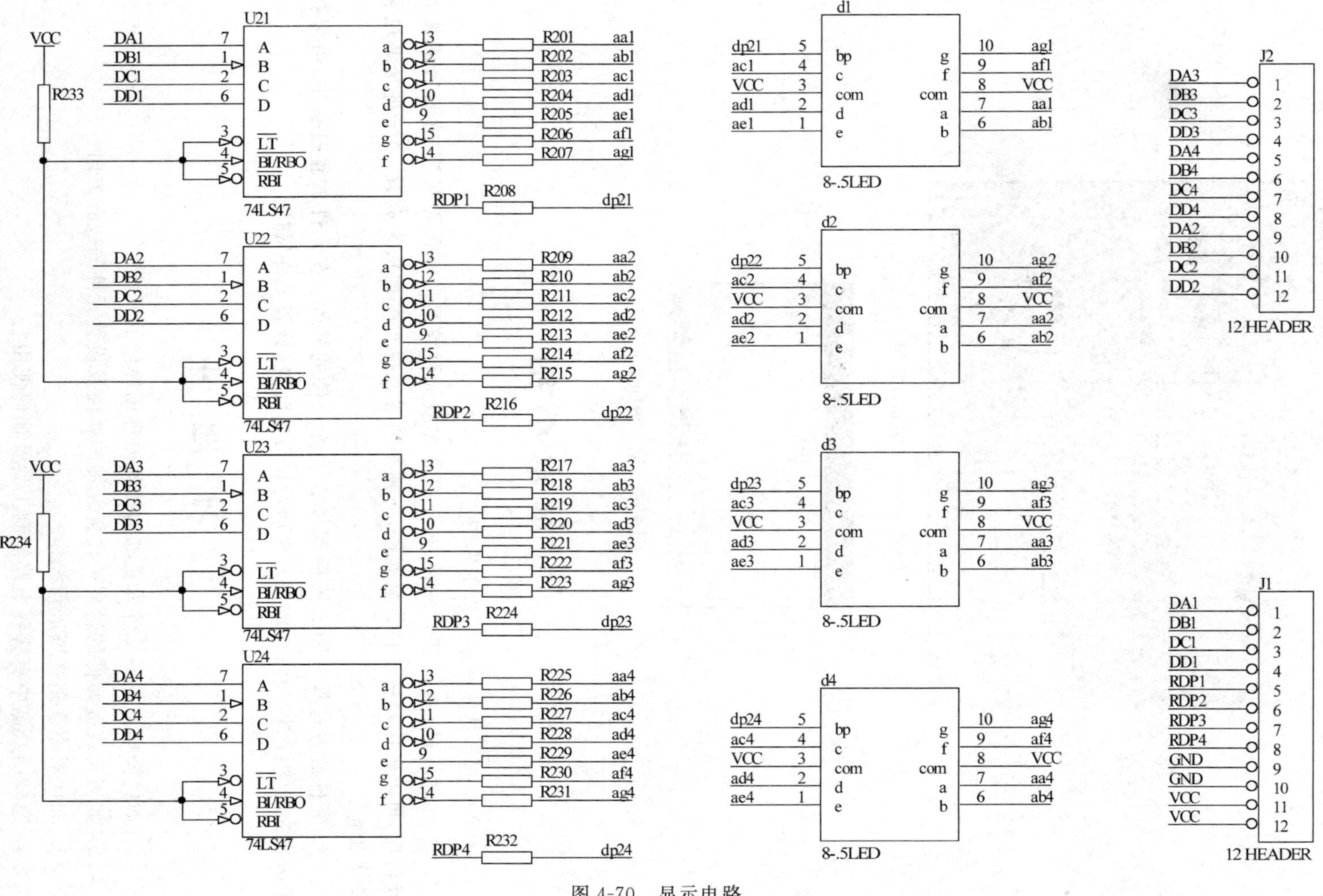
VCC
R233
R234
DA1 DB1 DC1 DD1
DA2 DB2 DC2 DD2
DA3 DB3 DC3 DD3
DA4 DB4 DC4 DD4
U21 U22 U23 U24
74LS47
A B C D LT BI/RBO RBI
a b c d e g f
R201 R202 R203 R204 R205 R206 R207 R208
R209 R210 R211 R212 R213 R214 R215 R216
R217 R218 R219 R220 R221 R222 R223 R224
R225 R226 R227 R228 R229 R230 R231 R232
RDP1 RDP2 RDP3 RDP4
aa1 ab1 ac1 ad1 ae1 af1 ag1 dp21
aa2 ab2 ac2 ad2 ae2 af2 ag2 dp22
aa3 ab3 ac3 ad3 ae3 af3 ag3 dp23
aa4 ab4 ac4 ad4 ae4 af4 ag4 dp24
d1 d2 d3 d4
8-.5LED
bp c com d e g f com a b
J1 J2
12 HEADER
DA3 DB3 DC3 DD3 DA4 DB4 DC4 DD4 DA2 DB2 DC2 DD2
DA1 DB1 DC1 DD1 RDP1 RDP2 RDP3 RDP4 GND GND VCC VCC

图 4-70 显示电路

第 5 章

层次原理图的绘制

本章导读：本书前面相关章节介绍了单张原理图的绘制方法，本章将介绍高级电路原理图即层次化原理图的设计方法及技巧。

学习目标：

(1) 掌握自顶向下的层次原理图设计方法。

(2) 掌握自底向上的层次原理图设计方法。

5.1 层次化原理图

本节介绍层次化原理图的优点以及原理图的两大要素。

5.1.1 层次化原理图的优点

Altium Designer Release 10 支持层次化原理图设计，在大规模的设计中，如果不采用层次化的设计而将原理图绘制在一张图纸上，那么原理图将有如下的缺点。

(1) 原理图过于臃肿、繁杂。

(2) 原理图的检错和修改比较困难。

(3) 其他设计者难以读懂原理图，给设计交流带来困难。

在采用层次化设计后，原理图将按照某种标准划分成若干部分，分开在若干张图纸上进行电路绘制。这些图纸将由一张原理图来说明各个图纸之间的关系，各个原理图之间通过端口或者网络标号建立电气连接，即可以形成原理图的层次，这样即可解决以上的3个问题。

5.1.2 原理图的层次化

原理图的层次化是指由子原理图、方块电路图、上层原理图形成的原理图的层次化体系。最为简单、常见的层次化原理图只有两层，即最上层为方块电路构成的电路图，下层为每个方块电路的具体电路原理图。上下层电路原理图的联系是根据电路端口来进行连接的。本章将详细介绍两层关系的层次化原理图的设计方法及技巧。

5.2 层次化原理图的设计方法

本节讲解层次化原理图的两种设计方法以及复杂分层的层次化原理图的设计原理。

5.2.1 层次化设计的两种方法

层次化原理图的设计有两种途径：自顶向下和自底向上。

自顶向下的设计方法是指在绘制原理图之前对系统的了解已经比较深入，对于电路的模块划分比较清楚，因此可以在一开始就确定层次化设计中有多少个模块，每个模块中包括多少个和其他模块进行电气连接的端口。这些对应到原理图上就是需要绘制多少张的子原理图、每个子原理图中需要设置哪些端口，还有顶层原理图的绘制内容等。这种设计方法是从一张顶层原理图的绘制开始的。

如果设计者在绘制原理图时对系统并不是十分熟悉，此时可以采用自底向上的设计方法。在这种设计方法中，设计者从绘制子原理图开始，根据子原理图生成方块电路图，进而生成上层原理图，最后生成整个设计。这也是一种行之有效的设计方法，在应用中被广泛采用。

5.2.2 复杂分层的层次化原理图

在大规模的设计中，有时候会显示多层层次化设计，这时候可能显示这样的情况，即同一模块在多张原理图上显示过。例如，一个多通道的信号处理器需要多个相同的宽带放大器放大输入信号，此时该宽带放大器可以绘制在一张原理图上，并根据该原理图得出该原理图的方框电路图，而该方框电路图将显示在多张原理图上，如果在这些原理图上还存在一个更大的总原理图，那么此时建立了一个多层次的原理图系统。

在采用了多层次结构的工程中，一张子原理图经过多次应用后，它代表的是多个模块，但系统却会认为它只是一个模块，其中的元件并没有因为模块的多次引用而被复制起来。因此，绘制好层次化的原理图后需要将多层的原理图平整化，即将多层的原理图结构转换为两层的原理图结构——一张总原理图和若干张子原理图的结构。

在多层次原理图的平整化过程中的要求如下：所有使用次数超过一次的子原理图将被复制并重新命名，对应的子原理图中的元件也需要重新的标注。在完成多层次原理图的平整化后，工程变成了一个双层的原理图，以后的操作将和简单分层的原理图设计相同，这里就不再赘述了。

5.3 自顶向下的层次化原理图设计

本节将详细介绍自顶向下层次化原理图的设计流程以及如何绘制自顶向下的原理图。

5.3.1 自顶向下层次化原理图设计流程

在自顶向下的层次化原理图设计过程中，设计者对整个系统比较了解，对于系统的各个部分的划分也比较清楚，因此在设计一开始就知道总原理图的分布，知道总原理图包括哪几大块、每块的功能是什么，此外，对每块的具体电路也要有所了解。自顶向下原理图设计流程如下：

(1) 根据系统实际情况，确定系统中有几个模块和模块之间的端口连接。

(2) 根据系统模块划分和模块之间的端口连接，绘制总原理图。

(3) 根据各个模块完成的功能，绘制单张子原理图。

(4) 检查总原理图和各张子原理图之间的连接，确定正确的电气连接。

在实际设计中，采用纯粹的自顶向下的设计是比较困难的，总原理图和各张子原理图的绘制过程中会经常需要修改，但是只要总原理图被确定下来后，各张子原理图的绘制将比较简单，它和第 2 章学习的单张原理图绘制方法相同。

5.3.2　自顶向下层次化原理图的绘制

在自顶向下层次化原理图的绘制中，单张原理图的绘制中的大部分操作在前面已经介绍过，在本章中没有任何不同。这里主要介绍总原理图的绘制，它涉及的操作包括方框电路图的放置和方框电路图中端口的放置。这些操作工具可以在“画线”工具栏和“画图”工具栏中找到，它们在工具栏中的按钮如下。

(1) 按钮：放置方框电路图。

(2) 按钮：放置方框电路图上的端口。

1. 放置方框电路图(Sheet Symbol)及其属性编辑

放置方框电路图的操作是在原理图绘制的界面中执行的，方框电路图将被放置到原理图图纸上，因此在放置方框电路图前需要新建一个原理图文件或者打开一个已有的原理图文件。因为层次化原理图总是显示在一个系统中，总原理图总是处于一个文件中，所以还需要为总原理图建立一个工程。

在这里以 Altium Designer 10.0 这个软件中的例子文件来进行讲解。打开这个工程文件 Port Serial Interface. PRJPCB，可以将这个文件复制到自己的文件夹中进行调用且另存为“Altium Designer 10.0. PRJPCB”，对于没有安装 Altium Designer 10.0 的读者，需要这个源文件的可以向作者和编辑索取。在该工程中，新建一个名称为“main. SchDoc”的原理图文件，它们被保存在 Altium Designer 10.0 文件夹中。在新建原理图文件之后，可以遵循以下步骤。

(1) 单击“画线”工具栏中的按钮，鼠标指针将变成十字形状并附加着方块电路图的标识显示在工作窗口中，如图 5-1 所示。

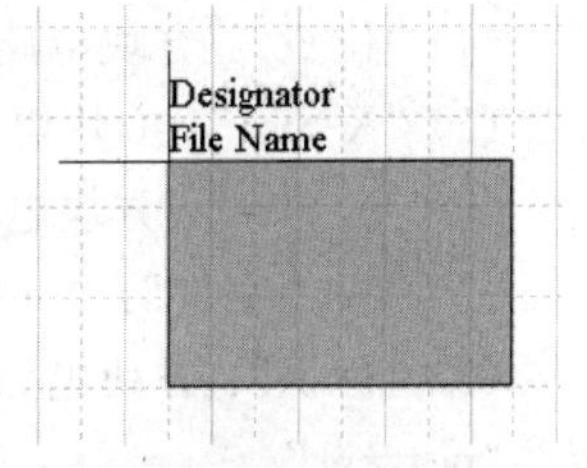

图 5-1　放置方块电路图时的鼠标指针状态

(2) 移动鼠标指针到合适的位置后单击，确定方块电路图标识的一个顶点。

(3) 继续移动鼠标，方块电路图的方框大小将随着鼠标的移动而改变。移动鼠标到合适的位置单击，确定方块电路图的另一个对角顶点，方块电路图标志将被放置在窗口中，

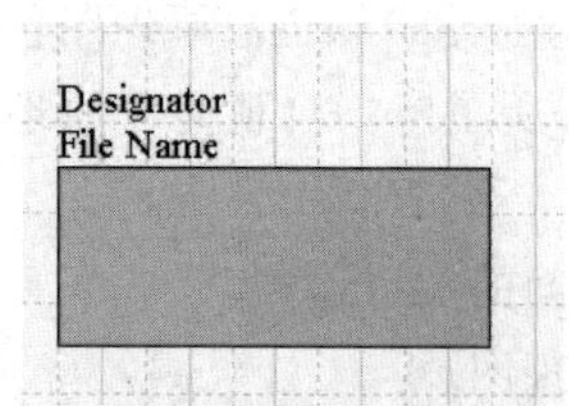

图 5-2 放置好的方框电路图

此时完成了一个方块电路图的放置。图 5-2 所示的方块中其方块电路图上的标识设置为"Designator"和"File Name"。

(4) 鼠标指针此时仍处于图 5-1 所示的状态,重复步骤(2)和步骤(3)可以继续放置其他的方块电路图。

(5) 在放置了所有方块电路图后,右击或者按 Esc 键即可退出放置方块电路图的状态。

在放置好一个方块电路图之后,需要对方块电路图的属性进行设置,才能建立方框电路图和单张原理图之间的对应关系。双击方框电路图的符号即可弹出图 5-3 所示的"方块符号"属性编辑对话框,在该对话框中可以设置方块电路图的各种属性。

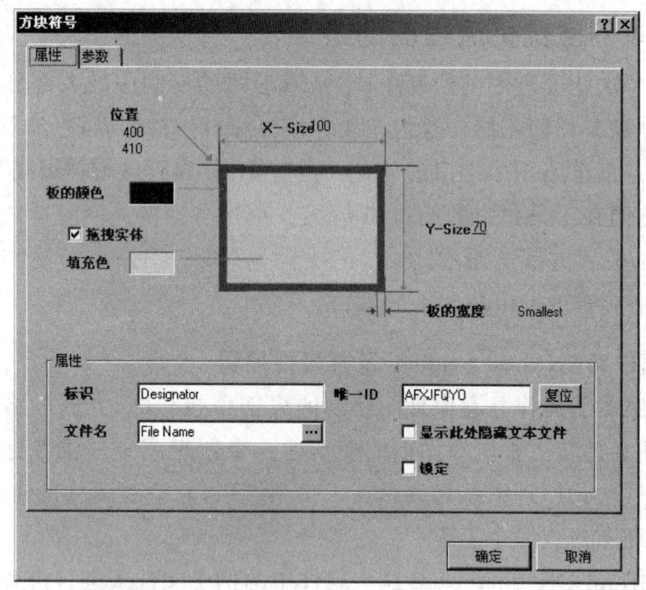

图 5-3 "方块符号"对话框

方块电路图的各种属性如下。

(1)"板的颜色":方块电路图的边框颜色。

(2)"拖拽实体":是否用 FillColor 中设置的颜色来填充方块电路图。

(3)"填充色":方块电路图的填充颜色。

(4)"位置":方块电路图的左下角顶点坐标。

(5)"X-Size":方块电路图的长度。

(6)"Y-Size":方块电路图的宽度。

(7)"板的宽度":方块电路图的边框线宽。

(8)"标识":方块电路图的标号,该标号通常设置为所代表子原理图的名称,例如设置为"power1"。

(9)"文件名":方块电路图代表的文件名。这点和上一选项可以设置为一样的名称,例如设置为"power1. SchDoc"。

(10) “显示此处隐藏文本文件”：是否显示方块电路图中的隐藏文字。

(11) “唯一 ID”：方块电路图的唯一 ID。

完成属性设置的方块电路图如图 5-4 所示。总原理图 main. SchDoc 和随后建立的子原理图 power1. SchDoc 之间将建立起了对应关系。

方块电路图的各种属性中“标识”、“文件名”两项属性是最重要的，它们的设置保证了方块电路图和子原理图的对应关系。其余大部分保持默认设置即可。

2. 放置方块电路图上的端口(Sheet Entry)及其属性编辑

在放置好方块电路图之后，可以开始在方块电路图的方框之中放置端口。端口位置放置有严格的要求——端口必须处于方框电路图内部边缘处。放置方框电路图的端口需要遵循以下步骤。

(1) 单击 Wiring 工具栏中的按钮，鼠标指针变成十字形状显示在工作窗口中。

(2) 移动鼠标指针到方块电路图内部的边缘处单击，此时鼠标指针带着十字形状，并有一个方框电路图端口符号，移动鼠标并根据鼠标指针的位置改变端口形式，如图 5-4 所示。

(3) 移动鼠标指针到合适位置单击，放置下一个端口。

(4) 此时鼠标指针仍处于图 5-5 所示的状态，重复步骤(3)可以继续放置端口。

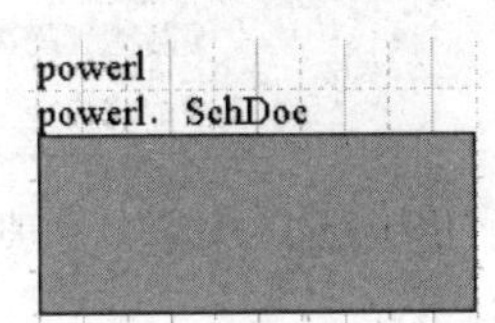

图 5-4　设置好的方框电路图

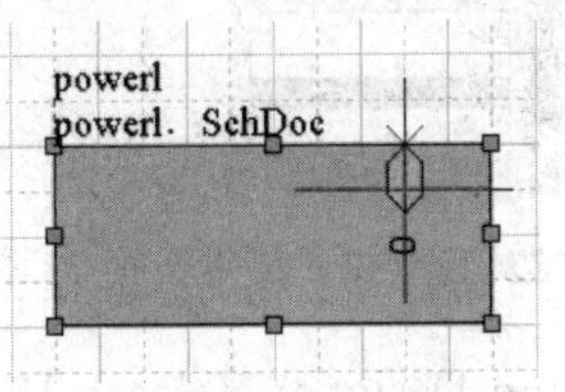

图 5-5　放置端口的鼠标

(5) 在完成端口放置操作后右击，鼠标指针恢复至正常状态。

在放置好端口后，需要设置端口的属性来建立总原理图和子原理图的对应关系。双击端口即可进入端口属性编辑对话框，如图 5-6 所示。

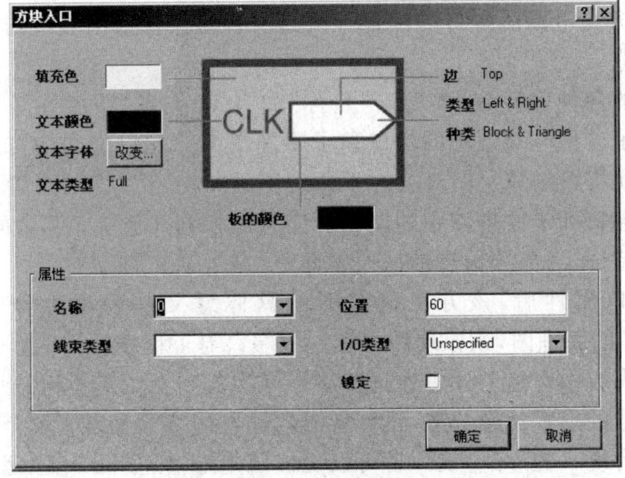

图 5-6　端口属性编辑对话框

该对话框中各项属性的意义如下。

①“填充色”：方块电路图中的端口填充颜色。

②“文本颜色”：方块电路图中的端口文本颜色。

③“板的颜色”：方块电路图中的端口边框颜色。

④“边”：该选项有图 5-7 所示的下拉列表框，该下拉列表框中给出了方框电路中的端口在方块电路图中的位置。该选项的设置将根据端口的位置自动调整，不需要设计者设置。

⑤“类型”：该选项有图 5-8 所示的下拉列表框，该下拉列表框中给出了方块电路图中端口的类型。Altium Designer Release 10 提供 8 种类型的端口形状。通常情况下，端口类型应该和信号的传输方向一致。

⑥“名称”：方块电路图中的端口名称，该选项的内容需要和子电路图中对应端口的名称一致。

⑦“I/O 类型”：该选项有图 5-9 所示的下拉列表框，该下拉列表框中可以选择方框电路图中的端口输入/输出类型。

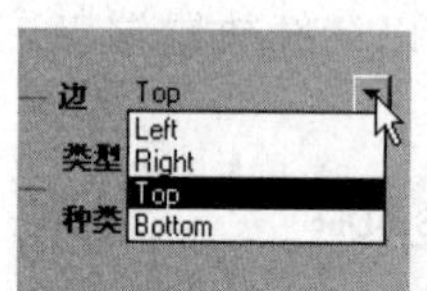

图 5-7 “边”选项的下拉列表框

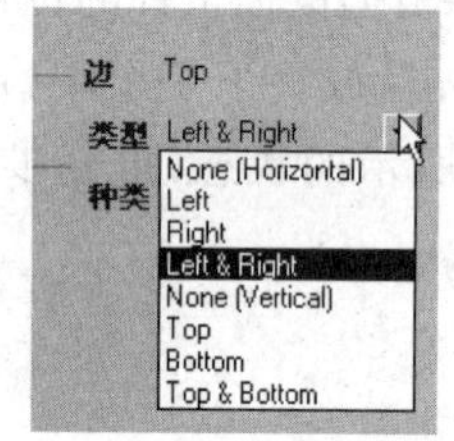

图 5-8 类型下拉列表框

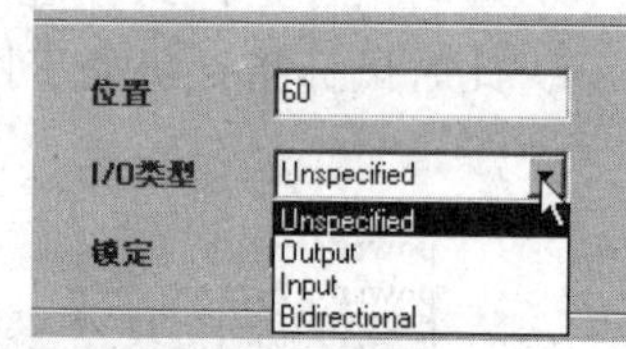

图 5-9 “I/O 类型”选项的下拉列表框

Altium Designer Release 10 提供了 4 种输入/输出类型端口。

a. Unspecified：表示未指明或者不确定。

b. Output：表示端口用于输出。

c. Input：表示端口用于输入。

d. Bidirectional：表示端口为双向型，既可以输入，也可以输出。在这里该选项的设置将影响随后生成的子原理图中对应端口的 I/O 类型属性。

⑧“位置”：方块电路图端口的位置。该选项的内容将根据端口的移动而自动更改，不需要设计者更改。

方块电路图的各种属性中“类型”、“名称”和“I/O 类型”项属性是最重要的，其中的“名称”选项建立了方框电路图中的端口和子原理图中的端口之间的对应关系，而“类型”和“I/O 类型”选项将影响和它们对应的子原理图端口对应属性的设置，它们一起建立起方块电路图中的端口和子原理图中的端口对应关系和电气连接。其余的各项属性只是方块电路图的外观特征，大部分保持默认设置即可。

在设置完端口属性后，该方块电路图的具体意义是表明工程中有一张名称为“power1.SchDoc”的原理图，该原理图中有一些端口与工程中的其他原理图有电气连接。

在第 3 章的内容中曾经讲述过通过网络标号和端口可以跨原理图而建立电气连接，但是采用网络标号的形式比较分散，设计者难以通过网络标号来了解全局的原理图，而端口将使得原理图有统一的形式，设计者可以更加清楚地描述层次化原理图之间的关系，这样可以使得原理图更加容易检查和修改，也增强了原理图的可读性。此外，采用端口模式可以更加清楚地描述原理图之间的总线电气连接。

对于总线类的原理图可以采用以下方法表示电气连接：首先，通过网络标号表示电气连接，此时已经完成了电气连接的建立，但是这样的原理图可读性很差，因此需要过总线将这些连接统一到一根线中；然后，通过端口的形式和其他原理图建立连接，这样建立的电气连接虽然感觉比较复杂，但是更加容易理解。

3. 总原理图的绘制

在总原理图的绘制过程中，除了放置方块电路图、端口外，其他的所有对象都可以放置到电路图中去，绘制方法与单张原理图相同，步骤如下：

（1）设置总原理图图纸。

（2）在总原理图图纸上放置方框电路图及端口、元件、电源符号等对象。

（3）采用导线和总线的方式建立对象之间的电气连接。

（4）检查原理图并修正错误。

（5）注释总原理图，并放置注释内容。

（6）保存并打印原理图。

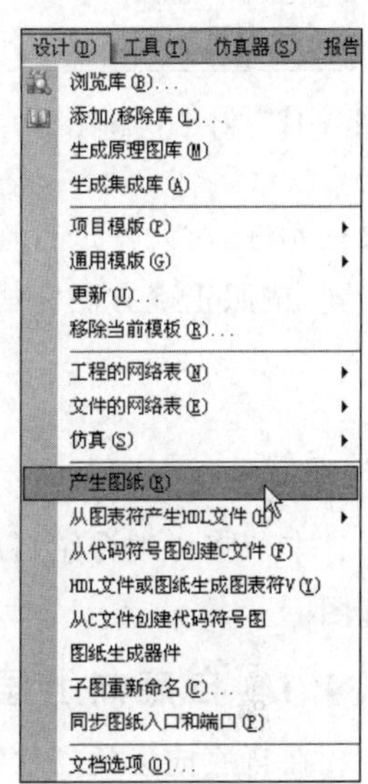

图 5-10　选择“产生图纸”命令

4. 子原理图的绘制

在完成总原理图的绘制后，根据总原理图中的方块电路图可以生成各个子原理图文件及子原理图中的端口。

（1）选择图 5-10 所示的命令。

（2）鼠标指针将变成十字形状显示在工作窗口中，移动鼠标指针到方块电路图上单击，系统将生成原理图文件“power1. SchDoc”，如图 5-11 所示。此时，可以在该图中完成其他元件的放置。

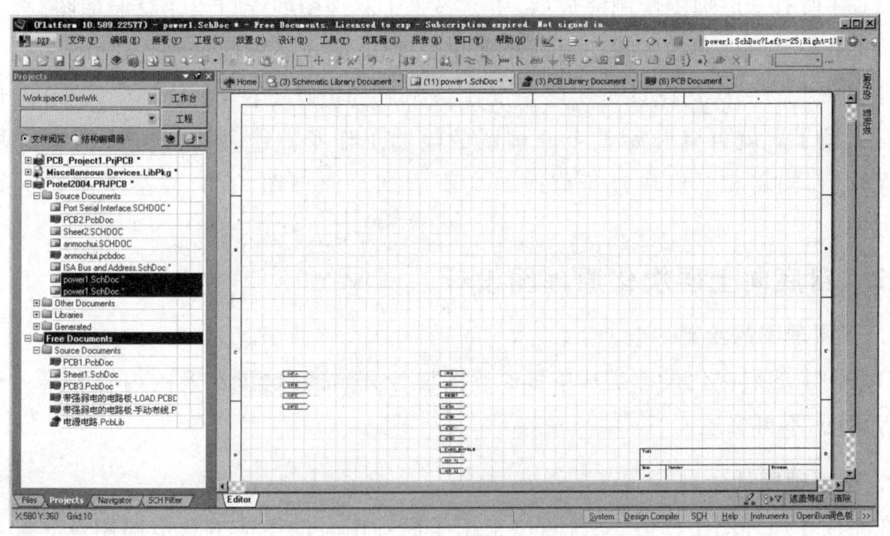

图 5-11　自动生成的子原理图

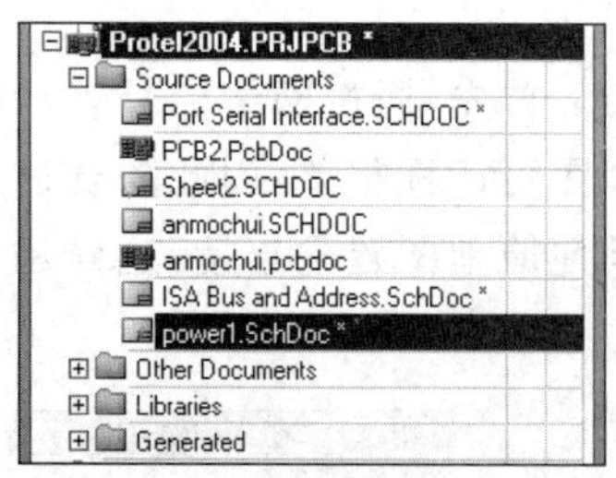

图 5-12 创建子原理图的文件列表

(3) 此时,子原理图文件被创建出来,完成新建子原理图文件后的工程文件列表如图 5-12 所示。在文件列表中可以看到新创建的文件“power1. SchDoc”。

但是,采用这种方式生成子原理图可以省去创建文件、绘制端口、设置端口属性等操作,这样可以提高工作效率,更重要的是采用这样的方式生成的原理图绝对正确。

在生成子原理图文件后,可以根据子原理图的功能放置元件、对元件进行连线,放置元件及电路绘制的方法与第 3 章介绍的原理图绘制方法相同,按照正确方法完成整个原理图的绘制。

5.4 自底向上的层次化原理图设计

本节将详细介绍自底向上层次化原理图的设计流程以及如何绘制自底向上层次化原理图。

5.4.1 自底向上层次化原理图设计流程

在自底向上的层次化原理图设计中,设计者对于整个系统的连接可能不太熟悉,而对于系统的几个模块比较熟悉,因此设计者在一开始可以专注于某一个模块进行原理图的绘制。在完成对所有子原理图的绘制后再生成总原理图。自底向上的层次化原理图将采用如下的流程。

(1) 初步确定系统的模块划分。

(2) 根据单个模块绘制单张的子原理图。

(3) 在所有子原理图绘制完成后,根据各张子原理图的端口绘制总原理图。

(4) 检查总原理图和各张子原理图之间的连接,确定正确的电气连接。

自底向上的层次化设计是实际情况中最常用的设计方法,在这种模式下,设计者对系统有大概了解就可以开始整个原理图的绘制工作了。这种设计方法的缺点是完成系统设计后,当需要对模块进行修改时会影响到总原理图,有时候甚至需要重新绘制总原理图。

5.4.2 自底向上层次化原理图设计

1. 子原理图的绘制

自底向上的层次化设计是从单张原理图设计开始的,这里涉及的内容和第 3 章介绍的内容相同,不再赘述。

2. 总原理图的绘制

在完成子原理图绘制后,系统可以根据子原理图自动生成方块电路图及其端口。自动生成方块电路图的步骤如下:

(1) 新建立一个原理图文件,并准备在该原理图上绘制一个方块电路图。

(2) 让方块电路图文件处于激活状态,然后选择图 5-13 所示的命令。

(3) 弹出图 5-14 所示的对话框,在该对话框中列出了当前所有的原理图文件。将鼠标移至子原理图文件上,该文件已经以高亮度显示。

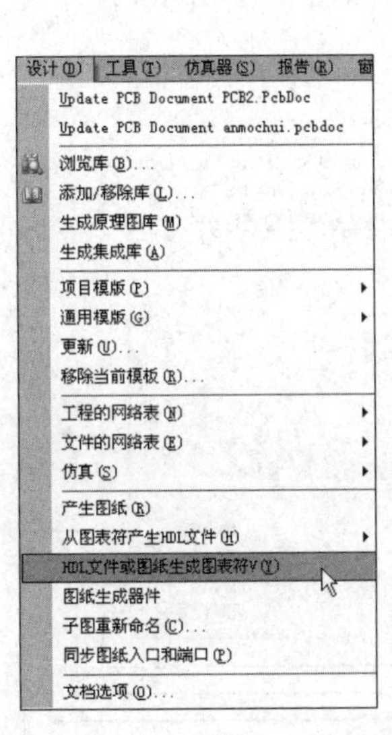

图 5-13　选择相应命令生成图表符

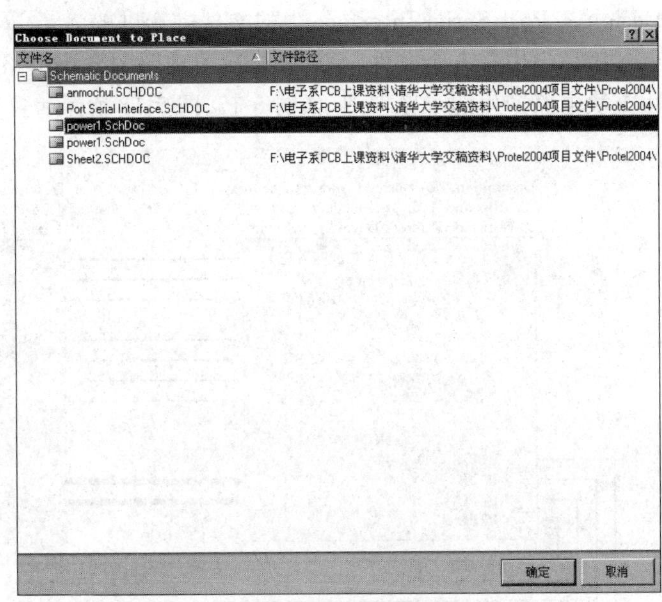

图 5-14　选择子原理图文件

(4) 单击"确定"按钮,鼠标指针变成十字形状并附加着方块电路图的标识显示在该方块电路图空白的区域的工作窗口中,如图 5-15 所示。将鼠标指针移动到合适的位置后单击,方块电路图被置在原理图上。

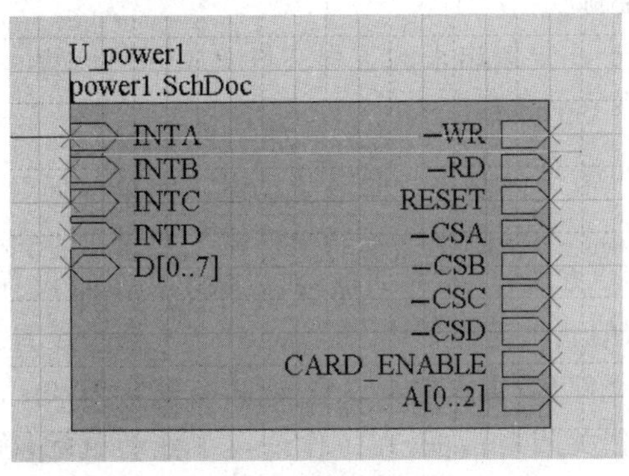

图 5-15　附带着方块电路对话框

(5) 设计者对系统自动生成的方块电路图如果认为不符合要求,可以修改方块电路图及端口的属性。

(6) 重复以上步骤可以生成其他方块电路图。

5.5 高级电路图设计实例

高级电路图设计图设计以 Altium Designer 2004 安装目录 Examples\Reference Design\4 Port Serial Interface 中的文件进行讲解。

该目录中有 3 个文件，一个是层次原理图的方块电路图，如图 5-16 所示，另外两个是由方块电路产生的子原理图，如图 5-17、图 5-18 所示。

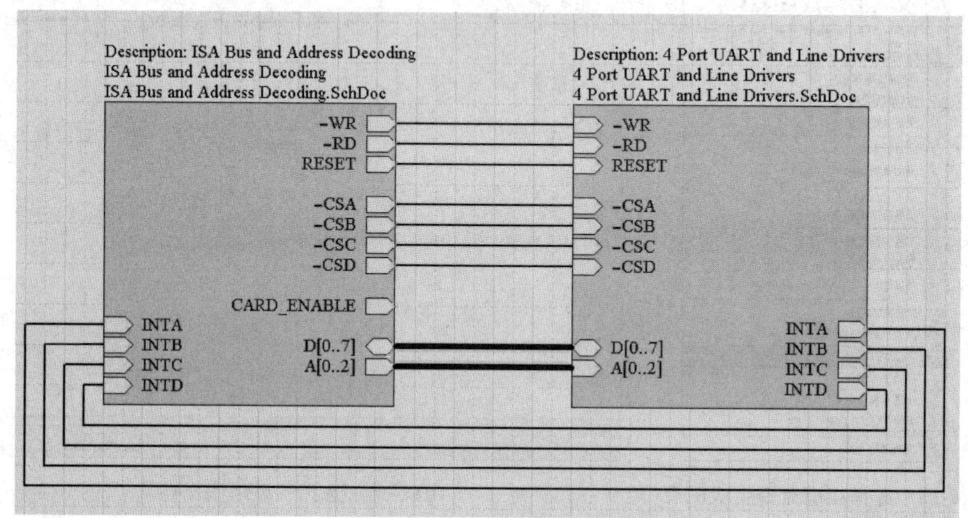

图 5-16 层次原理图方块电路

下面讲述层次原理图的绘制过程。

1. 方块电路图的绘制

(1) 打开前面从 Protel 复制出来的工程文件 Altium Designer 10.0，在工程文件中新建一个原理图文件"Port Serial Interface . Doc"。

(2) 单击按钮，光标变为十字形状，并带着方块电路出现在工作窗口中，如图 5-19 所示。

(3) 按 Tab 键，弹出"方块符号"对话框，对方块电路进行设置，如图 5-20 所示。

(4) 在图 5-20 所示的属性对话框中，在"标识"文本框中设置方块电路的名称为"ISA Bus and Address"，在"文件名"文本框中设置文件名为"ISA Bus and Address. doc"。

(5) 单击"确定"按钮关闭对话框，在工作窗口中拖动鼠标，确定方块电路的大小，将光标移动到适当的位置单击，确定方块电路的左上角位置，然后拖动鼠标到合适位置，确定方块电路的大小后单击，即可完成该方块电路的绘制。

(6) 此时鼠标指针仍然处于图 5-20 所示的状态，带着方块电路，可以继续绘制其他方块电路，在放置方块电路的过程中按 Tab 键，对方块电路进行属性编辑，设置方块电路的标号为"UART and Line Drivers"，设置方块电路的文件名为"UART and Line Drivers. doc"。

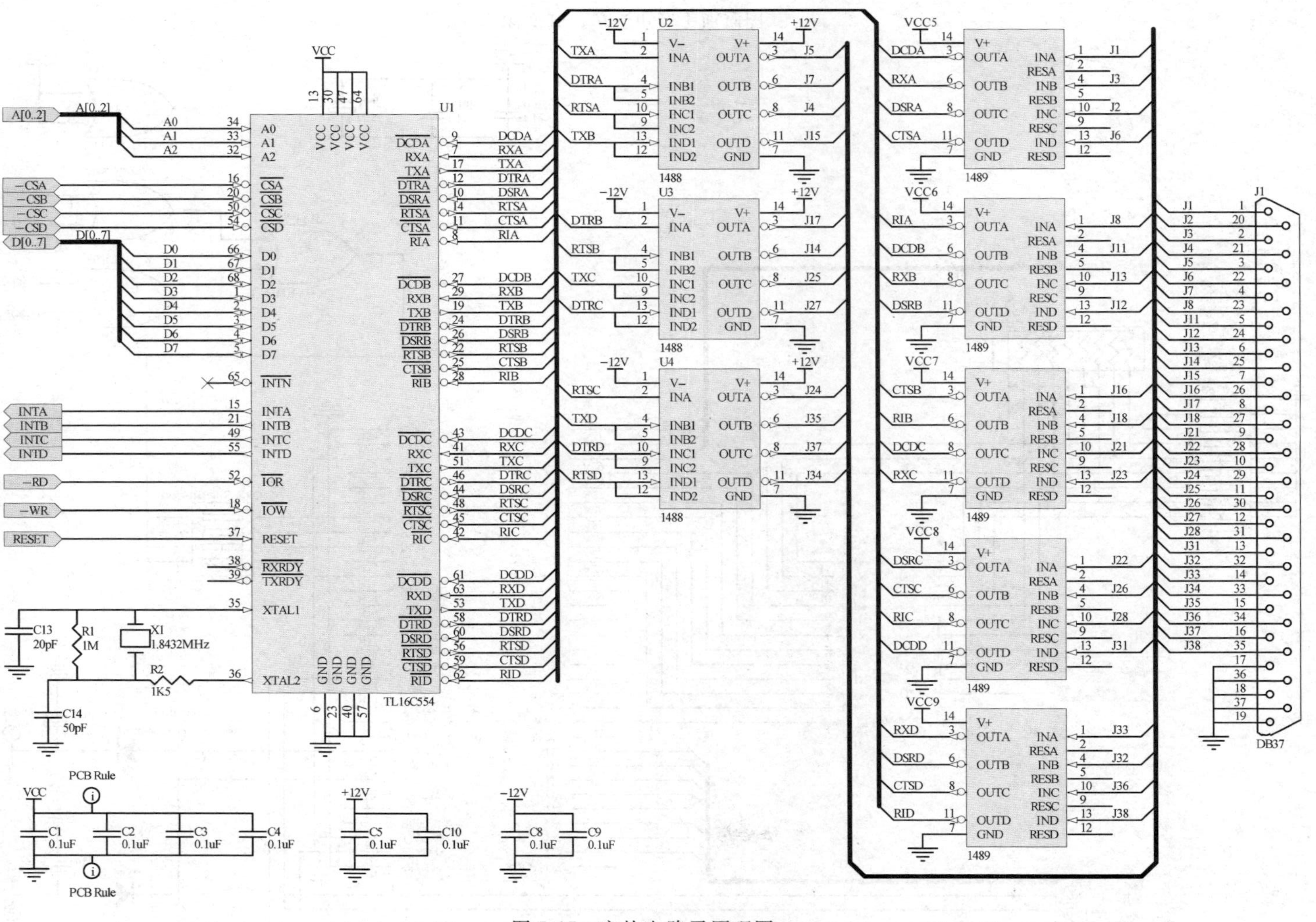

图 5-17　方块电路子原理图一

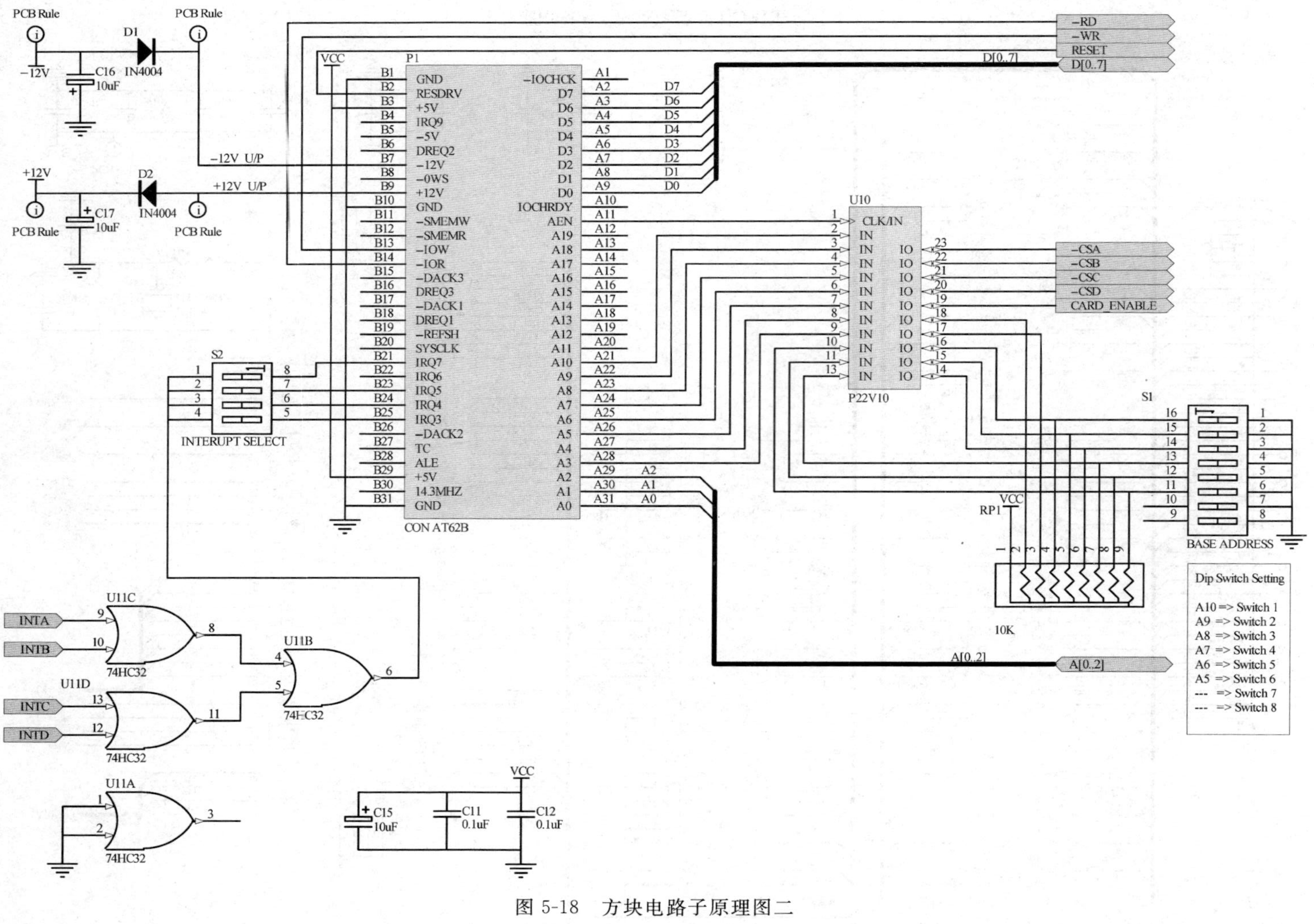

图 5-18 方块电路子原理图二

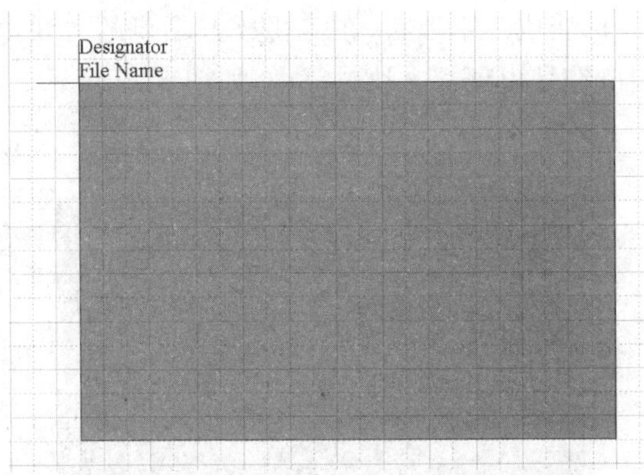

图 5-19　带着方块电路的鼠标状态

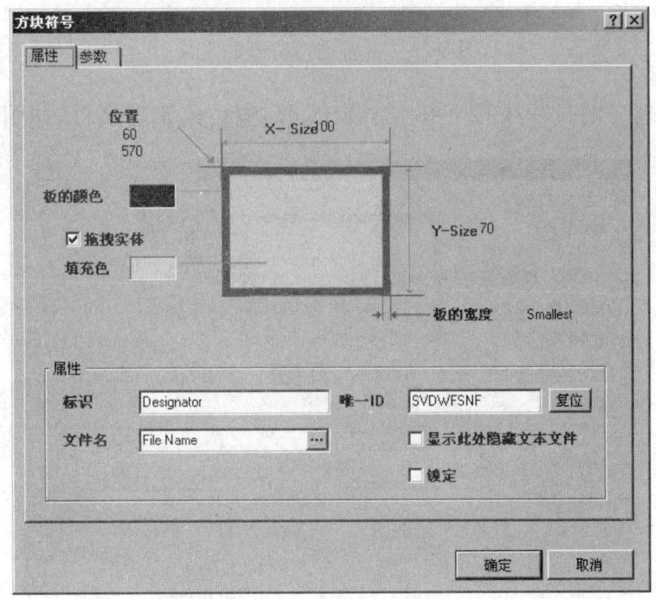

图 5-20　“方块符号”对话框

(7) 绘制完成的方块电路模块如图 5-21 所示。

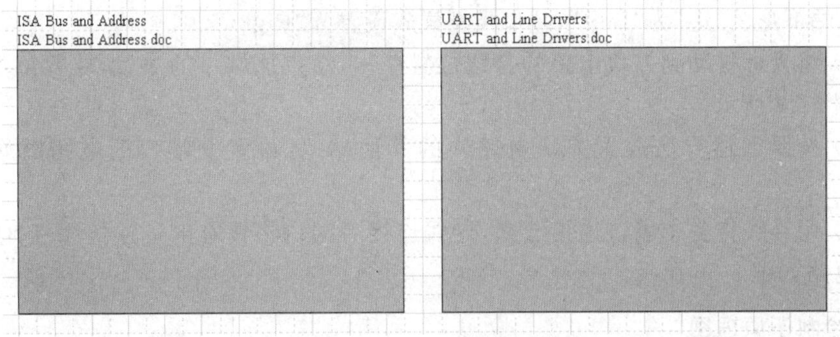

图 5-21　绘制的方块电路模块

(8) 单击按钮,光标变成十字形状,在需要放置端口的方块电路图上单击,此时光标就带着方块电路的端口符号出现在方块电路中,如图 5-22 所示。

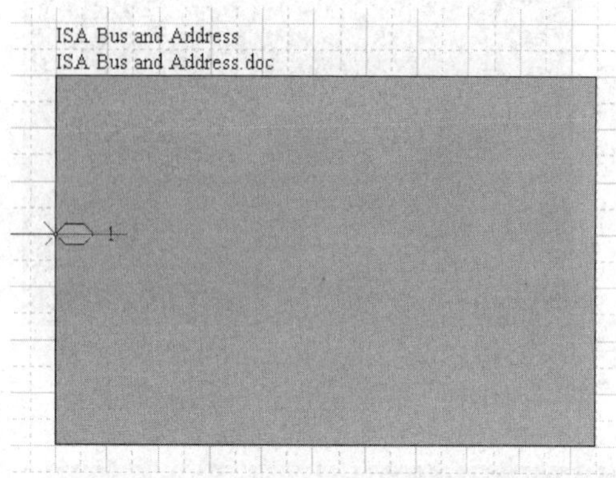

图 5-22　带着端口符号的光标

(9) 在放置端口的过程中按 Tab 键,弹出端口属性编辑对话框,如图 5-23 所示。

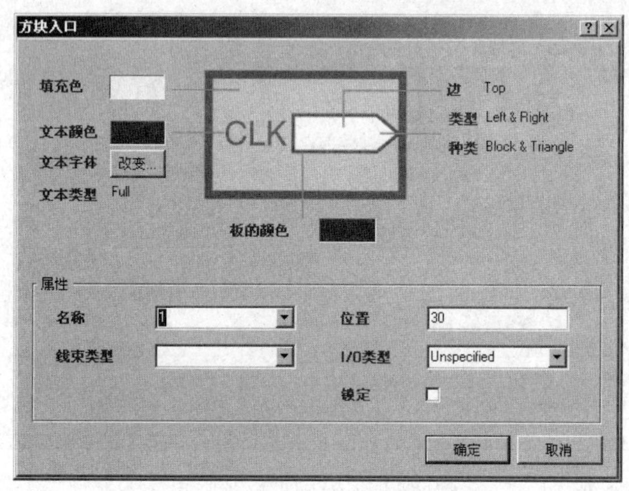

图 5-23　端口属性编辑对话框

(10) 在图 5-23 所示的对话框中设置端口的名称为“INTA”,端口 I/O 类型为“Input”,端部形状“边”为“Left”,端口类型样式设置为“Right”。

(11) 将光标移动到方块电路的合适位置单击,结束该端口的放置,放置该端口后的电路如图 5-24 所示。

(12) 按照上述方法放置方块电路中的其他端口,放置完端口的电路图如图 5-25 所示。

(13) 用导线将各个端口连接起来,导线连接后端口将具有电气连接属性,绘制完成的方块电路如图 5-26 所示。

2. 绘制子原理图

绘制子原理图的方法与第 3 章绘制子原理图的方法相同,不同的是由于是层次原理

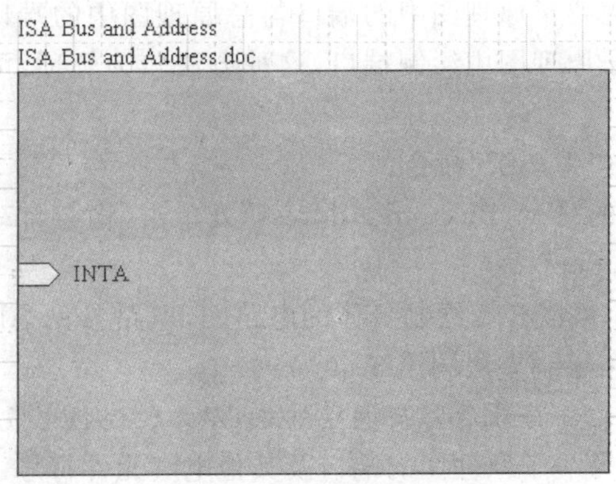

图 5-24　放置端口电路

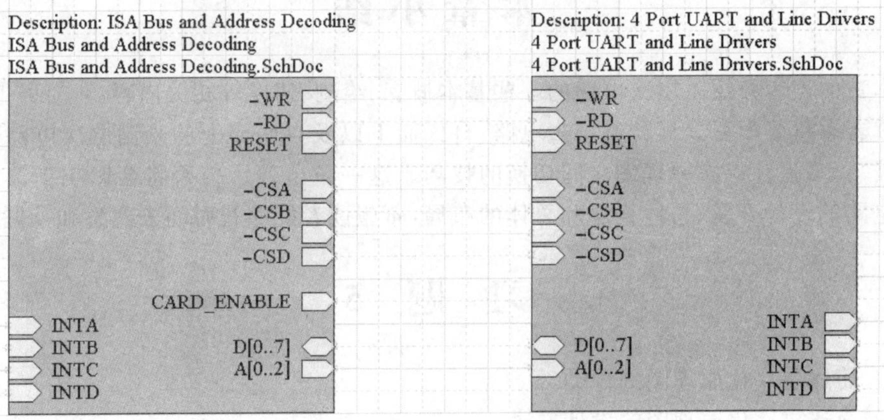

图 5-25　绘制完成的方块电路

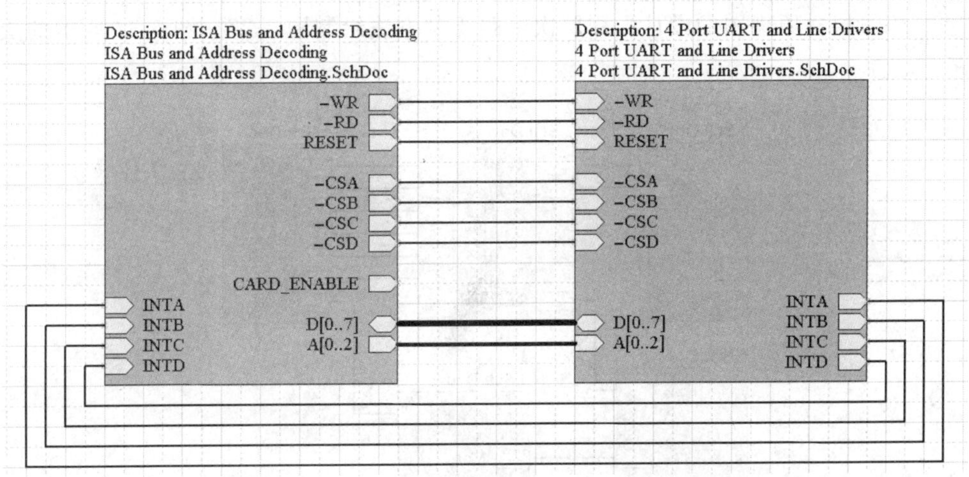

图 5-26　绘制完成的电路图

图中的子原理图，所以需要子原理图中的端口与总原理图中的端口相对应。为了让端口相互对应，可以慢慢在子原理图中绘制端口，这种方法较为烦琐，可以采用前面曾经介绍过的一种简便方法。

(1) 选择"设计"|"产生图纸"命令。

(2) 在方块电路上的"ISA Bus and Address"处单击，将会自动创建一个原理图文件"ISA Bus and Address.doc"。

(3) 在产生端口后，可以开始绘制具体的电路图，电路参见 Altium Designer 10.0 软件中提供的源文件，电路绘制方法同第 3 章。

注意：在绘制电路元件符号后需要调整端口，以方便连接电气线路。

(4) 同样方法绘制另一子原理图的端口及其他电气元件符号。具体绘制过程此处不再赘述，要求读者自行练习绘制子原理图文件。

本章小结

本章向读者介绍了层次电路的一些基本概念、绘制、切换等相关内容。

读者着重要学习怎样绘制层次电路、自顶而下以及自底而上的绘制层次电路基本方法和技巧，掌握在层次原理图之间切换的技巧。这一章节熟练与否将会影响到读者对于大型电路的设计开发、总体构思和总体的布局，希望读者能够花时间去熟悉和掌握它。

习题 5

1. 简述层次化原理图的种类。
2. 简述层次化原理图的设计方法。
3. 简述自顶向下的原理图设计流程。
4. 简述自底向上的原理图设计流程。
5. 练习层次原理图的设计。用层次电路绘制方法绘制图 5-27～图 5-32 所示的层次电路。

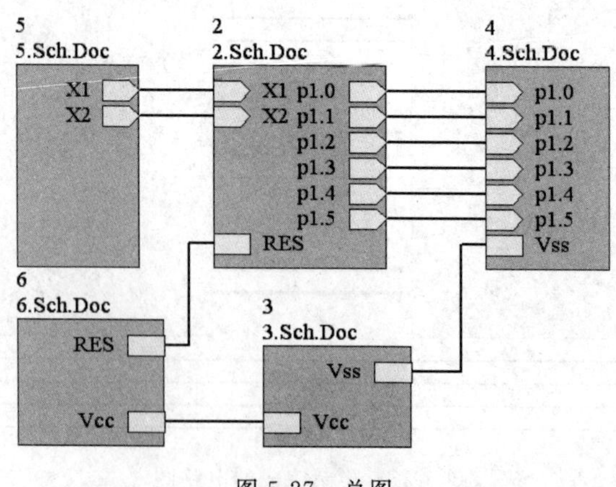

图 5-27 总图

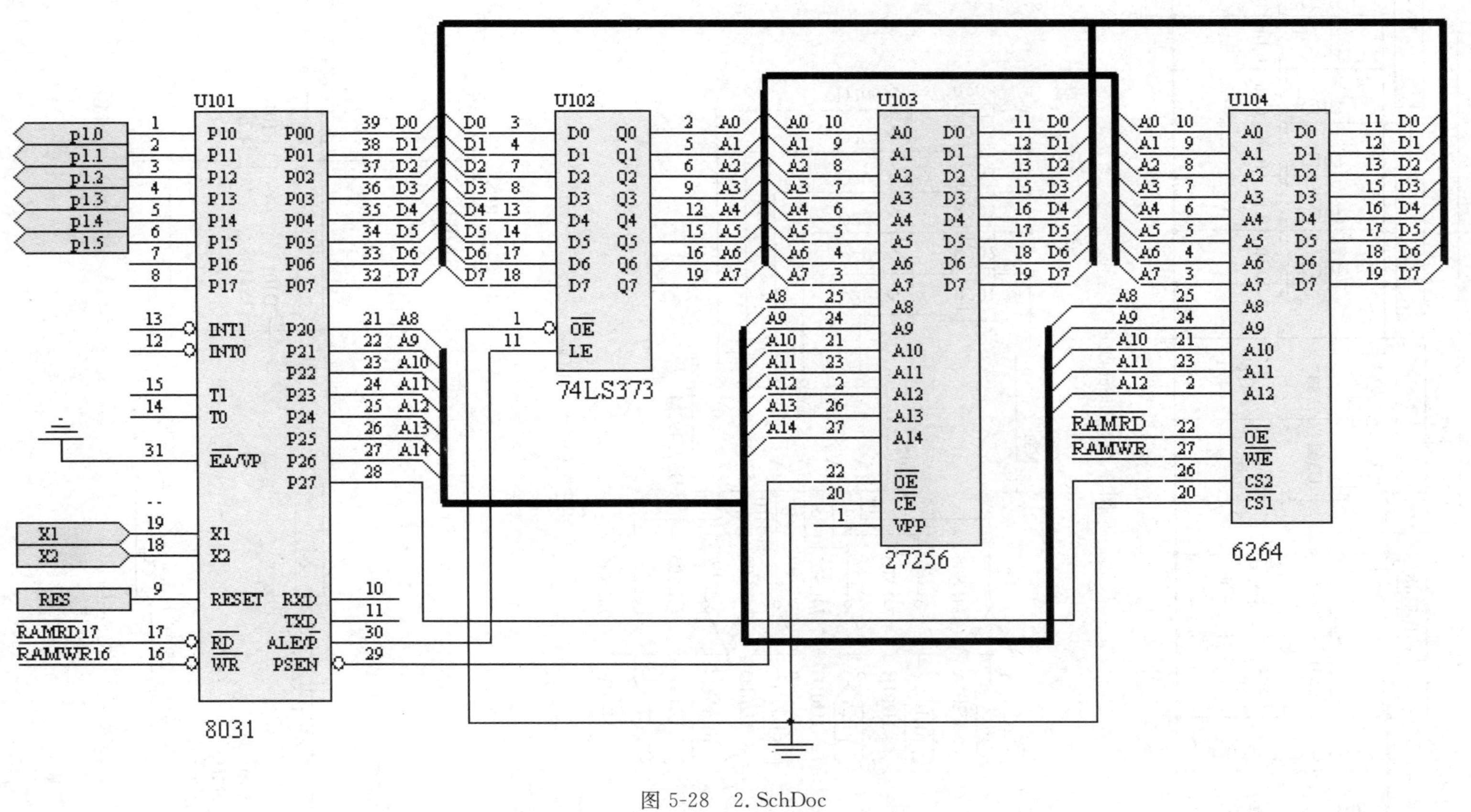

图 5-28　2.SchDoc

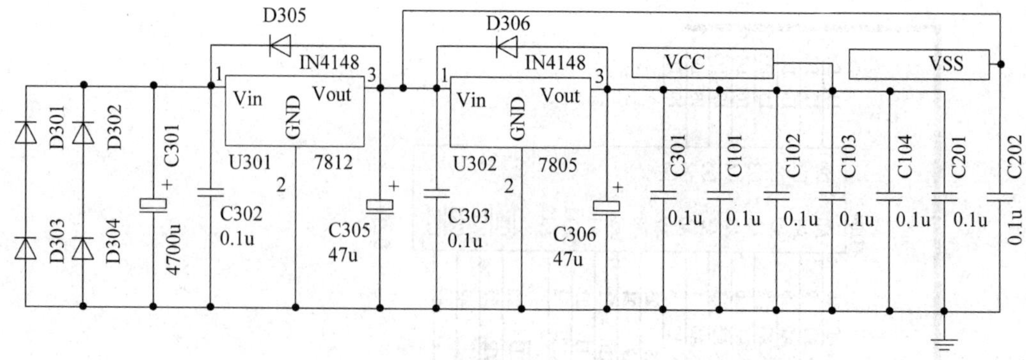

图 5-29 3. SchDoc

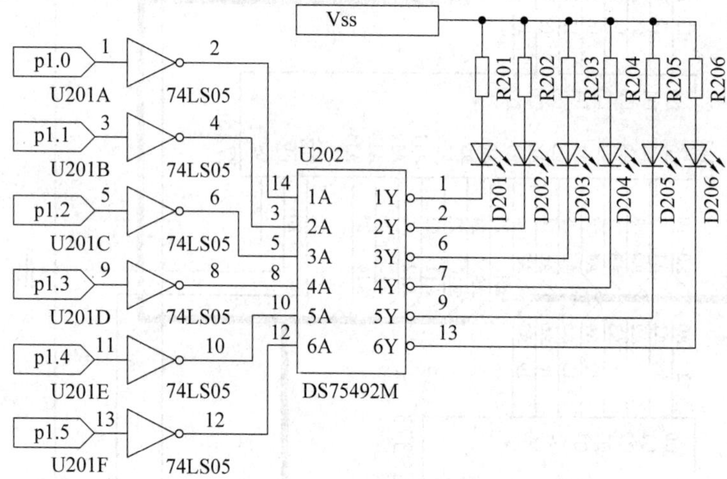

图 5-30 4. SchDoc

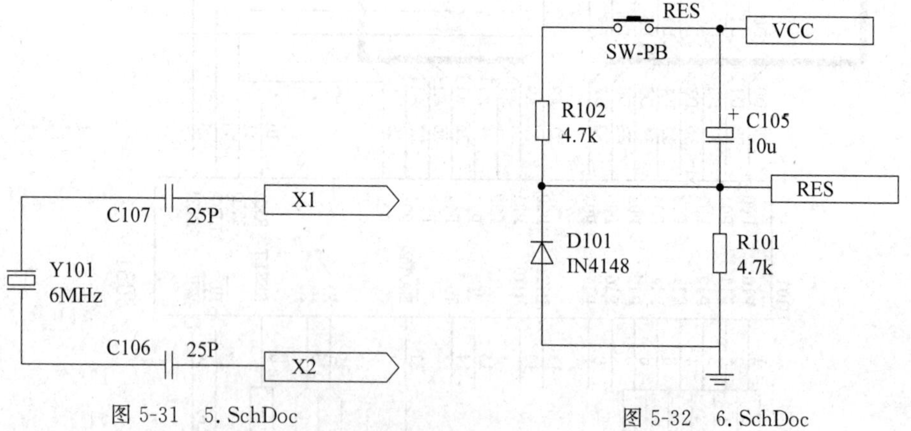

图 5-31 5. SchDoc

图 5-32 6. SchDoc

第6章

绘制原理图元件

本章导读：本章将向读者详细介绍元件符号的绘制工具及绘制方法，并讲述简单元件及分部分绘制的复杂元件的绘制方法，读者通过学习利用绘制工具可以方便地建立自己需要的元件符号。

学习目标：

(1) 掌握原理图文件的创建方法。

(2) 掌握原理图元件的绘制方法。

元件是原理图的重要组成部分，有时在设计原理图时在集成元件库里面没有需要的元件，这时就需要自己设计元件。本章将详细介绍元件符号库的创建、保存、绘制及管理，让用户清楚元件的创建原理，为以后设计原理图打好坚实的基础。

6.1 元件符号概述

元件符号是元件在原理图上的表现，在第3章绘制的原理图中摆放的就是元件符号，元件符号主要由元件边框和引脚组成，其中引脚表示实际元件的引脚。引脚可以建立电气连接，是元件符号中最重要的组成部分。

注意：元件符号中的引脚和元件封装中的焊盘和元件引脚是一一对应关系。

Altium Designer Release 10 中自带有一些常用的元件符号，如电阻器、电容器、连接器等。但是，在设计中很有可能需要的元件符号并不在 Altium Designer Release 10 自带的元件库中，从而需要设计者自行设计。Altium Designer Release 10 提供了强大的元件符号绘制工具，能够帮助设计者轻松地实现这一目的，Altium Designer Release 10 中对元件符号采用元件符号库来管理，能够轻松地在其他工程中引用，从而方便了大型电子设计工程。

建立一个新的元件符号需要遵从以下流程。

(1) 新建/打开一个元件符号库，设置元件库中图纸参数。

(2) 查找芯片的数据手册(Datasheet)，找出其中的元件框图说明部分，根据各个引脚的说明统计元件引脚数目和名称。

(3) 新建元件符号。

(4) 为元件符号绘制合适的边框。

(5) 给元件符号添加引脚,并编辑引脚属性。

(6) 为元件符号添加说明。

(7) 编辑整个元件属性。

(8) 保存整个元件库,做好备份工作。

注意:需要提出的是,元件引脚包含着元件符号的电气特性部分,在整个绘制流程中是最重要的部分,元件引脚的错误将使得整个元件符号绘制出错。

6.2 元件符号库的创建和保存

在 Altium Designer Release 10 中,所有的元件符号都是存储在元件符号库中的,所有的有关元件符号的操作都需要通过元件符号库来执行。如前所述,Altium Designer Release 10 支持集成元件库和单个的元件符号库。在本章中,将介绍单个的元件符号库。

1. 元件符号库的创建

(1) 启动 Altium Designer Release 10,关闭所有当前打开的工程。选择"文件"|"新建"|"库"|"原理图库"命令。

(2) Altium Designer Release 10 将自动跳出工程面板,如图 6-1 所示,此时,在工程面板中增加一个元件库文件,该文件即为新建的元件符号库。由于原来已经有了一个元件库名称为"Schlib1. SchLib",所以新增加的元件库名称自动成为"Schlib2. SchLib"。

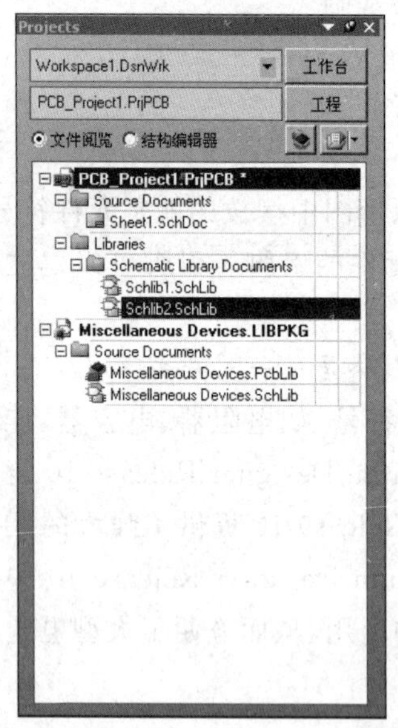

图 6-1 新建元件符号库后的工程面板

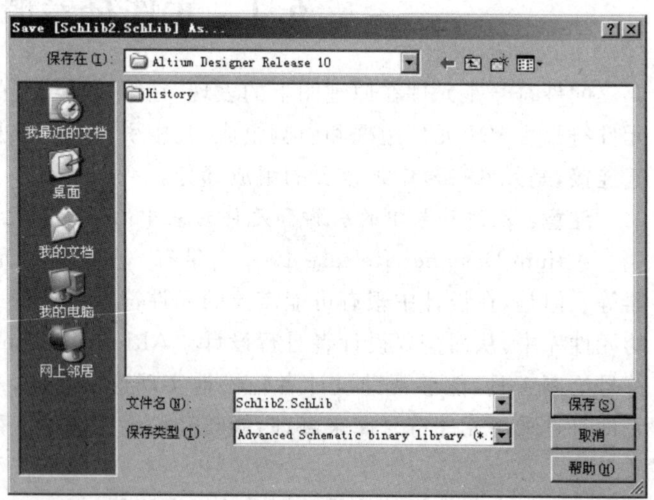

图 6-2 保存新建的元件符号库

2. 元件符号库的保存

(1) 选择"文件"|"保存"命令,弹出图 6-2 所示的对话框。在该对话框中输入元件库的名称,即可同时完成对元件符号库的重命名和保存操作。在这里,元件符号库可以重命

名,也可以保持默认值。单击"保存"按钮后,元件符号库被保存在自己定义的"Altium Designer Release 10"文件夹中。

(2) 打开"我的电脑",在刚才的"Altium Designer Release 10"文件夹中可以找到新建的元件符号库,在以后的设计工程中,可以很方便地引用。

6.3　元件设计界面

在完成元件符号库的建立之后,即可进入新建元件符号的界面,该界面如图 6-3 所示。该界面由上面的主菜单、工具栏、左边的工作面板和右边的工作窗口组成。

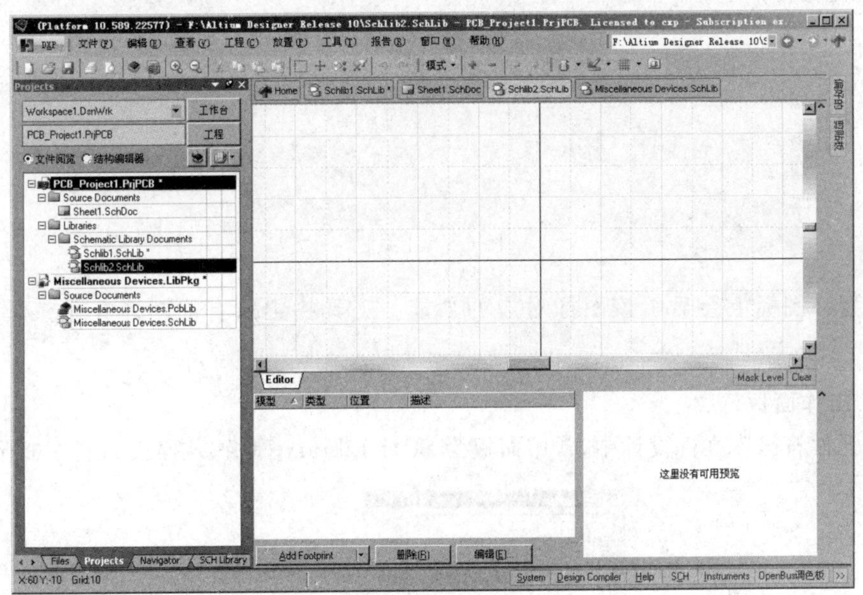

图 6-3　新建元件符号的界面

1. 主菜单

绘制元件符号的界面包括四部分,分别是主菜单、工具栏、左边的工作面板和右边工作窗口,其中的主菜单如图 6-4 所示。在主菜单中,可以找到所有绘制新元件符号所需要的操作,这些操作分为以下几栏。

DXP　文件(F)　编辑(E)　查看(V)　工程(C)　放置(P)　工具(T)　报告(R)　窗口(W)　帮助(H)

图 6-4　绘制元件符号界面中的主菜单

(1)"文件":主要用于各种文件操作,包括新建、打开、保存等功能。

(2)"编辑":用于完成各种编辑操作,包括撤销/取消撤销、选取/取消选取、复制、粘贴、剪切等功能。

(3)"查看":用于视图操作,包括工作窗口的放大/缩小、打开/关闭工具栏和显示格点等功能。

(4)“工程”：对于工程的操作。

(5)“放置”：用于放置元件符号的组成部分。

(6)“工具”：为设计者提供各种工具，包括新建/重命名元件符号、选择元件等功能。

(7)“报告”：产生元件符号检错报表，提供测量功能。

(8)“窗口”：改变窗口显示方式，切换窗口。

(9)“帮助”：帮助菜单。

2. 工具栏

工具栏包括两栏：标准工具和画图画线工具，如图 6-5 所示。

图 6-5　工具栏

放置在图标上会显示该图标对应的功能。工具栏中所有的功能在主菜单中均可找到。

3. 工作面板

在元件符号库文件设计中，常用面板为 SCH Library 面板，该面板如图 6-6 所示。

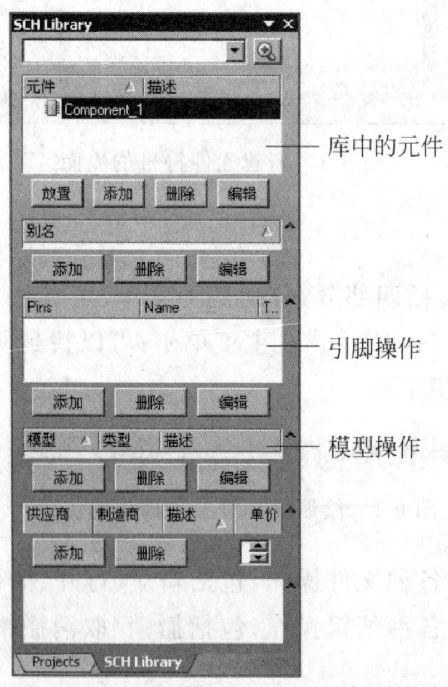

图 6-6　SCH Library 面板

该面板中的操作分为两类：一类是对元件符号库中符号的操作；另一类是对当前激

活符号引脚的操作。

6.4　简单元件绘制实例

6.3 节介绍了元件的设计界面，而本节将详细介绍元件的绘制以及如何更新原理图中的元件。

6.4.1　设置图纸

前面曾经介绍过，Altium Designer Release 10 通过元件符号库来管理所有的元件符号，因此在新建一个元件符号前需要为新建立的元件符号建立一个元件符号库，新建元件符号库的方法在前面已经介绍过，此处不再赘述。在完成元件符号库的保存后，可以开始设置元件符号库图纸。

选择"工具"|"文档选项"命令，也可以在库设计窗口中右击选择"选项"|"文档选项"命令以启动"库编辑器工作台"对话框，如图 6-7 所示，在该对话框中可以设置元件符号库图纸。

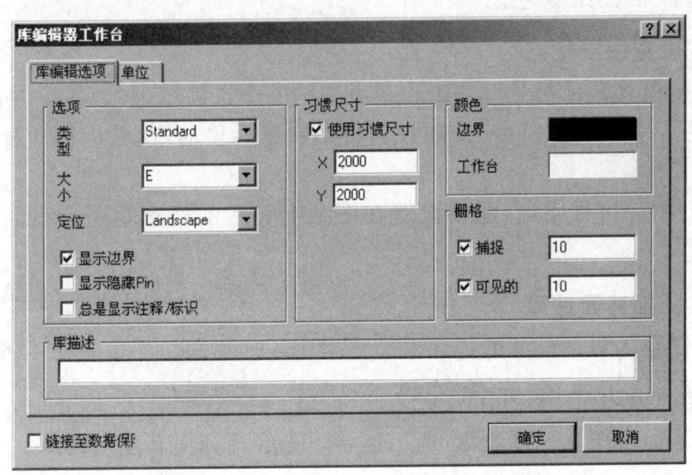

图 6-7　"库编辑器工作台"对话框

该对话框中有如下 7 个选项组内容。

(1)"选项"：设置图纸的基本属性。

(2)"习惯尺寸"：自定义图纸。

(3)"颜色"：设置图纸中的颜色属性。

(4)"栅格"：设置图纸格点。

(5)"库描述"：对元件库的描述。

(6)"显示边界"：提示是否显示库设计区域的那个十字形的边界。

(7)"显示隐藏 Pin"：显示元件的隐藏的管脚。如果选中，则绘制的元件引脚即使是隐藏属性，也会显示出来；如果不选中，则隐藏属性的引脚将不会显示出来。

1. “选项”设置图纸中的基本属性

该选项组中各项属性和原理图图纸中设置的属性类似，这些属性如下。

(1)“类型”：图纸类型。Altium Designer Release 10 提供 Standard 型和 ANSI 型图纸。

(2)“大小”：图纸尺寸。Altium Designer Release 10 提供各种米制、英制等标准图纸尺寸。

(3)“定位”：图纸放置方向。Altium Designer Release 10 提供水平和垂直两种图纸方向。

2. “习惯尺寸”

元件符号库中也可以采用自定义图纸。在该栏中的文本框中可以输入自定义图纸的大小。

3. “颜色”设置图纸中的颜色属性

该选项组中各项属性如下。

(1)“边界”：图纸边框颜色。

(2)“工作台”：图纸颜色。

4. “栅格”设置图纸格点

该选项组是设置元件符号库图纸中最重要的一个选项组，其中各项内容的列举如下。

(1)“捕捉”：锁定格点间距，此项设置将影响鼠标移动，在鼠标移动过程中将以设置值为基本单位。

(2)“可见的”：可视格点，此项设置在图纸上显示的格点间距。我们一般将两个值设置为 1。

5. “库描述”描述元件库

在该栏可以输入对元件库的描述。

6.4.2 新建/打开一个元件符号

上面介绍了原理图元件库图纸的设置，接下来介绍如何新建/打开一个元件符号。

1. 新建元件符号

在完成新建元件库的建立及保存后，将自动新建一个元件符号，如图 6-6 所示，在工作面板中激活了此时元件符号库中唯一的元件符号 Component_1。

此外，也可以采用以下方法新建元件符号。

选择“工具”|“新器件”命令，弹出图 6-8 所示的对话框。在该对话框中输入元件的名称，单击“确定”按钮即可完成新建一个元件符号的操作，且该元件将以刚输入的名称显示在元件符号库浏览器中。

2. 重命名元件符号

为了方便元件符号的管理，命名需要具有一定的实际意义，最通常的情况就是直接采用元件或芯片的名称作为元件符号的名称。

在图 6-6 所示面板中选择一个元件后，然后再选择主菜单中的“工具”|“重新命名器件”命令，弹出图 6-9 所示的对话框。在该对话框中输入新的元件符号名称，单击“确定”

按钮，即可完成对元件符号的重命名。

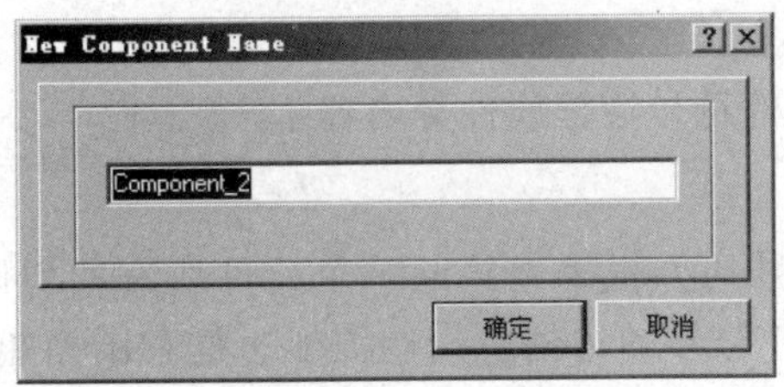

图 6-8 新建一个元件符号

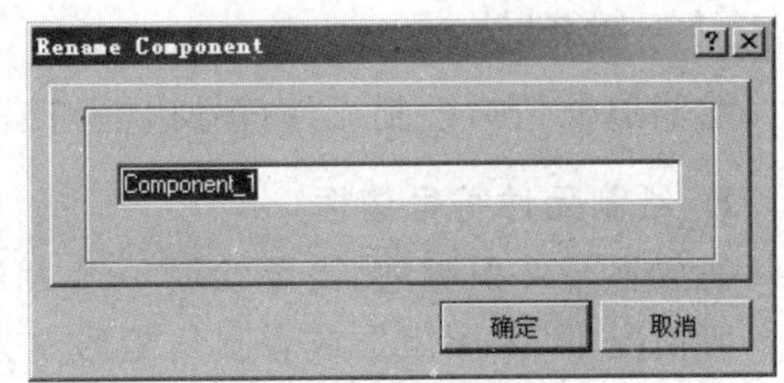

图 6-9 元件符号重命名

3. 打开已经存在的元件符号

打开已经存在的元件符号需要以下几个步骤。

(1) 如果想要打开的元件符号所在的库没有被打开，需要先加载该元件符号库。

(2) 在工作面板的元件符号库浏览器中寻找想要打开的元件符号，并选中该元件符号。

(3) 双击该元件符号，元件符号被打开并进入对该元件符号的编辑状态，此时可以编辑元件符号。

6.4.3 示例元件的信息

准备绘制的元件是单片机电路的元件，这个元件绘制比较简单，通过元件的绘制，读者要掌握元件绘制的方法。示例元件型号为“NEC8279”，该元件共 40 个引脚，每个引脚的电气名称和引脚功能如图 6-10 所示。在该图中，有一些特殊的引脚，如上画线，这些在绘制时要引起注意。同时，要注意的是 40 脚、20 脚是隐藏的，后面要介绍如何将其显示和隐藏。

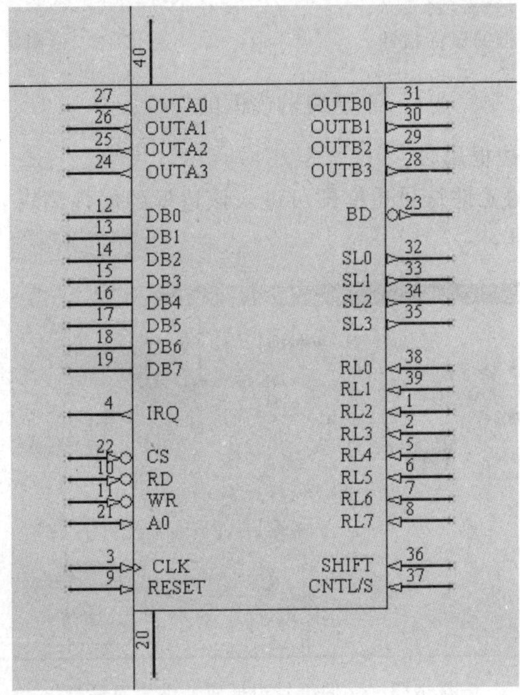

图 6-10 NEC8279 元件

该集成电路是双列排列，左右各 20 个引脚，下面开始讲述元件的绘制步骤。

6.4.4 绘制边框

绘制边框包括绘制元件符号边框和编辑元件符号边框属性等内容。

1. 绘制元件符号边框

在放置元件引脚前，需要绘制一个元件符号的方框来连接起一个元件所有的引脚。在一般情况下，采用矩形或者圆角矩形作为元件符号的边框。绘制矩形边框和圆角矩形边框的操作方法相同，NEC8279 元件是矩形边框，下面说明绘制元件符号边框的步骤，其操作步骤如下：

(1) 单击"画图"工具栏中的按钮，鼠标指针将变成十字形状并附加着一个矩形方框显示在工作窗口中，如图 6-11 所示。

(2) 移动鼠标指针到合适位置后单击，确定元件矩形边框的一个顶点，继续移动鼠标指针到合适位置后单击，确定元件矩形边框的对角顶点。

(3) 在确定了矩形的大小后，元件符号的边框将显示在工作窗口中，此时完成了一个边框的绘制，鼠标指针仍处于图 6-11 所示的状态，右击退出元件绘制的状态。

(4) 图 6-12 所示为绘制一个矩形边框的过程。

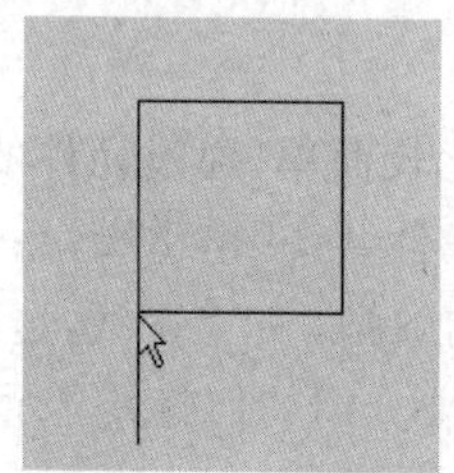

图 6-11 绘制边框的鼠标指针

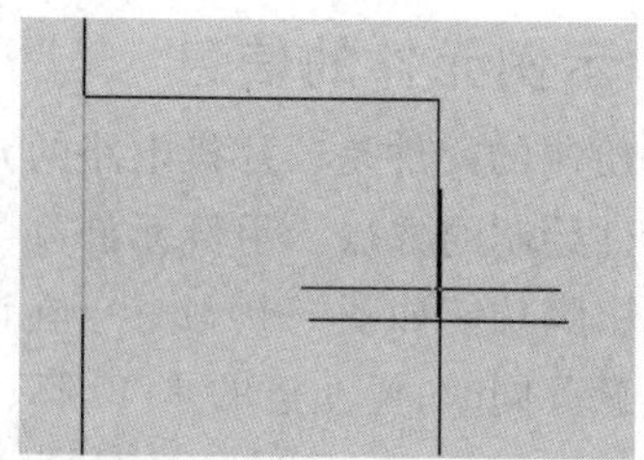

图 6-12 绘制矩形边框的过程

(5) 在矩形边框绘制完成后，需要编辑边框的属性。

2. 编辑元件符号边框属性

双击工作窗口中的元件符号边框即可进入该边框的属性编辑，图 6-13 所示为元件符号边框属性编辑对话框。

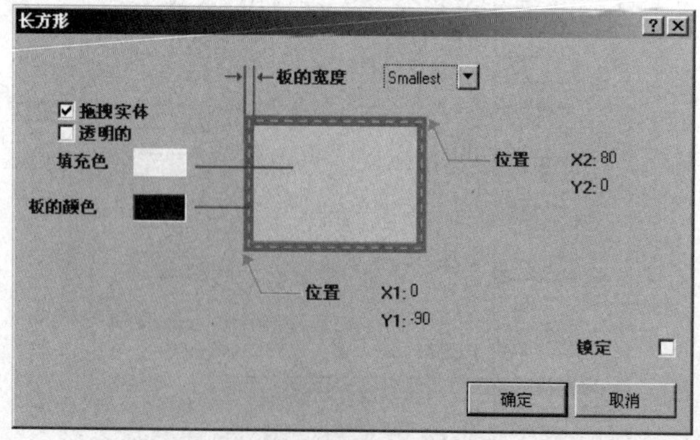

图 6-13 元件符号边框属性编辑对话框

该对话框中各项属性的意义如下。

(1)“拖拽实体”：是否以“填充色”项中选定的颜色填充元件符号边框。

(2)“填充色”：元件符号边框的填充颜色。

(3)“板的颜色”：元件符号边框颜色。

(4)“板的宽度”：元件符号边框线宽。Altium Designer Release 10 中提供 Smallest、Small、Medium 和 Large 共 4 种线宽。

除了“位置”项之外，元件符号边框的各种属性通常情况下保持默认设置。

“位置”选项确定了元件符号边框的位置和大小，是元件符号边框属性中最重要的部分，元件符号边框大小的选取应该根据元件引脚的多少来决定，具体来说就是首先边框要能容纳下所有的引脚，其次就是边框不能太大，否则会影响原理图的美观性。

通过编辑“位置”选项中的坐标值可以修改元件符号边框的大小，但是更常用的还是直接在工作窗口中通过拖动鼠标执行。图 6-14 所示为元件符号边框的选中状态，边框的边角上有小方框，移动鼠标指针到小方框上，拖动鼠标即可调整边框的大小。

边框放置完成后的示意图如图 6-15 所示。

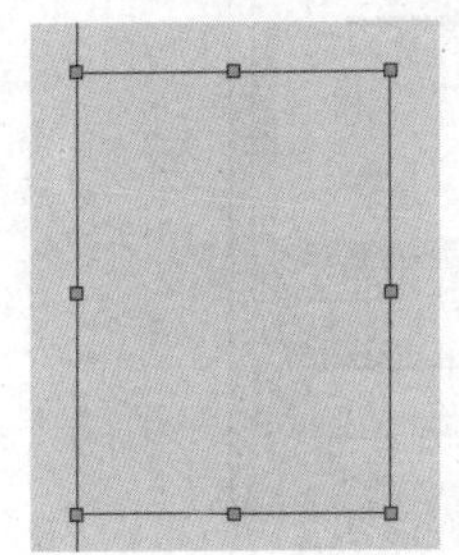

图 6-14　元件符号边框的选择

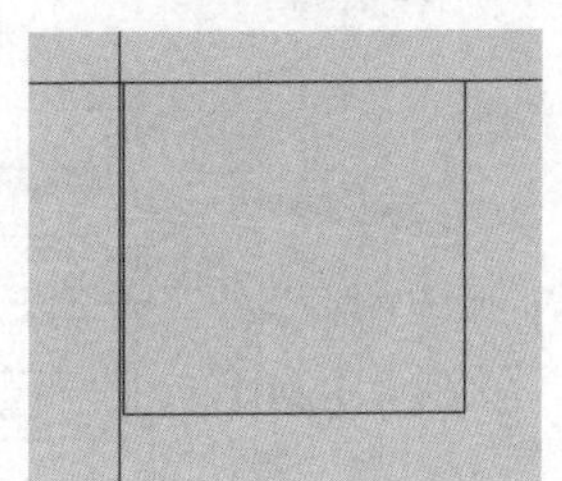

图 6-15　边框放置完成后的示意图

6.4.5　放置引脚

当绘制好元件符号边框后，可以开始放置元件的引脚，引脚需要依附在元件符号的边框上。在完成引脚放置后，还要对引脚属性进行编辑。

放置引脚的步骤如下：

(1) 单击“画图”工具栏中的按钮，鼠标指针变成十字形状并附加着一个引脚符号显示在工作窗口中，如图 6-16 所示。

(2) 移动鼠标指针到合适位置单击，引脚将放置下来。

注意：*放置引脚的时候，会有红色的标记提示，这个红色的叉标记就是引脚的电气特性，元件引脚有电气特性的一边一定要放在远离元件边框的外端。*

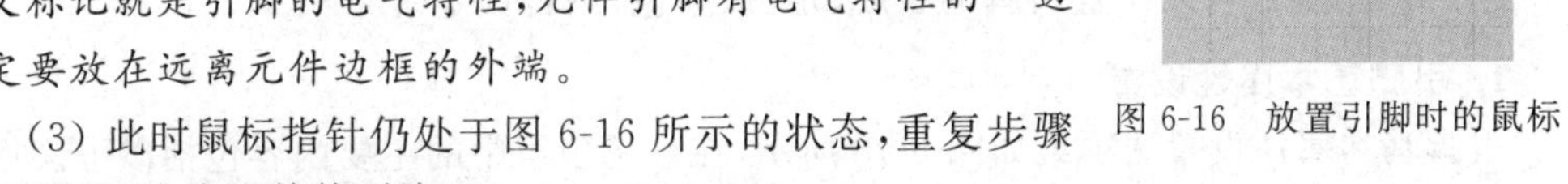

图 6-16　放置引脚时的鼠标

(3) 此时鼠标指针仍处于图 6-16 所示的状态，重复步骤(2)可以继续放置其他引脚。

(4) 右击或者按 Esc 键即可退出放置引脚的操作。

注意：*在放置引脚的过程中，有可能需要在边框的四周都放置上引脚，此时需要旋转引脚。旋转引脚的操作很简单，在步骤(1)或者步骤(2)中，按 Space 键即可完成对引脚的*

旋转。

在元件引脚比较多的情况下，没有必要一次性放置所有的引脚。可以对元件引脚进行分组，让同一组的引脚完成一个功能或者同一组的引脚有类似的功能，放置引脚的操作以组为单位进行。该集成块有 40 个引脚，它们将被一次性地放置在元件边框上，在放置过程中会进行属性的设置。

注意：元件引脚的放置应以原理图绘制方便为前提，有可能这些引脚并不是很有规律的排列，则可以按照原理图的元件引脚排列来绘制。此时，可以参考一些手册，查看一下集成电路所接的电路图，以方便连接线路来进行绘制。

(5) 在放置引脚的过程中按 Tab 键，会弹出"Pin 特性"对话框，在该对话框中对引脚进行设置，如图 6-17 所示。

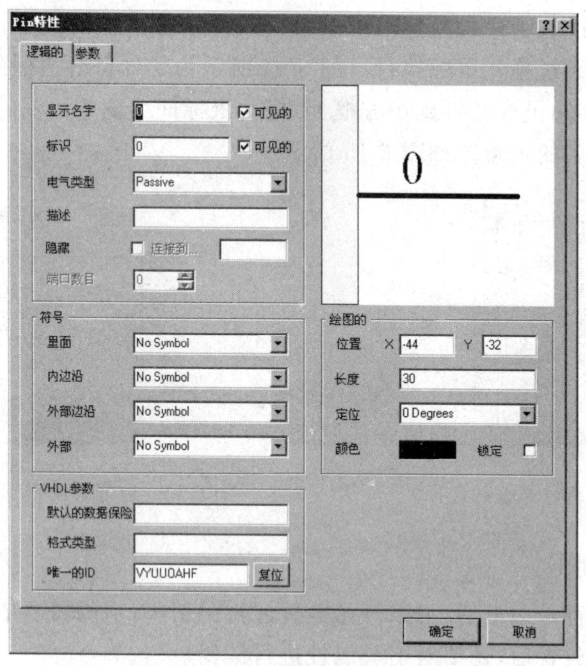

图 6-17 "Pin 特性"对话框

该对话框分为以下几栏。

① "基本属性栏"：如引脚标号、名称等引脚基本属性。

② "符号"：引脚符号设置。

③ "VHDL 参数"：引脚的 VHDL 参数。

④ "绘图的"：可以设置引脚的长度、定位、颜色，是否锁定。

1. 引脚基本属性设置

引脚基本属性设置选项组如图 6-18 所示，在该选项组中的主要内容包括以下。

(1) "显示名字"：在这里输入的名称没有电气特性，只是说明引脚作用。为了元件符号的美观性，输入的名称可以采用缩写。该项可以通过选中随后的"可见的"复选框来决定该项在符号中是否可见。

(2) "标识"：引脚标号。在这里输入的标号需要和元件引脚一一对应，并和随后绘制的封装中的焊盘标号一一对应，这样才不会出错。建议设计者在绘制元件时都采用数据手册中的信息。该项可以通过选中“可见的”复选框来决定该选项内容在符号中是否可见。

(3)“电气类型”：引脚的电气类型，该选项有图 6-19 所示的下拉列表框。

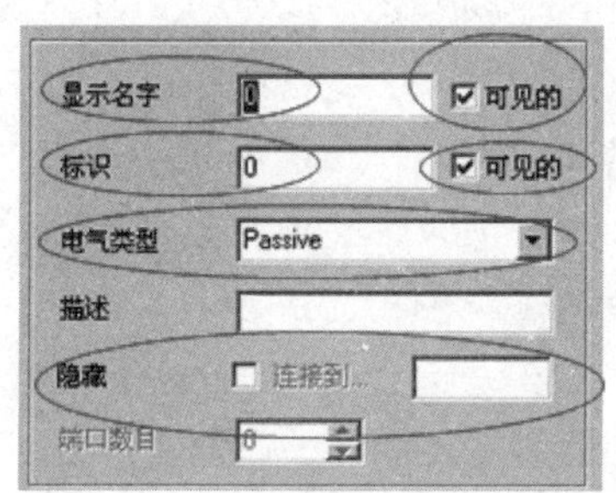

图 6-18　引脚基本属性设置

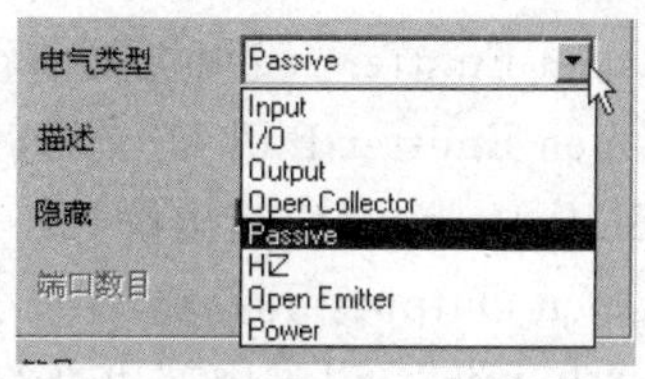

图 6-19　“电气类型”下拉列表框

下拉列表框中常用项的意义如下。

① Input：输入引脚，用于输入信号。

② I/O：输入/输出引脚，既有输入信号，又有输出信号。

③ Output：输出引脚，用于输出信号。

④ Open Collector：集电极开路引脚。

⑤ Passive：无源引脚。

⑥ HiZ：高阻抗引脚。

⑦ Open Emitter：发射极引脚。

⑧ Power：电源引脚。

(4)“描述”：引脚的描述文字，用于描述引脚功能。

(5)“隐藏”：设置引脚是否显示出来。

2. 引脚符号设置

引脚符号设置栏如图 6-20 所示，在该选项组中包含有 4 项内容，它们的默认设置都是 No Symbol，表示引脚符号没有特殊设置。

各项中的特殊设置包括有以下几个。

(1)“里面”：引脚内部符号设置，如图 6-21 所示。

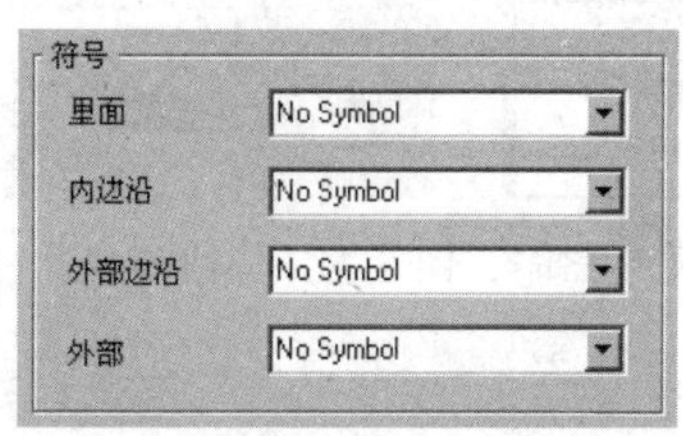

图 6-20　引脚符号设置栏

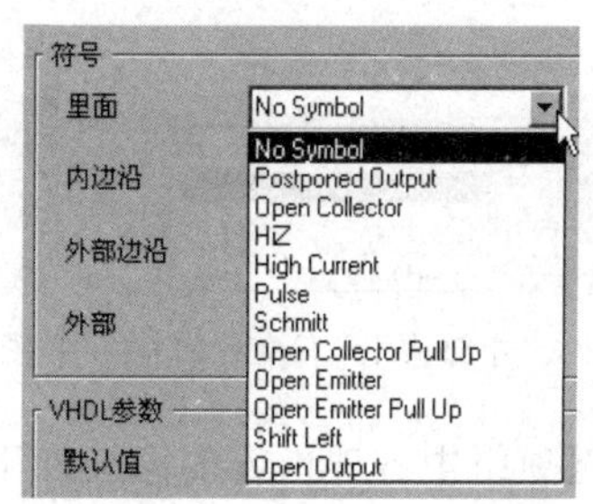

图 6-21　“里面”下拉列表框

该下拉列表框中各项的意义如下。

① Postponed Output：暂缓性输出符号。

② Open Collector：集电极开路符号。

③ HiZ：高阻抗符号。

④ High Current：高扇出符号。

⑤ Pulse：脉冲符号。

⑥ Schmitt：施密特触发输入特性符号。

⑦ Open Collector Pull Up：集电极开路上拉符号。

⑧ Open Emitter：发射极开路符号。

⑨ Open Emitter Pull Up：发射极开路上拉符号。

⑩ Shift Left：移位输出符号。

⑪ Open Output：开路输出符号。

(2)“内边沿”：引脚内部边沿符号设置。该下拉列表框只有唯一的一种符号 Clock，表示该引脚为参考时钟。

(3)“外部边沿”：引脚外部边沿符号设置。其下拉列表框如图 6-22 所示。

该下拉列表框中各项的意义如下。

① Dot：圆点符号引脚，用于负逻辑工作场合。

② Active Low Input：低电平有效输入。

③ Active Low Output：低电平有效输出。

(4)“外部”：引脚外部边沿符号设置。其下拉列表框如图 6-23 所示。

该下拉列表框中各项的意义如下。

① Right Left Signal Flow：从右到左的信号流向符号。

② Analog Signal In：模拟信号输入符号。

③ Not Logic Connection：逻辑无连接符号。

④ Digital Signal In：数字信号输入符号。

⑤ Left Right Signal Flow：从左到右的信号流向符号。

⑥ Bidirectional Signal Flow：双向的信号流向符号。

3. 引脚外观设置

引脚外观设置选项组如图 6-24 所示。

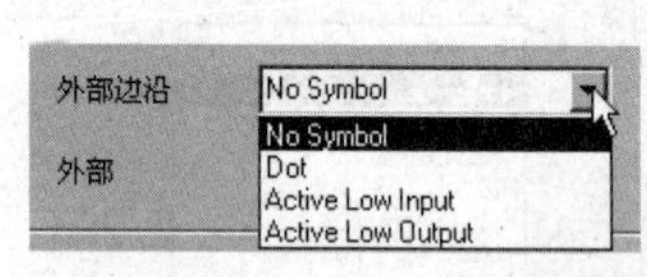

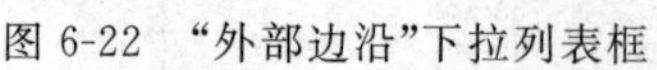

图 6-22 “外部边沿”下拉列表框

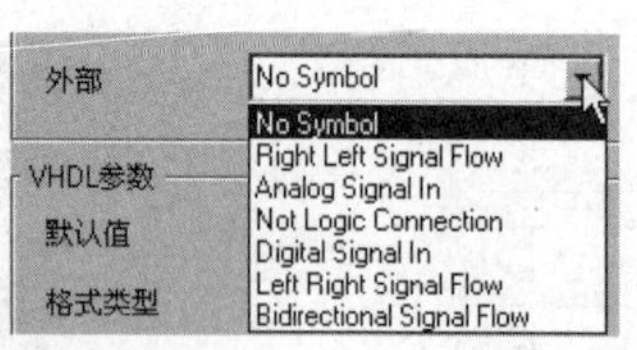

图 6-23 “外部”下拉列表框

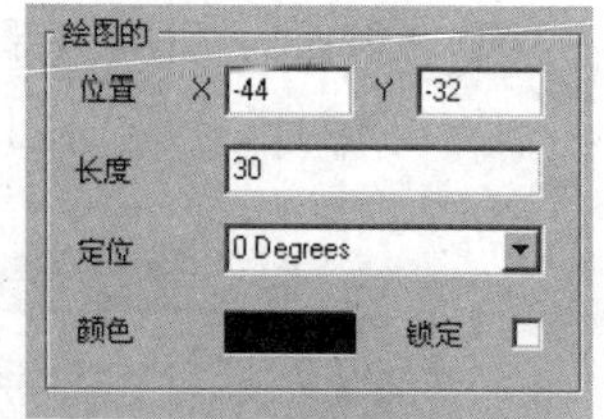

图 6-24 引脚外观设置选项组

该选项组中各项内容的意义如下。

(1)“位置”：引脚的位置。这个一般不做设置，可以自己移动鼠标来放置。

(2)“长度”：引脚的长度。此项可以设置引脚的长短，默认值是 30mil，可以进行更改。

(3)“定位”：引脚的旋转角度。

(4)“颜色”：引脚的颜色。

(5)“锁定”：设置引脚是否锁定。

根据上面的属性对这个元件的第一个引脚进行设置。

(1) 该图的第 1 脚、第 2 脚没有使用，故直接从第 3 脚开始放置，第 3 脚放置结果如图 6-25 所示，要注意的是选择电气类型为 Input，内边沿为 Clock。

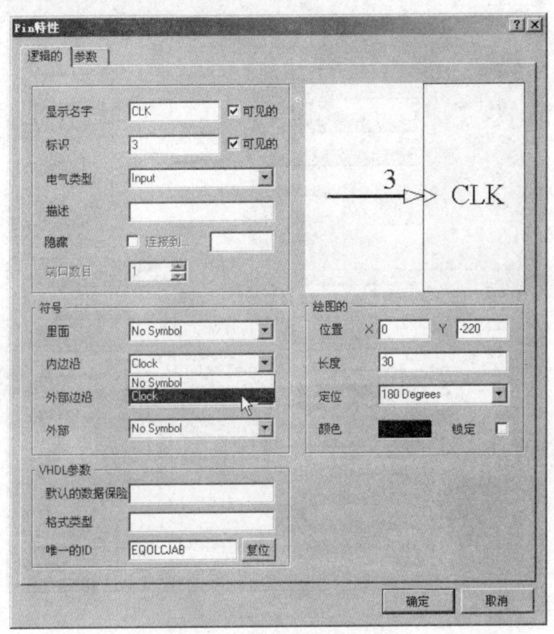

图 6-25　第 3 脚的放置结果

(2) 按照上面介绍的方法放置第 4 脚。第 4 脚的电气类型选择 Output，如图 6-26 所示。

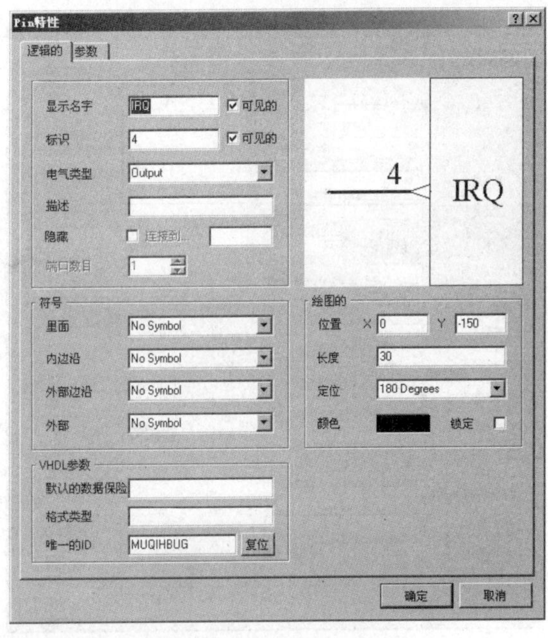

图 6-26　第 4 引脚的放置

（3）按照相同的方法放置余下的所有引脚。要注意的是，对于引脚的小圆圈的放置，要注意选择“外部边沿”为 Dot，电气类型要根据元件实际情况选择 Input 和 Output，此处以放置第 22 脚为例说明，放置第 22 脚如图 6-27 所示。

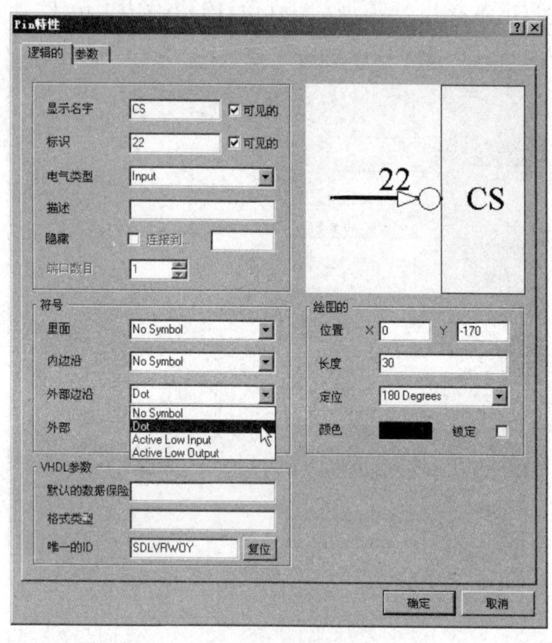

图 6-27　放置第 22 脚

（4）同理，放置其他引脚，在放置第 40 脚 VCC 时，“电气类型”的下拉列表框要选择 Power，同时选择隐藏引脚，如图 6-28 所示。

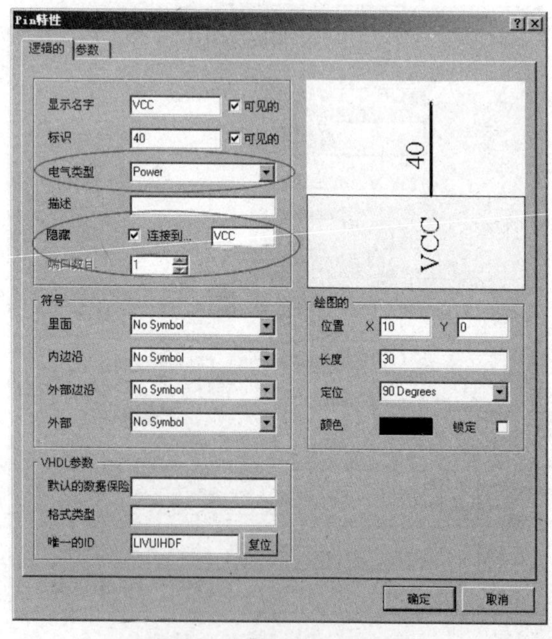

图 6-28　放置第 40 脚 VCC

(5) 当放置第 20 脚的 GND 时，电气类型也要选择 Power。同样，选择隐藏引脚，如图 6-29 所示。

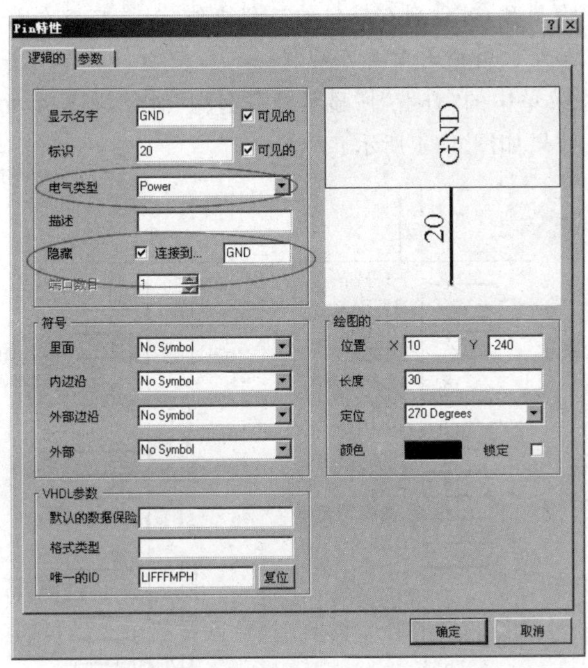

图 6-29　放置第 20 脚 GND

(6) 元件放置完成后，此时的元件如图 6-30 所示。

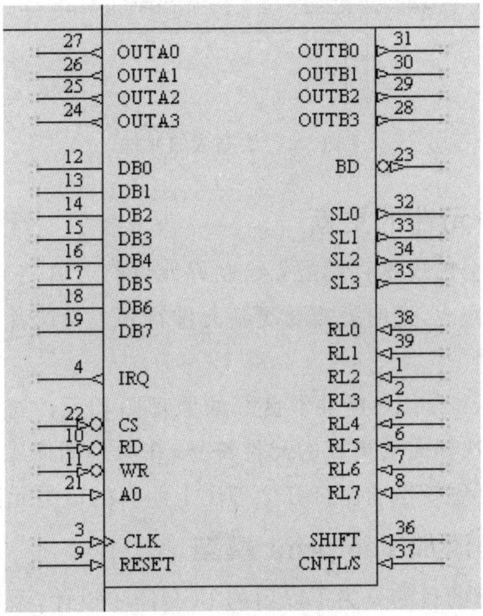

图 6-30　此时的元件

注意：此时单从该图来看，就没有找到电源 VCC 和 GND 引脚，如果同学认为该图本来就没有这些引脚，而直接将这个元件放置到原理图中，然后转化成 PCB 会发现元件少了连接线。因此，当绘制时，对于别人提供的工程文件，如果要查看元件库的元件，需要显示隐藏的引脚，看下哪些引脚还需要自己绘制。

(7) 可以选择主菜单中的"查看"|"显示隐藏引脚"命令，则整个元件的引脚就会显示出来，此时整个元件效果如图 6-31 所示。

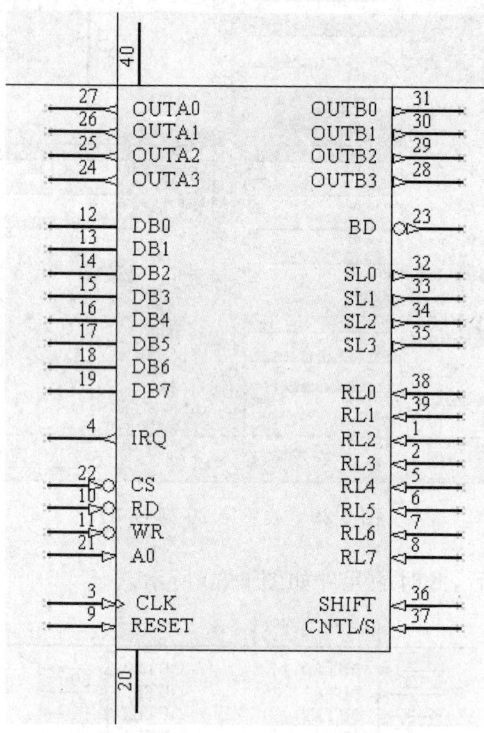

图 6-31 绘制成的元件

6.4.6 在原理图中元件的更新

在电子设计中可能会出现这种情况：绘制好元件符号并将它放置在原埋图上之后，可能对元件符号进行了修改，这时就需要更新元件符号。设计者可以逐一更新，但是如果元件数目较多，则很烦琐。

Altium Designer Release 10 提供了良好的原理图和元件符号之间的通信。在工作面板的元件符号列表中选择需要更新的元件符号，在原理图库编辑环境中，选择"工具"|"更新原理图"命令，即可更新当前已打开原理图上所有的该类元件。

6.4.7 为元件符号添加 Footprint 模型

添加 Footprint 模型的目的是为了以后的 PCB 同步设计，添加步骤如下：

(1) 在原理图元件库编辑环境中，选择主菜单中的"工具"|"器件属性"命令，弹出一个对话框，如图 6-32 所示。

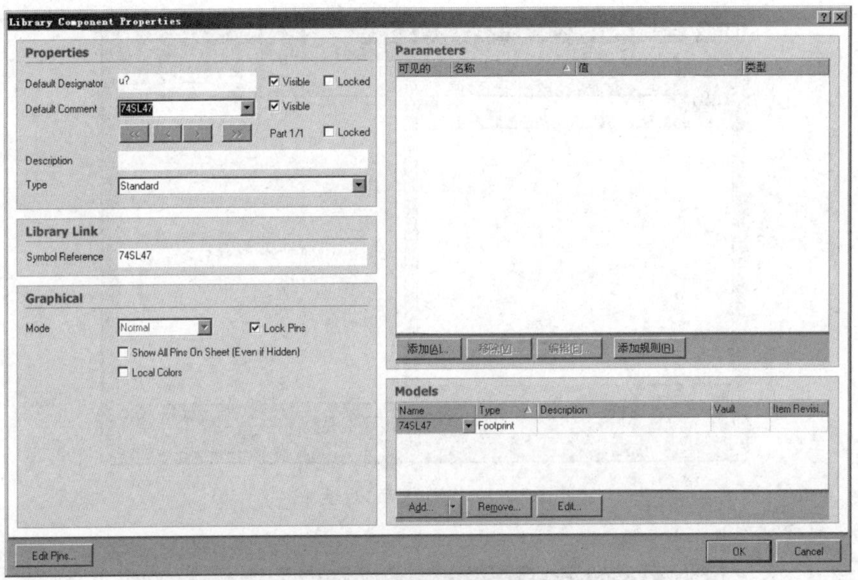

图 6-32　器件属性对话框

(2) 在图 6-32 中的右下角区域，单击 Add 按钮，弹出图 6-33 所示的对话框。在该对话框选择 Footprint 模型。

(3) 单击“确定”按钮，弹出“PCB 模型”对话框，如图 6-34 所示。

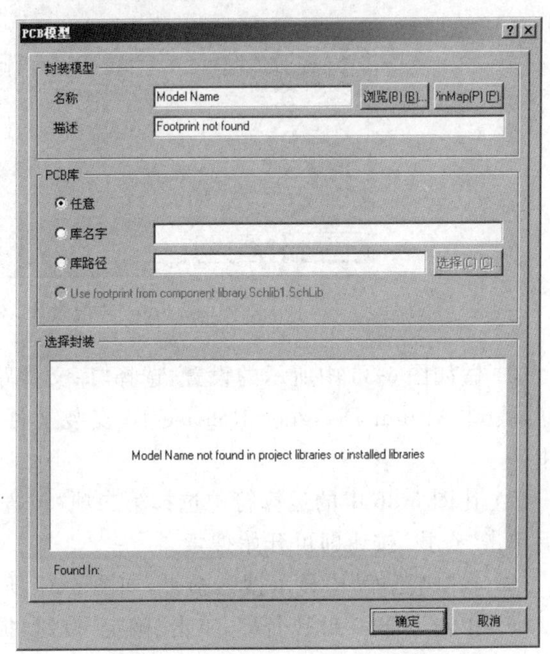

图 6-33　“添加新模型”对话框　　　　图 6-34　“PCB 模型”对话框

(4) 在该对话框中单击“浏览”按钮，弹出“浏览库”对话框，如图 6-35 所示。

(5) 单击“发现”按钮，弹出“搜索库”对话框，如图 6-36 所示。

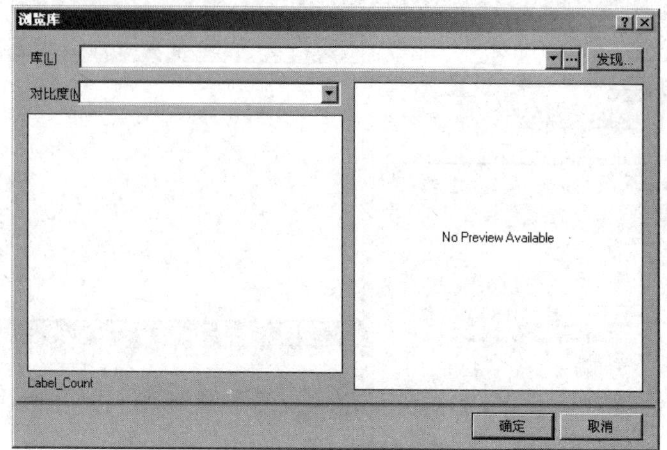

图 6-35 “浏览库”对话框

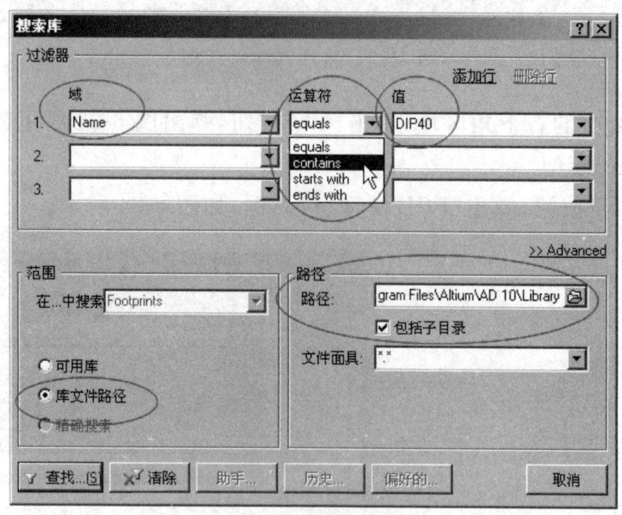

图 6-36 “搜索库”对话框

(6) 做如图 6-36 中所示的设置，选择“库文件路径”单选按钮，单击“路径”路径旁的按钮，找到 Altium Designer Release 10 安装文件夹的封装库文件，并使其显示在文本框中。

(7) 在图 6-36 中的运算符中选择第二项“包含”的意思，在后面的值中输入“DIP40”，然后单击“查找”按钮即可开始搜索。

(8) 在“浏览库”中显示搜索结果，如图 6-37 所示。

(9) 单击 DIP40 封装名称，单击“确定”按钮，提示“是否安装库”，因为该库没有安装，所以提醒安装，单击“是”按钮，如图 6-38 所示。

(10) 如果封装添加成功，则会在“PCB 模型”对话框中的“选择封装”区域出现已经选择的封装；如果没有出现，则需要按下面的方法来解决这个问题，图 6-39 所示为没有成功添加封装的对话框。

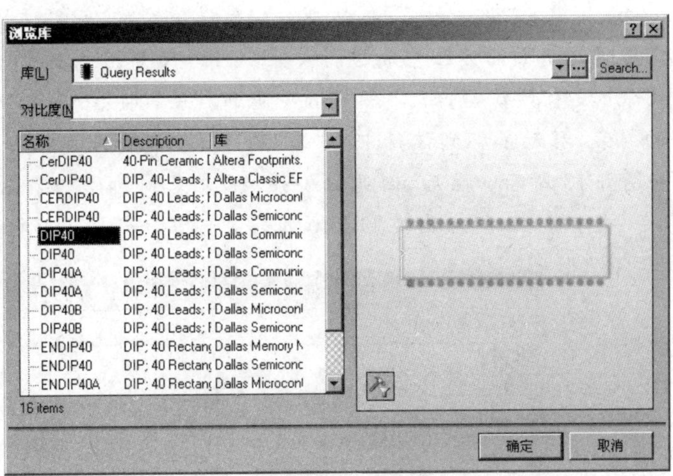

浏览库
库[L]
Query Results
Search...
对比度[N]
名称
Description
库
CerDIP40　40-Pin Ceramic [　Altera Footprints.
CerDIP40　DIP, 40-Leads, f　Altera Classic EF
CERDIP40　DIP; 40 Leads; f　Dallas Microconl
CERDIP40　DIP; 40 Leads; f　Dallas Semiconc
DIP40　DIP; 40 Leads; f　Dallas Communic
DIP40　DIP; 40 Leads; f　Dallas Semiconc
DIP40A　DIP; 40 Leads; f　Dallas Communic
DIP40A　DIP; 40 Leads; f　Dallas Semiconc
DIP40B　DIP; 40 Leads; f　Dallas Microconl
DIP40B　DIP; 40 Leads; f　Dallas Semiconc
ENDIP40　DIP; 40 Rectan　Dallas Memory N
ENDIP40　DIP; 40 Rectan　Dallas Semiconc
ENDIP40A　DIP; 40 Rectan　Dallas Microconl
16 items
确定
取消

图 6-37　搜索结果

Confirm
The library Dallas Communication Transceiver.IntLib is not available.
Do you want to install it now?
不再问(D)
是(Y)
否(N)

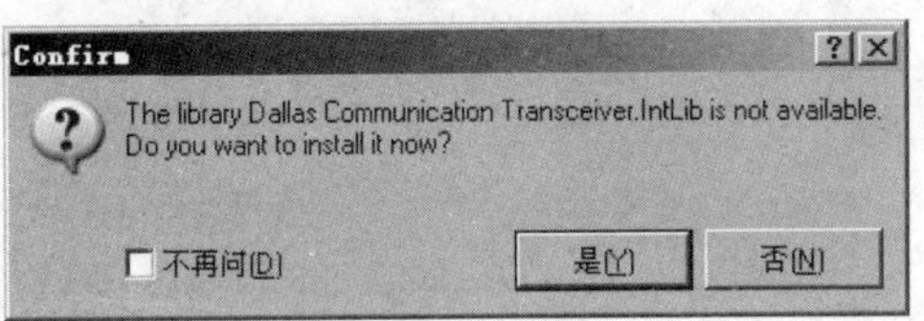

图 6-38　提示安装库

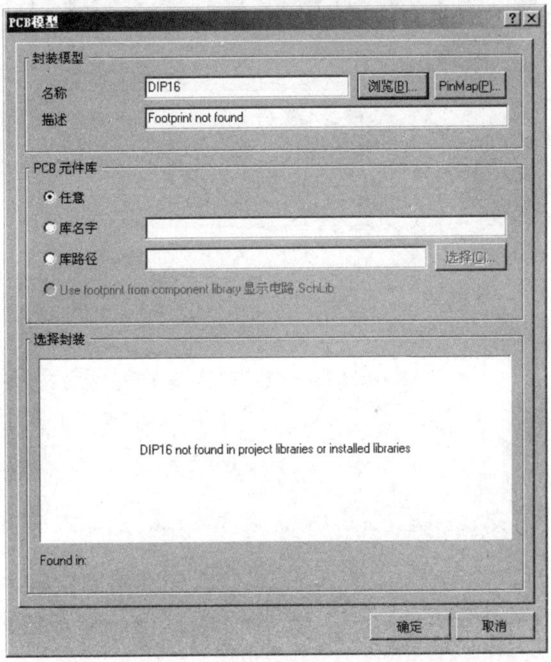

PCB模型
封装模型
名称
DIP16
浏览(B)...
PinMap(P)...
描述
Footprint not found
PCB 元件库
任意
库名字
库路径
选择(C)...
Use footprint from component library 显示电路.SchLib
选择封装
DIP16 not found in project libraries or installed libraries
Found in:
确定
取消

图 6-39　没有成功添加封装的对话框

注意：如果图 6-39 中的“选择封装”区域部分仍然是空白的，说明 DIP40 这个封装没有安装成功，则需要通过下面的方法重新进行安装。可以回到图 6-37 所示的对话框重新选择。如果图 6-37 中没有预览，则回到图 6-36 中重新搜索，再次出现图 6-37 所示的对话框，找到 DIP40 的封装，移动鼠标到该行中的“库”列中，选择库的名字然后按 Ctrl+C 组合键进行复制，如图 6-40 所示。然后，回到图 6-39 中，将复制的库名字粘贴到“PCB 元件库”区域的“库名字”文本框中，就会出现 DIP40 的封装预览，如图 6-41 所示。

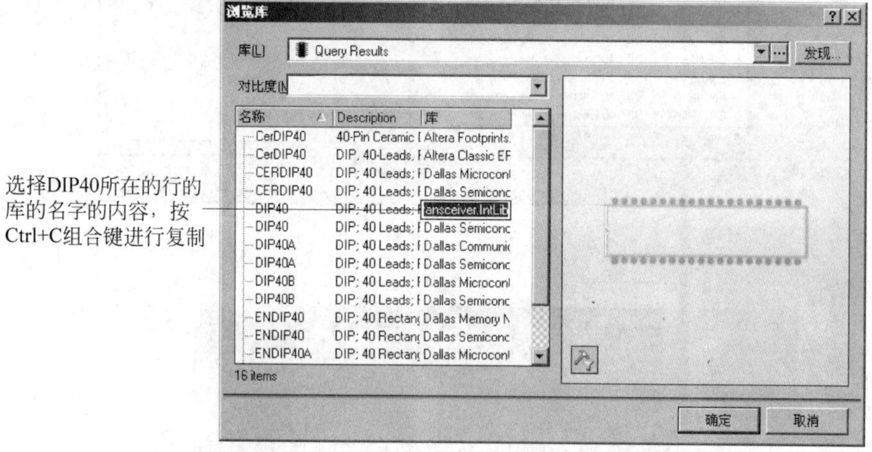

图 6-40　选择 DIP40 所在的行的库名字的内容

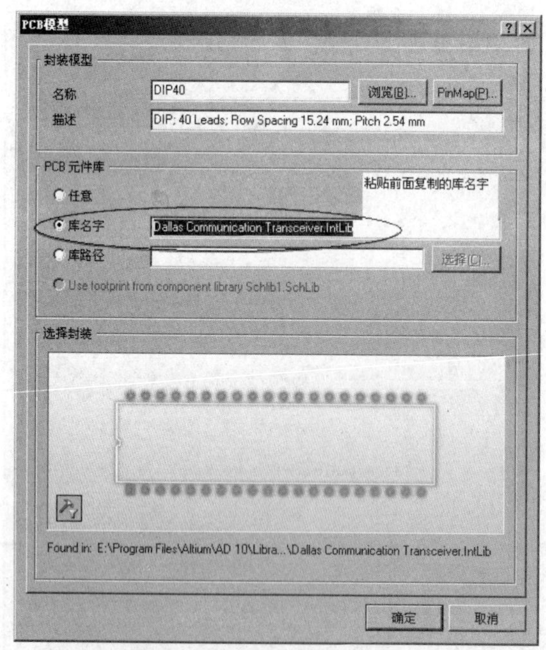

图 6-41　已经出现了封装

（11）最后，添加封装后的元件结果如图 6-42 所示。

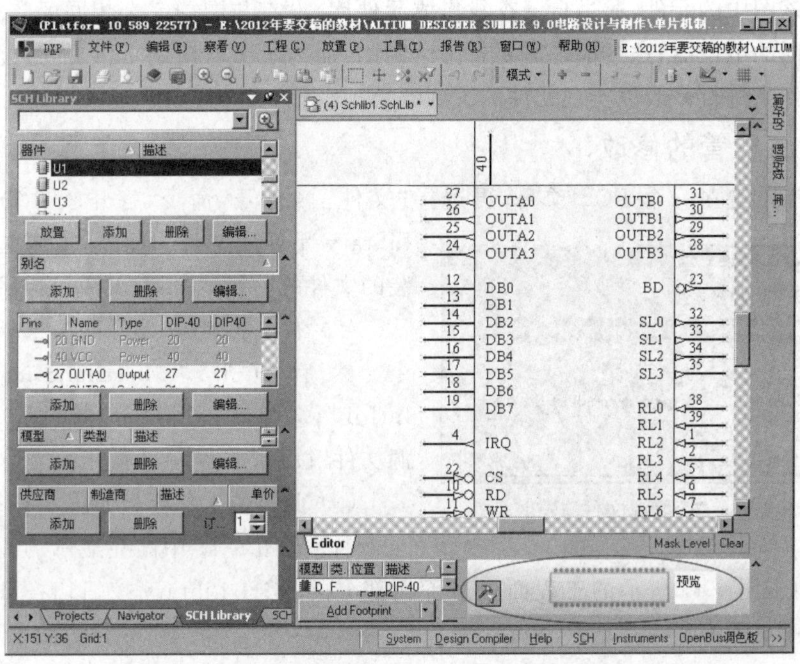

图 6-42　已经成功添加封装的元件结果

6.5　修改集成元件库中的元件

下面出示一张原理图，如图 6-43 所示。

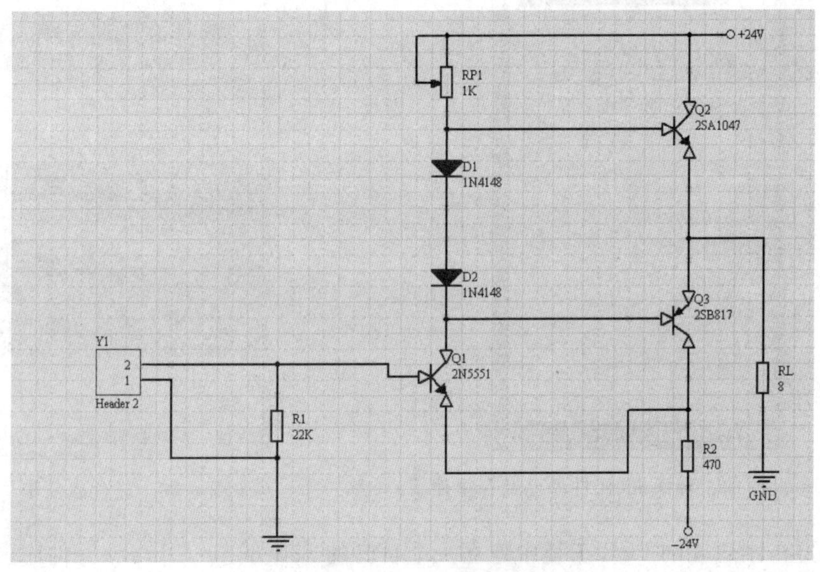

图 6-43　原理图示例

看下该图中的元件，通过自己查找集成元件库，没有与图中完全相同的三极管，也没有完全相同的电位器，这些都是需要自己绘制的，而为了节省时间，可以通过复制集成元件库的元件来进行修改以实现元件的绘制。

6.5.1 三极管的修改

(1) 首先建立一个 PCB 项目，再选择“文件”|“打开”命令，打开软件安装目录下 Library 元件库文件。此时，主要是要找到安装的文件的路径，然后打开就可以了。

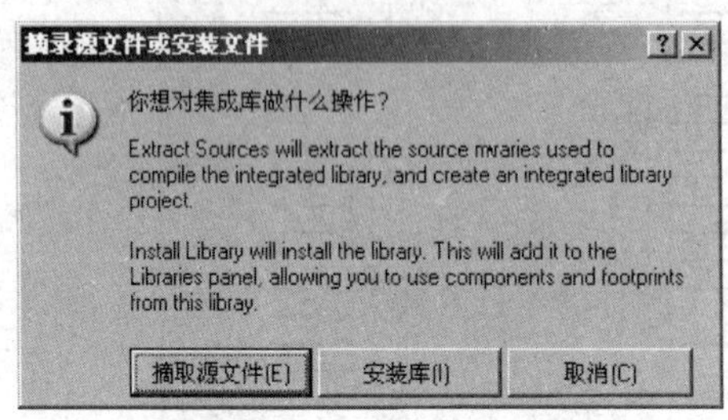

图 6-44 “摘取源文件”按钮

(2) 右击找到的“元件库”，选择“打开”命令，然后打开“Miscellaneous Devices.IntLib”，会弹出一个提示对话框，单击“摘取源文件”按钮，如图 6-44 所示。

(3) 此时的工程面板如图 6-45 所示。

(4) 在图 6-45 中高亮显示的元件库上双击，然后单击图 6-45 所示的工程面板最下面部分的 SCH Library 按钮切换到元件库面板，如图 6-46 所示。

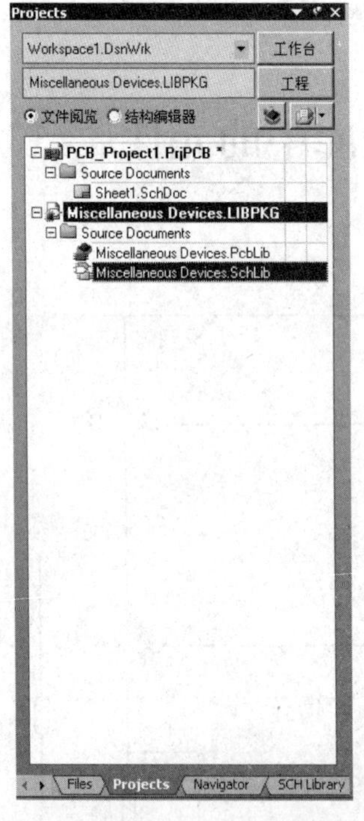

图 6-45 此时的工程面板(元件库已经在里面了)

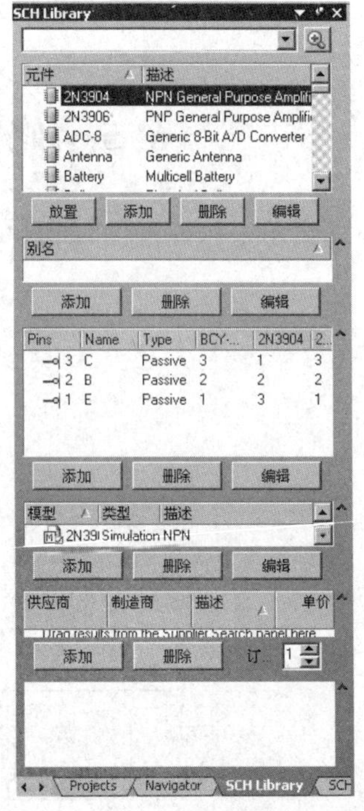

图 6-46 元件库面板

(5) 再在刚建立的 PCB 工程中建立一个自己的 Schematic Library 元件库，选择 PCB 工程，然后在 PCB 工程上右击，选择“给工程添加新的”|Schematic Library 命令建立一个自己的元件库，即可在 PCB 工程中增加自己的元件库，如图 6-47 所示。

（6）切换到集成元件库的面板中，在图 6-46 中选择 2N3904 进行复制，如图 6-48 所示。

图 6-47　增加了自己的元件库

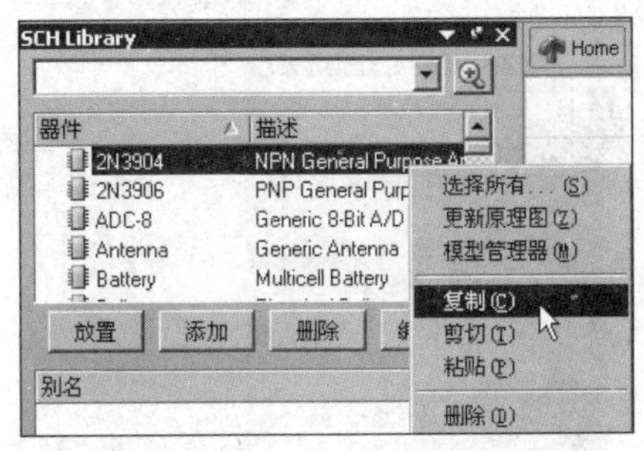

图 6-48　选择并复制集成的元件库元件

（7）复制元件后切换到自己的 Schlib1. SchLib 库文件面板，如图 6-49 所示。然后，在图 6-50 中右击选择“粘贴”命令。

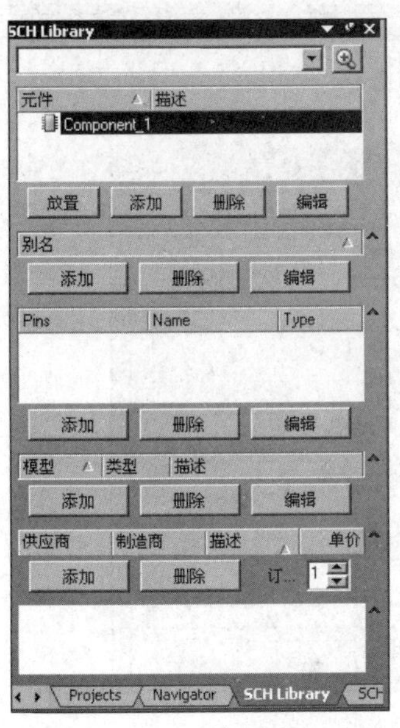

图 6-49　自己的库文件面板

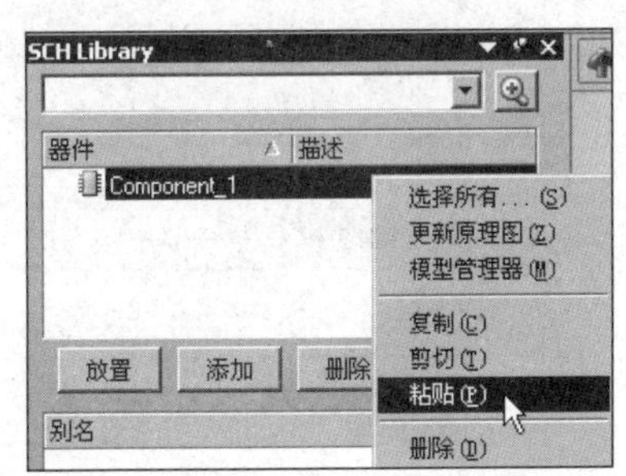

图 6-50　粘贴元件到自己的库中

（8）粘贴完后便可以对“2N3904”进行修改，修改前对格点进行设置，选择“选项”|“文档选项”命令，如图 6-51 所示。

（9）出现“库编辑器工作台”对话框，在图 6-52 中将“栅格”处的“10”改为“1”就行了。

（10）单击图 6-53 中的三角形箭头。

（11）然后，移动鼠标到元件库图中的三极管中放置小三角形，在放置过程中可以按 Space 键进行方向的转换，将三极管原来的 3 个引脚先移动到旁边，如图 6-54 所示。

（12）然后，双击每个三角形，也可以在放置小三角形过程中按 Tab 键，这两种方式都是会弹出图 6-55 所示的对话框，在其中将线宽设置为“Small”，颜色设置为“蓝色”。

（13）经过修改后的图形如图 6-56 所示。

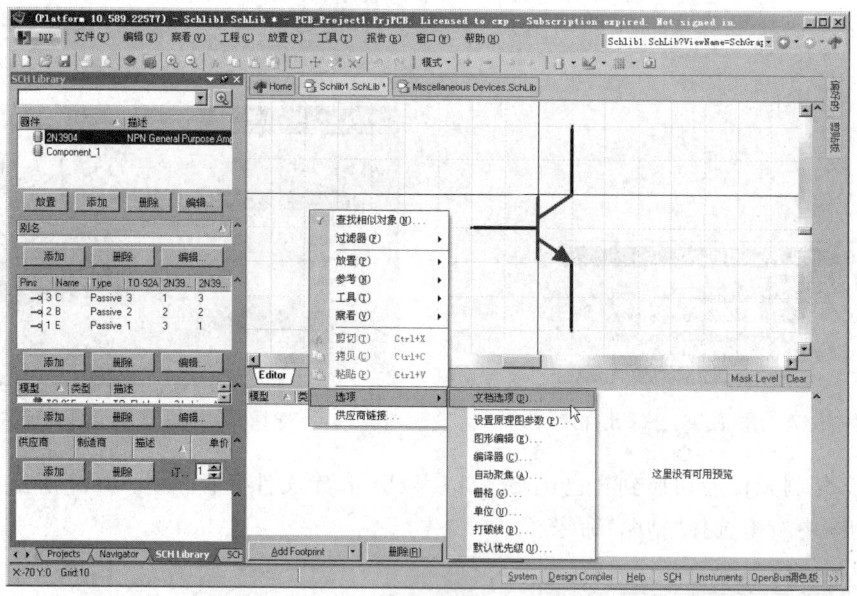

图 6-51 选择"文档选项"命令

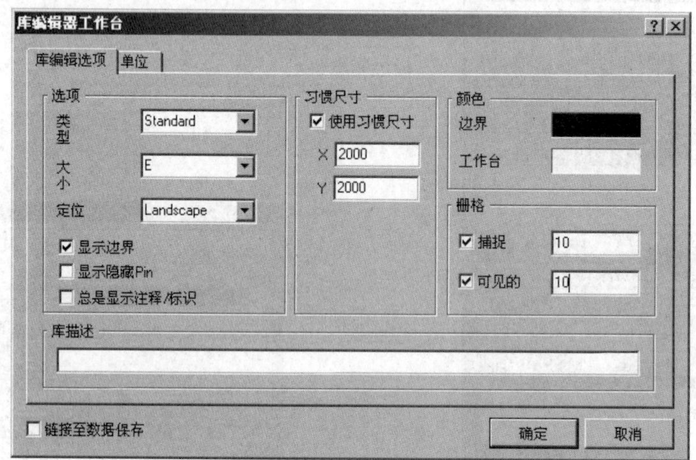

图 6-52 更改"栅格"区域

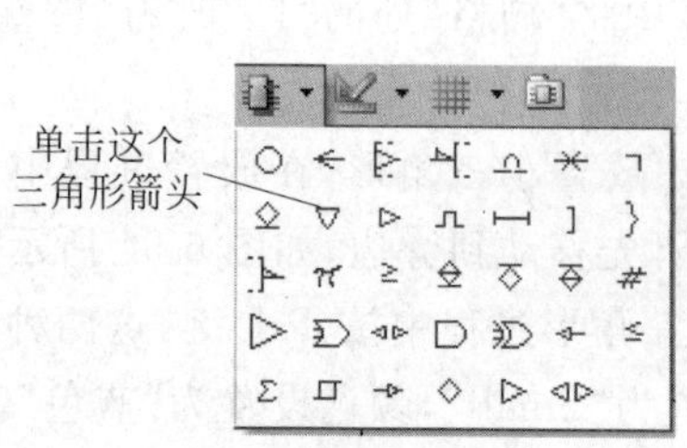

图 6-53 选择箭头

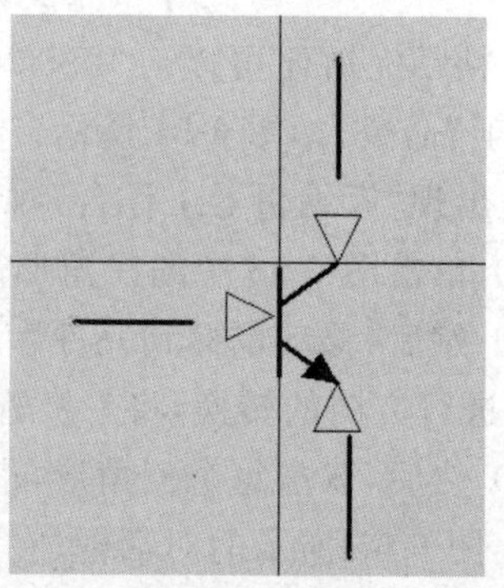

图 6-54 放置小三角形

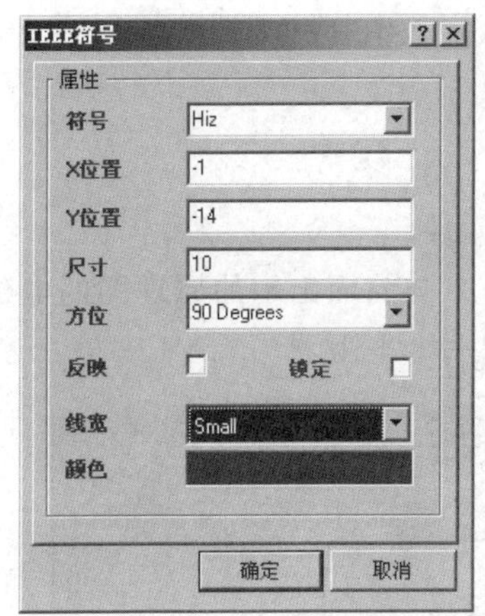

图 6-55　设置小三角形的线宽和颜色

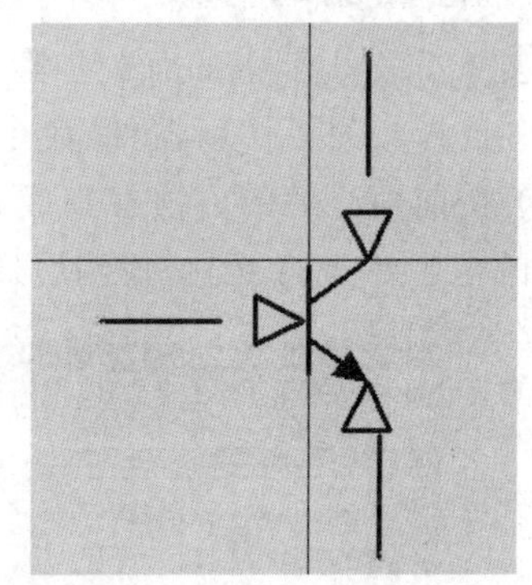

图 6-56　修改后的图形

(14) 移动元件原有的引脚，放置完成的元件如图 6-57 所示。然后，保存该元件和自己绘制的元件库到一个自己定义的路径中，并要记住自己保存的路径。

(15) 其他的几个三极管的修改方法相同，不再赘述。电位器 RP 的绘制方法与这个三极管也差不了多少，只是要注意那个箭头的绘制方法。

元件完成后，在绘制原理图中需要安装自己的元件库，然后将它们放置在原理图中，安装方法与前面介绍的安装集成元件库的方法一样，需要选择自己的元件库。打开“库”面板，然后单击“元器件库”按钮弹出“可用库”对话框，再单击“安装”按钮选择自己的元件库进行安装。要注意的是，在“文件类型”的下拉列表中要选择第二项，不然看不到创建的元件，如图 6-58 所示。单击“打开”按钮，就可以在“库”面板中看到自己的元件了。然后，放置元件的方法与前面一样，但是要注意的是此时，如果直接拖动到原理图中，元件会显示不正常，所以需要通过放置命令，或者双击来放置元件。

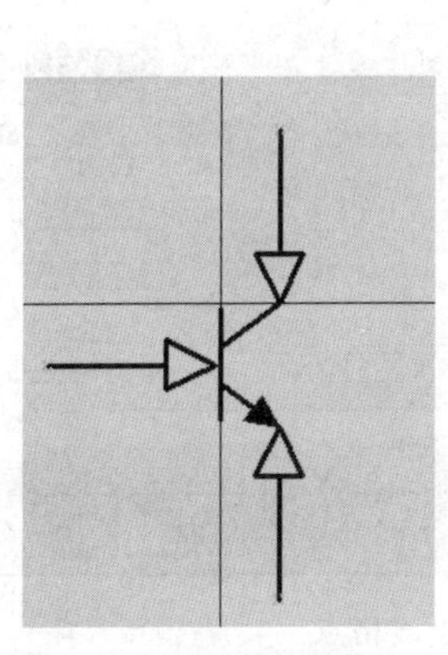

图 6-57　放置完成的元件

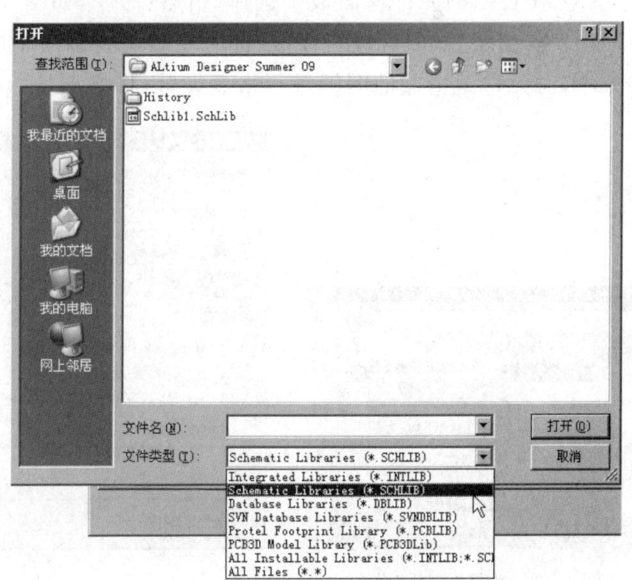

图 6-58　选择自己的元件库

按以上方法可以将 Q1 2N5551、Q2 2SA1047、Q3 2SB817 创建出来。

6.5.2 电位器的修改

重复 6.5.1 小节中的有关步骤进行操作。

(1) 选择“工具”|“新器件”命令创建一个新的元件。

(2) 按前面介绍的方法在集成元件库中找到一个与前面出示的原理图的电位器外形差不多的电阻器进行复制，找到后通过图 6-59 复制一个电阻器。

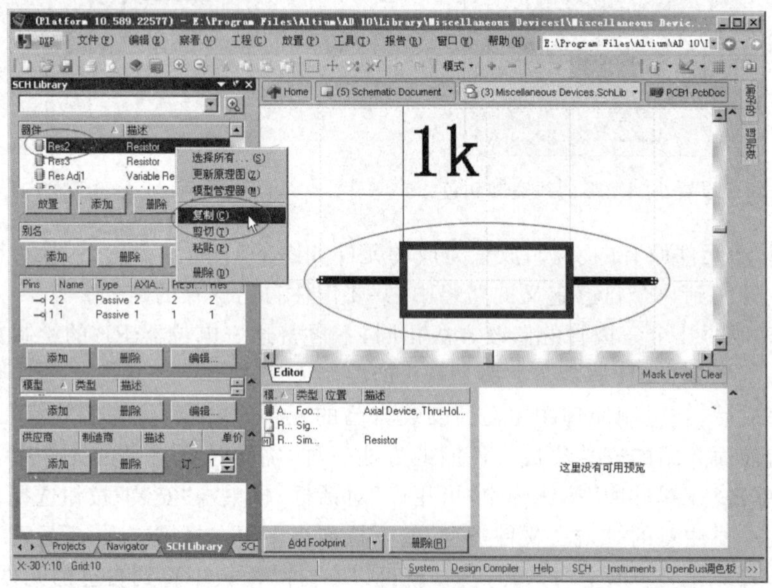

图 6-59 复制电阻器

(3) 在自己的元件库面板中选择“粘贴”命令，如图 6-60 所示。

(4) 在粘贴后，即可进行修改，此时主要是要画一个电位器的箭头。首先按前面介绍的方法，对元件编辑器的图纸进行格点设置，将格点从“10”更改为“1”，如图 6-61 所示。

图 6-60 选择“粘贴”命令

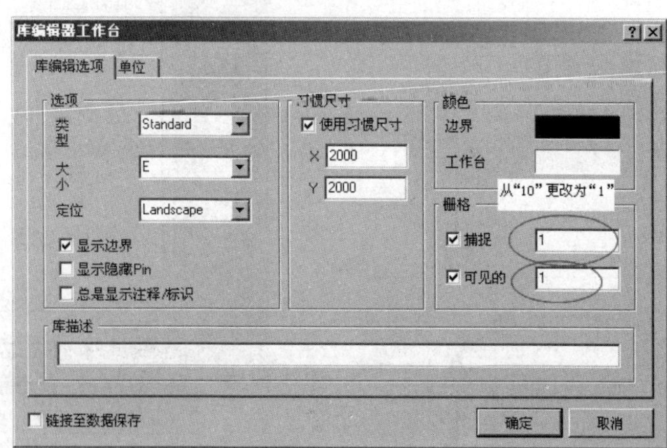

图 6-61 更改格点

(5) 单击 ⊠ 按钮，在电阻的旁边画一个小三角形，设置好三角形的边框宽度为"Small"，填充颜色为"蓝色"，如图 6-62 所示。

(6) 绘制好的小三角形如图 6-63 所示。

(7) 将小三角形移动到电阻的边框上，并放置一个引脚，如图 6-64 所示。放置引脚的方法与前面介绍的放置集成电路的引脚方法一样。设置引脚的属性如图 6-65 所示。完成的电位器如图 6-66 所示。

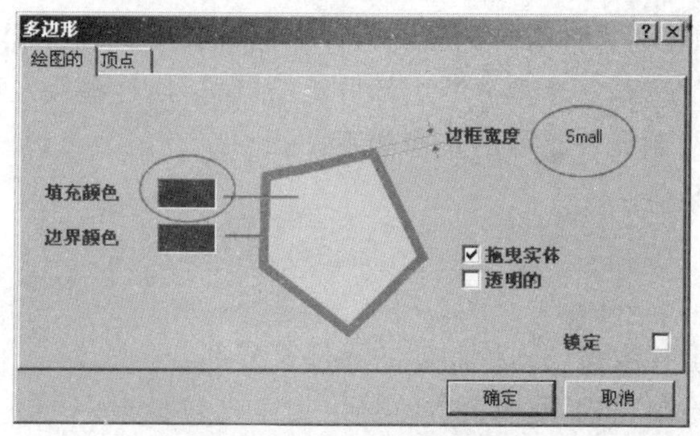

图 6-62　设置三角形的属性

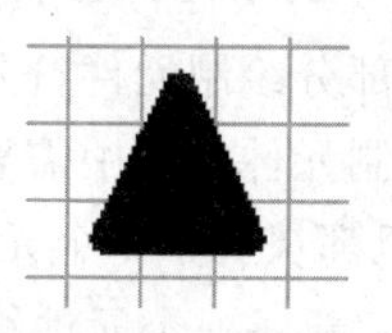

图 6-63　小三角形

图 6-64　放置一个引脚

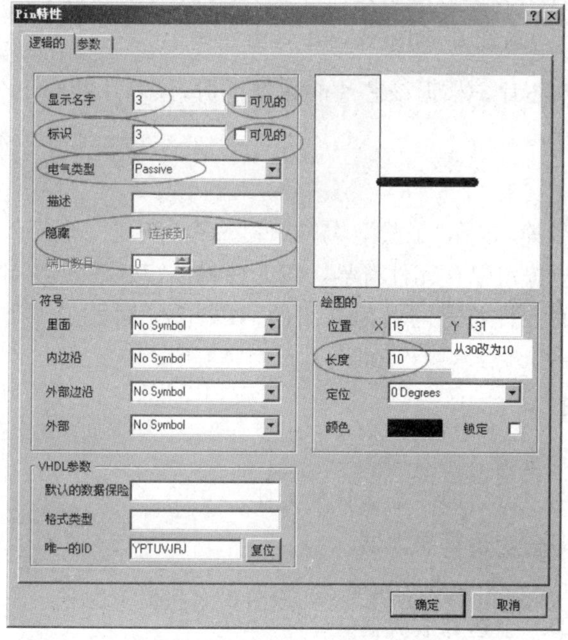

图 6-65　设置引脚的属性

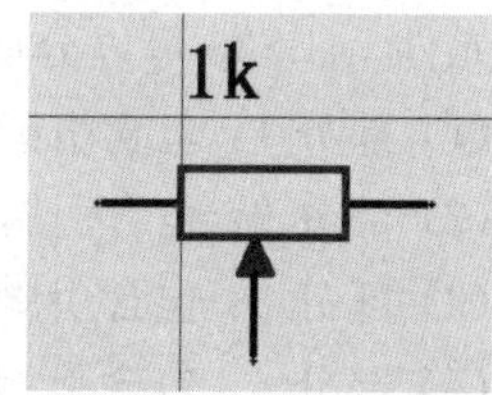

图 6-66　完成的电位器

6.6　复杂元件的绘制

随着芯片集成技术的迅速发展，芯片能够完成的功能越来越多，芯片上的引脚数目也越来越多，因此显示了一组引脚隶属于一个功能模块的情况。此外，有些单片芯片中可能集成了若干个功能相同的模块。在这种情况下，如果将所有的引脚绘制在一个元件符号上，元件符号将过于复杂，从而导致原理图上的连线混乱，且原理图会显得过于庞杂，难以管理。

针对这种情况，Altium Designer Release 10 提供了元件分部分(Part)绘制的方法来绘制复杂的元件。

6.6.1 分部分绘制元件符号

分部分绘制元件符号中的操作和普通元件符号的绘制大体相同，流程也类似，只是分部分绘制元件符号中需要对元件进行分解，一个部分一个部分地绘制符号，这些符号彼此独立，但都从属于一个元件。分部分绘制元件符号的步骤如下：

(1) 新建一个元件符号，并命名保存。

(2) 对芯片的引脚进行分组。

(3) 绘制元件符号的一个部分。

(4) 在元件符号中的新建部分，重复步骤(3)，绘制新的元件符号部分。

(5) 重复步骤(4)到所有的部分绘制完成，此时元件符号绘制完成。

(6) 注释元件符号，设置元件符号的属性。

下面将以示例芯片为例讲述具体的分部分绘制元件符号中的操作。

6.6.2 示例元件说明

这里将要绘制的元件是 74LS08 芯片。根据该芯片的数据手册，该芯片共有 14 个引脚，单片集成了 4 个运算放大器。

6.6.3 新建元件符号

打开“Schlib1.SchLib”元件符号库，选择“工具”|“新器件”命令，新建一个元件符号并将它命名为“74LS08”，单击“确定”按钮保存元件符号。该元件将以“74LS08”的名称显示在元件符号库浏览器中，新建立的元件符号与前面介绍的 NEC8279 同处于一个元件库中。

6.6.4 示例元件的引脚分组

元件 74LS08 可以分成 4 个部分绘制。

(1) 部分 1：包含引脚 11、12、13、7、14，即一个运算放大器。

(2) 部分 2：包含引脚 1、2、3，即一个运算放大器。

(3) 部分 3：包含引脚 8、9、10，即一个运算放大器。

(4) 部分 4：包含引脚 4、5、6，即一个运算放大器。

6.6.5 元件符号中一个部分的绘制

在完成元件符号的新建之后，可以开始在工作窗口中绘制元件的第一部分。元件第一部分的绘制和整个元件的绘制方法相同，都是绘制一个三角形边框再添加上引脚，然后对元件符号进行注解。整个元件的绘制基本上采用 工具按钮即可绘制完成。

绘制步骤如下：

(1) 单击“画图”工具栏中的 按钮，进入绘制边框线段的状态。

(2) 绘制一段圆弧,如图 6-67 所示。

注意:当绘制图形时默认线的粗细选择是“Large”,可以更改为“Small”。在绘制圆弧时,可以按 Tab 键进行属性设置,如图 6-68 所示。线宽为“Small”,颜色默认为“蓝色”,可以修改,也可以保持默认设置。

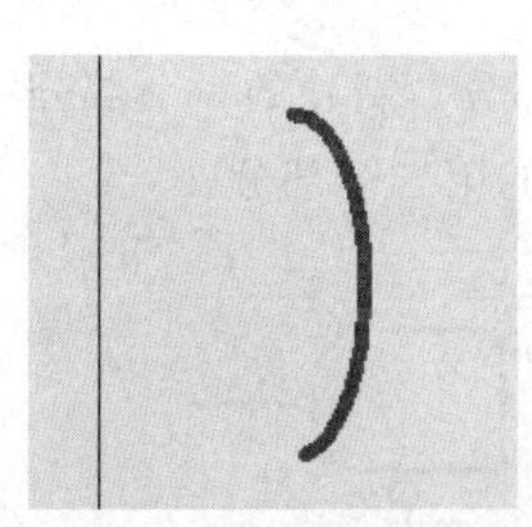

图 6-67　绘制一段圆弧

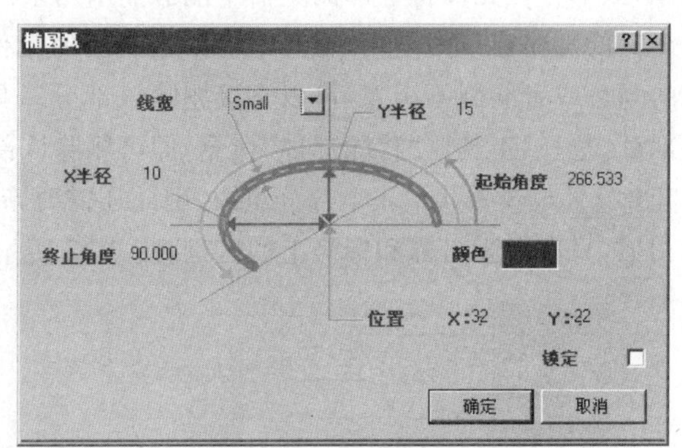

图 6-68　设置圆弧的属性

(3) 然后,再单击 ⁄ 按钮绘制线段,组合为一个封闭的图形,如图 6-69 所示。在绘制线段的过程中,同样可以设置线段的属性,如图 6-70 所示。此处,也可以修改线宽、线的颜色等。

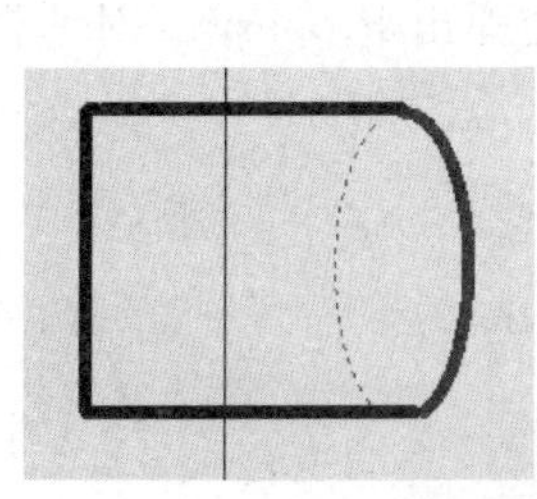

图 6-69　封闭的图形

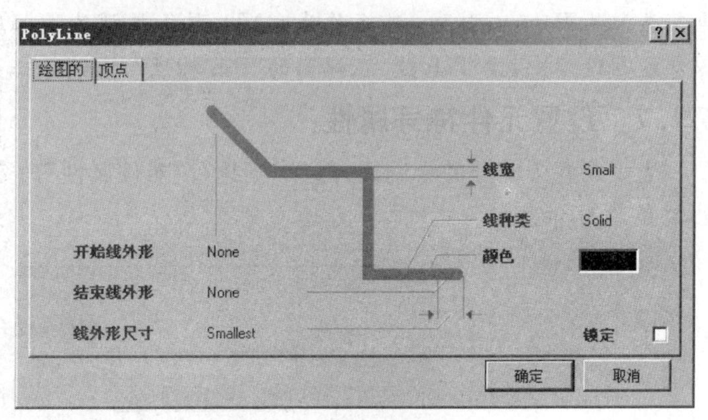

图 6-70　线段属性设置

(4) 放置引脚,在元件的第一部分包含 5 个引脚,5 个引脚属性设置如下。

① 引脚 1:名称为 1,标号为 1,电气类型为 Input。各个脚的属性设置的“Pin 特性”对话框就不再截图了,与前面的 NEC8279 的引脚属性设置的方法一样。

② 引脚 2:名称为 2,标号为 2,电气类型为 Input。

③ 引脚 3:名称为 3,电气类型为 Output。

④ 引脚 7:名称为 VCC,电气类型为 Power,属性为隐藏。

⑤ 引脚 14:名称为 GND,电气类型为 Power,属性为隐藏。

注意:7 脚和 14 脚这两个引脚是隐藏的,就放置在图中的任意一个位置,设置好隐藏属性,设置方法与前面的 NEC8279 的引脚中的 40 脚、20 脚的属性设置的方法一样。

绘制完成的元件符号如图 6-71 所示。

6.6.6 新建/删除一个部分

在完成元件符号第一部分的绘制后，选择“工具”|“新部件”命令，即可新建一个部分的操作，该部分在元件符号库浏览器中能够显示出来。

此时的工作窗口中空白，在其中可以绘制新的元件符号部分。如果设计者对于元件部分的划分或者绘制不满意，可以直接删除该部分。具体操作是在元件符号库浏览器件对应部分，选择“工具”|“移除部件”命令，即可删除该部分。

元件 74LS08 一共由 4 个部分组成，因此还需要新建 3 个部分。新建的 3 个部分符号非常相似，只有引脚名称和标号上的区别，图 6-72 所示为绘制的第二个部分。

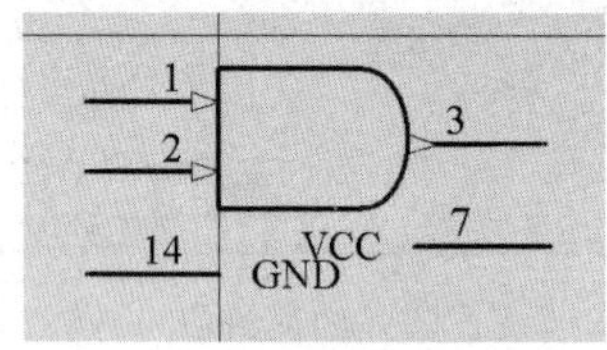

图 6-71 绘制完成的元件符号

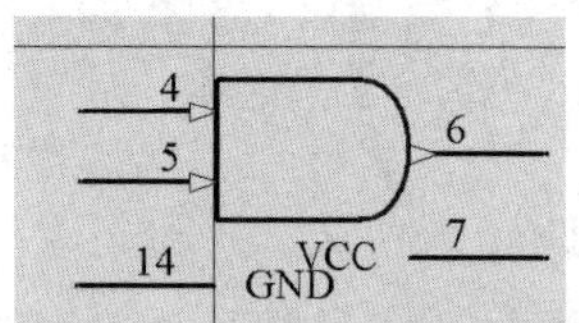

图 6-72 74LS08 的第二个部分

按照相同的方法对第三部分、第四部分进行绘制。

注意：这 4 个部分中的每个部分都是要绘制电源的两个脚，即引脚 7，名称为 VCC，电气类型为 Power；引脚 14，名称为 GND，电气类型为 Power。这两个引脚在绘制时，可以在绘制过程中，按 Tab 键，在弹出的“Pin 特性”对话框中，设置这两个引脚隐藏。

6.6.7 设置元件符号属性

当完成各个部分的绘制后，选择“工具”|“器件属性”命令，会弹出 Properties 对话框，如图 6-73 所示。

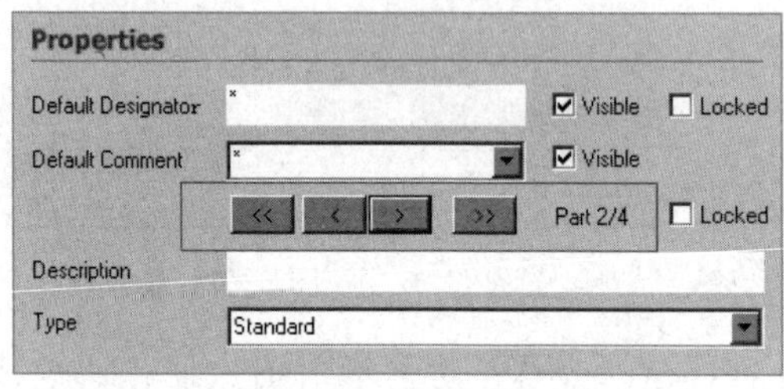

图 6-73 元件属性对话框

在图 6-73 中，可以设置元件符号的属性。在这里，对元件 74LS08 的属性设置如下。

(1) Default Designator：该项设置为“U”。

(2) Default Comment：该项应该设置为元件符号的名称“74LS08”。

在完成属性设置后，该元件的符号也绘制完毕。

注意：同样可以按照前面的 NEC8279 添加封装的方法增加它的封装，增加的步骤就不再赘述了。

6.6.8　分部分元件符号在原理图上的引用

分部分元件符号在原理图上的引用和普通元件符号引用类似，加载元件所在的元件符号库，在原理图上就可以引用，在原理图上默认放置的将是元件的第一个部分。如果想要引用其他部分，双击元件弹出元件属性编辑对话框，在该对话框中有图 6-73 所示的一排按钮，通过单击按钮可以改变在原理图上引用的部分。

6.7　元件的检错和报表

在“报告”菜单中提供了元件符号和元件符号库的一系列报表，通过报表可以了解某个元件符号的信息，对元件符号的自动检查，也可以了解整个元件库的信息。

6.7.1　元件符号信息报表

打开 SCH Library 面板后，选择元件符号库元件列表中的一个元件，选择“报告”|“器件”命令，将自动生成该元件的信息报表。

在报表中给出的信息包括元件由几个部分组成、每个部分包含的引脚以及引脚的各种属性。报表中特别给出了元件符号中的隐藏引脚以及具有 IEEE 说明符号的引脚等信息。

6.7.2　元件符号错误信息报表

Altium Designer Release 10 提供了元件符号错误的自动检测功能。选择“报告”|“器件规则检查”命令，弹出图 6-74 所示的“库元件规则检测”对话框，在该对话框中可以设置元件符号错误检测的规则。

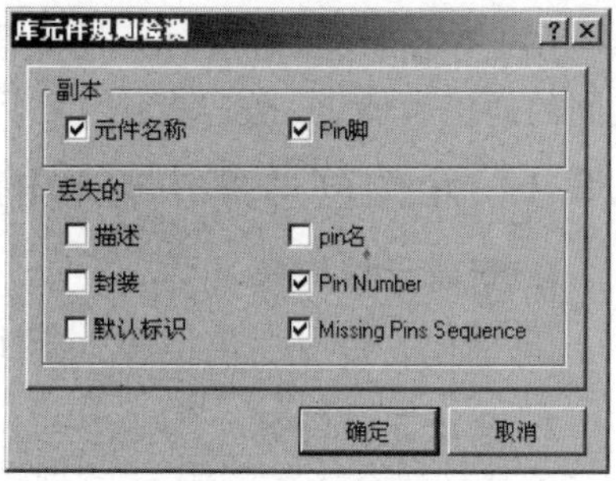

库元件规则检测

副本	
☑ 元件名称	☑ Pin脚
丢失的	
☐ 描述	☐ pin名
☐ 封装	☑ Pin Number
☐ 默认标识	☑ Missing Pins Sequence

确定　取消

图 6-74　“库元件规则检测”对话框

各项规则的意义如下。

(1) “副本”选项组

① “元件名称”：元件符号库中是否有重名的元件符号。

② “Pin 脚”：元件符号中是否有重名的引脚。

(2) “丢失的”选项组

① “描述”：是否缺少元件符号的描述。

② “pin 名”：是否缺少引脚名称。

③ “封装”：是否缺少对应引脚。

④ Pin Number：是否缺少引脚号码。

⑤ “默认标识”：是否缺少默认标号。

⑥ Missing Pins Sequence：在一个序列的引脚号码中是否缺少某个号码。

在完成设置后，单击“确定”按钮将自动生成元件符号错误信息报表。然后，再选中所有复选框后对元件符号进行检测，生成的错误信息报表如下：

```
Component Rule Check Report for : F: \Altium Designer Release 10\Schlib2.SchLib

Name                    Errors
```

```
------------------------------------------------------------------
NEC8279            (No Footprint) (No Description)
74LS08             (No Footprint) (No Description)
```

从信息报表中可以看出两个元件没有描述，没有封装。因此，通过这项检查，设计者可以打开元件库中的元件符号并将没有完成的元件绘制完成。

6.7.3 元件符号库信息报表

选择“报告”|“库列表”命令，将生成元件符号库信息报表。这里对 Schlib1. SchLib 元件符号库进行分析，得出以下报表。

```
CSV text has been written to file : Schlib1.csv

Library Component Count : 2

Name            Description
------------------------------------------------------------------
---------------------------------

74LS08
NEC8279
```

在报表中，列出了所有的元件符号名称和对它们的描述。

6.8 元件的管理

在工作面板中，可以对元件符号库中的符号进行管理，并提供库和当前设计的原理图之间的通信。

6.8.1 元件符号库中符号的管理

1. 新建元件符号

在元件符号库中，单击 Add 按钮可以新增元件符号。

2. 删除元件符号

在元件符号库中选择某个元件或者元件符号的某个部分后，单击 Delete 键即可删除选择的元件符号或部分。需要注意的是，删除元件符号没有提示，并且该操作不能恢复。

3. 编辑元件符号属性

在元件符号库中选择某个元件或者元件符号的某个部分后，单击 Edit 按钮即可编辑该元件符号的属性。

4. 编辑元件符号的引脚

在元件符号库中选择某个元件或者元件符号的某个部分后，在面板中将显示该元件符号的引脚，图 6-75 所示为 74LS08 的引脚。

在引脚列表中，双击引脚即可弹出引脚属性编辑对话框，也可以单击“编辑”按钮，进入元件引脚属性编辑对话框。

6.8.2　元件符号库与当前原理图

在面板中的元件符号列表中选中一个元件，单击Place按钮后，系统将跳转到当前的原理图中，鼠标指针上将附加着选中的元件符号。例如，单击 74LS08 的 A 部分，在单击Place按钮后，自动切换到原理图中，效果如图 6-76 所示，此时可以在原理图上放置该元件符号，具体的放置操作和前面章节讲述的相同。

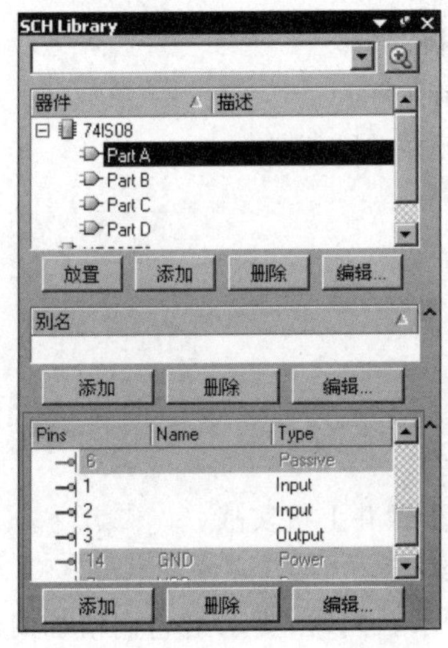

图 6-75　74LS08 的引脚

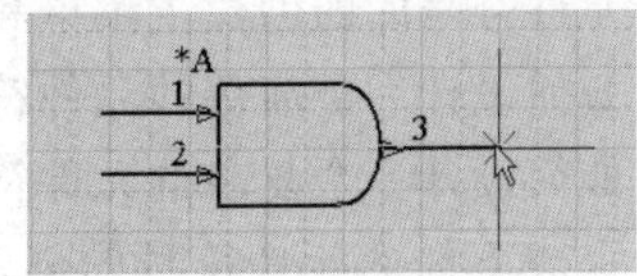

图 6-76　自动跳转并带着元件

本 章 小 结

本章向读者详细介绍了元件符号的绘制工具及绘制方法，并讲述了简单元件及分部分绘制的复杂元件的绘制方法，同时介绍了修改集成元件库中的元件的方法。读者通过学习利用绘制工具可以方便地建立自己需要的元件符号。

主要知识点如下：

1. 设计原理图元件的步骤。

(1) 首先绘制原理图元件的外形。原理图元件的外形一般用矩形图来表示。

(2) 放置元件引脚。当放置元件引脚时，可以一边放置元件引脚，一边修改元件的属性(如元件显示名称、标识符、电气类型)，也可以在全部引脚放置完成后再修改引脚属性。

(3) 给原理图元件重命名。

(4) 修改原理图元件的属性，如为原理图元件添加封装等。

2. 绘制复杂元件的方法。

(1) 新建一个元件符号，并命名保存。

(2) 对芯片的引脚进行分组。

(3) 绘制元件符号的一个部分。

(4) 在元件符号中的新建部分，重复步骤(3)，绘制新的元件符号部分。

(5) 重复步骤(4)到所有的部分绘制完成，此时元件符号绘制完成。

(6) 注释元件符号，设置元件符号的属性。

3. 手动绘制原理图元件。

在绘制原理图时，有时需要自己手动绘制原理图元件，此时可以将集成元件库的元件复制到自己的元件库里进行编辑修改，方法如下：

(1) 打开集成元件库。

(2) 双击集成元件库，使其面板为当前工作面板。

(3) 激活标签栏内的 SCH Library 面板并复制元件。

(4) 激活自己的元件库中的 SCH Library 面板并粘贴元件。

(5) 进行元件的更改并保存。

习　题　6

1. 简述元件符号库的创建方法。

2. 元件符号库的创建主菜单和工具栏有哪些？

3. 如何设计一个简单的元件符号？写出操作步骤并上机实战。

4. 如何设计一个复杂的元件符号？上机实战练习。

5. 完成下面的元件符号的创建，如图 6-77 所示。同时，要求给它们增加封装模型。其中，16 脚为 VCC，隐藏，电气类型为 Power；8 脚为 GND，隐藏，电气类型为 Power。

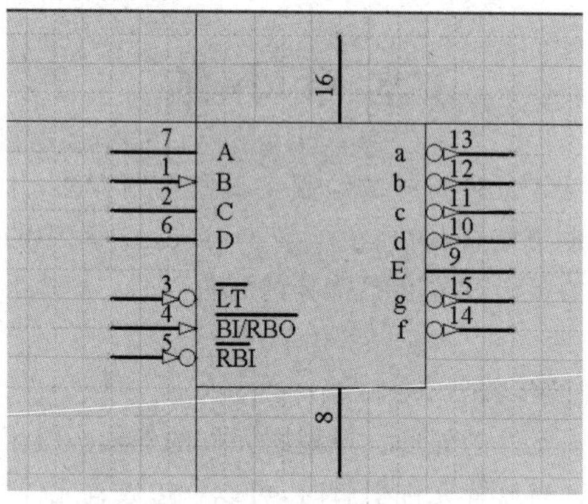

图 6-77　原理图

第 7 章

PCB 封装库文件及元件封装设计

本章导读：虽然 Altium Designer 10.0 提供了丰富的元件封装库，但是在实际绘制 PCB 文件的过程中还是会经常遇到所需元件封装在 Altium Designer 10.0 提供的封装库中找不到的情况。这时，设计人员就需要自己设计元件封装，根据元件实际的引脚排列、外形、尺寸大小等创建元件封装。

本章将详细介绍如何进行封装库的创建、元件封装的设计、元件封装的管理及元件封装报表的生成等操作。

学习目标：

(1) 掌握 PCB 封装元件文件创建方法。

(2) 掌握手动绘制元件封装的技巧。

(3) 掌握通过向导绘制元件封装的技巧。

(4) 掌握手动修改向导绘制的元件封装的技巧。

(5) 掌握对 Altium Designer 10.0 集成 PCB 元件库的复制、粘贴并编辑的技巧。

(6) 掌握元件封装的管理及元件封装报表的生成等操作。

7.1 封装库文件管理及编辑环境介绍

7.1.1 封装库文件

在绘制 PCB 文件的过程中，有时不能在现有封装库中找到所需的元件封装，此时用户需要创建自己的封装库并且自己绘制元件封装。新建封装库文件的方法很简单，选择“工程管理”|“给工程添加新的”|PCB Library 命令，系统即可在当前工程中新建一个 PcbLib 文件，如图 7-1 所示。此外，也可通过选择“新建”|“库”|“PCB 元件库”命令创建封装库文件。

图 7-1 新建 PcbLib 文件

7.1.2 编辑工作环境介绍

打开 PCB 库文件，系统进入元件封装编辑器，该编辑工作环境与 PCB 编辑器环境类似，如图 7-2 所示。元件封装编辑器的左边是 PCB Library 面板，右边是绘图区。

图 7-2 元件封装编辑器

7.2 新建元件封装

在封装库中,可以通过手动的方法或借助向导创建元件封装。

7.2.1 手动创建元件封装

元件封装由焊盘和图形两部分组成,这里以图 7-3 所示的元件封装为例介绍手动创建元件封装的方法。

1. 新建元件封装

在 PCB Library 面板中的“元件”列表栏内右击,系统弹出快捷菜单,选择“新建空白元件”命令即可新建一个空的元件封装。在“元件”列表栏双击该新建元件,系统弹出“PCB 库元件”对话框,用户可修改元件的名称、高度及描述信息,在此输入封装名称“4-POWER”,如图 7-4 所示。

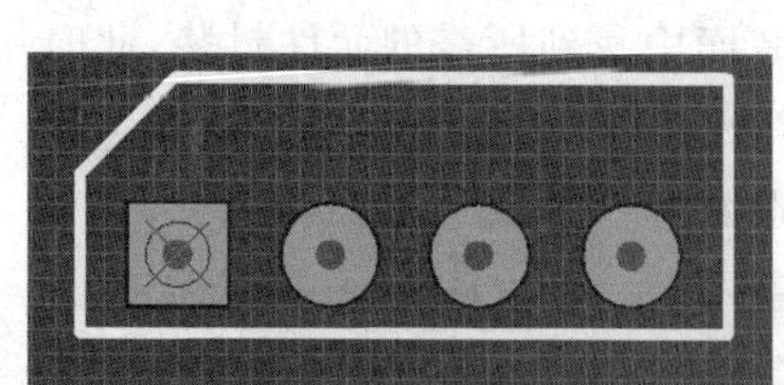

图 7-3 4 个引脚的连接线插座封装

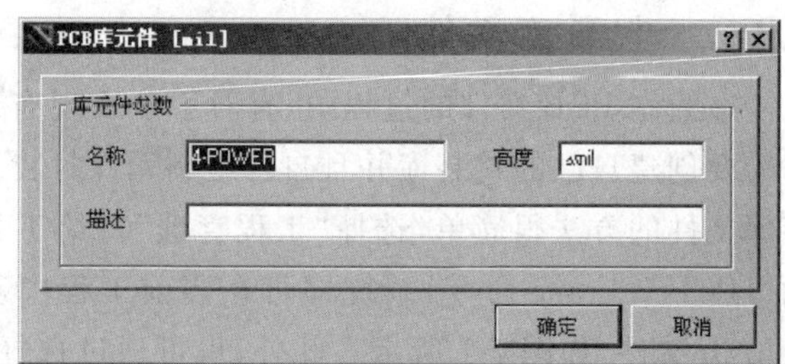

图 7-4 “PCB 库元件”对话框

2. 放置焊盘

在绘图区依次放置元件的焊盘,这里共有 4 个焊盘需要放置,焊盘的排列和间距要与实际元件的引脚一致。双击焊盘弹出“焊盘属性设置”对话框,如图 7-5 所示。

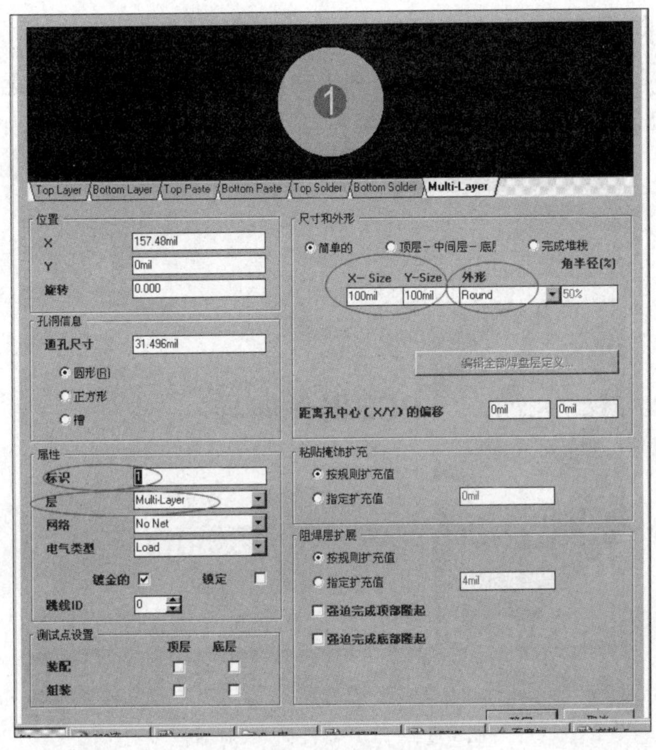

图 7-5　“焊盘属性设置”对话框

在“焊盘属性设置”对话框中，主要设置外形、X-Size、Y-Size、标识、层等属性。

放置好的焊盘如图 7-6 所示。

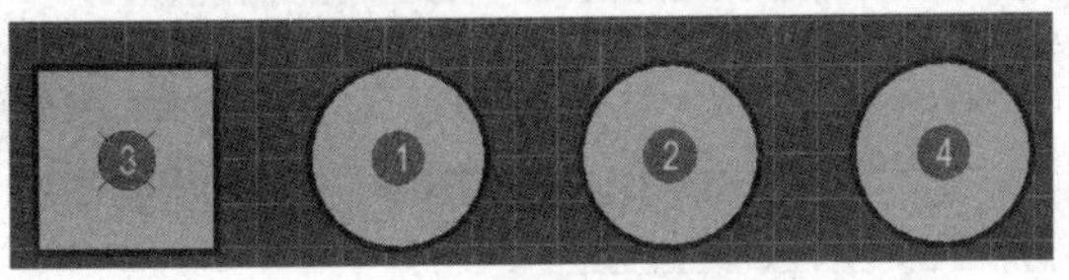

图 7-6　放置好的焊盘

3. 绘制图形

在 Top Overlay 层绘制元件的图形，绘制的图形需要参照元件的实际尺寸和外形。绘制图形的方法与绘制原理图和 PCB 图的方法类似，在此不再赘述，绘制完成后的元件封装如图 7-7 所示。

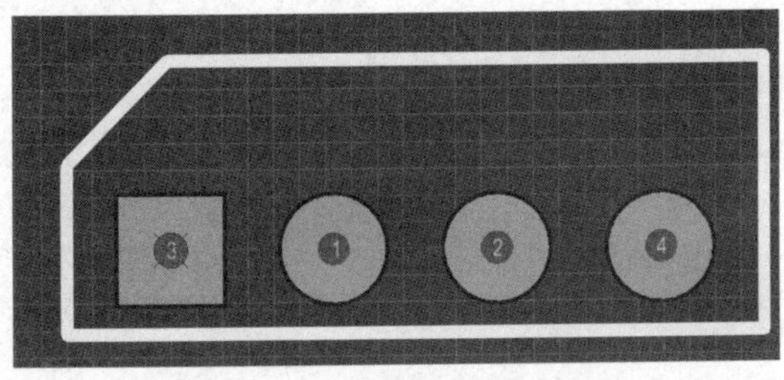

图 7-7　绘制好的元件封装

7.2.2 使用向导创建元件封装

(1) 在 PCB Library 面板中的"元件"列表栏内右击,系统弹出快捷菜单,选择"元件向导"命令即可启动新建元件封装向导。系统弹出"PCB 器件向导"对话框,如图 7-8 所示。

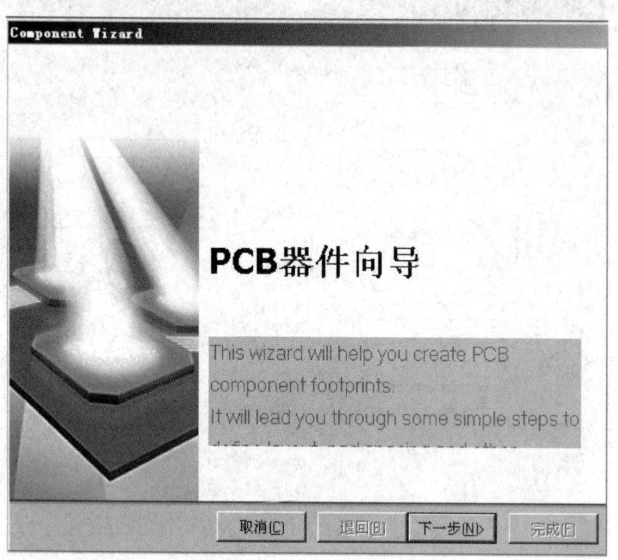

图 7-8 "PCB 器件向导"对话框

(2) 单击"下一步"按钮,进入"器件图案"对话框,从模式表中选择元件的封装类型,这里以双排贴片(SOP)式封装为例,采用英制单位,如图 7-9 所示。

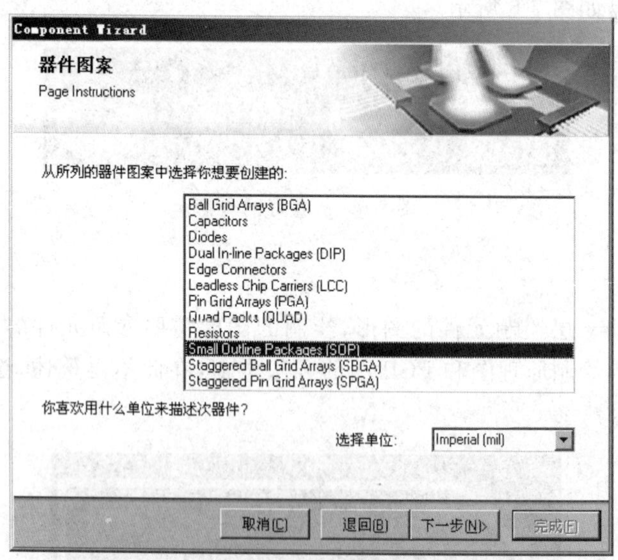

图 7-9 "器件图案"对话框

(3) 单击"下一步"按钮,进入"定义焊盘尺寸"对话框,设置焊盘高度和宽度,如图 7-10 所示。

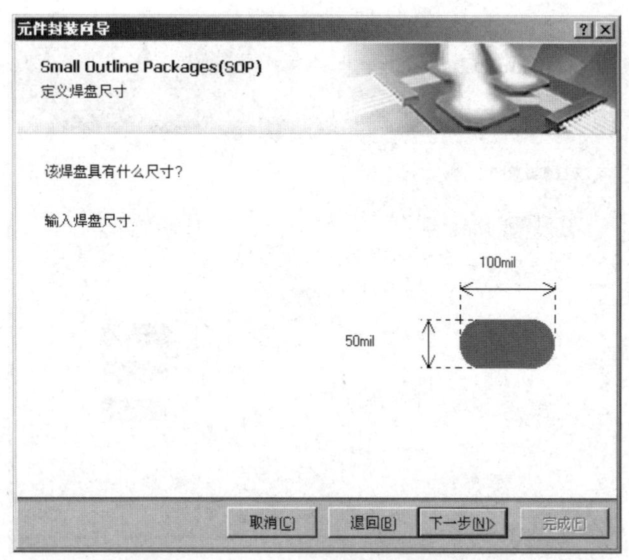

图 7-10　“定义焊盘尺寸”对话框

(4) 单击“下一步”按钮，进入“定义焊盘布局”对话框，按照用户选择的封装模式设置焊盘之间的间距，如图 7-11 所示。

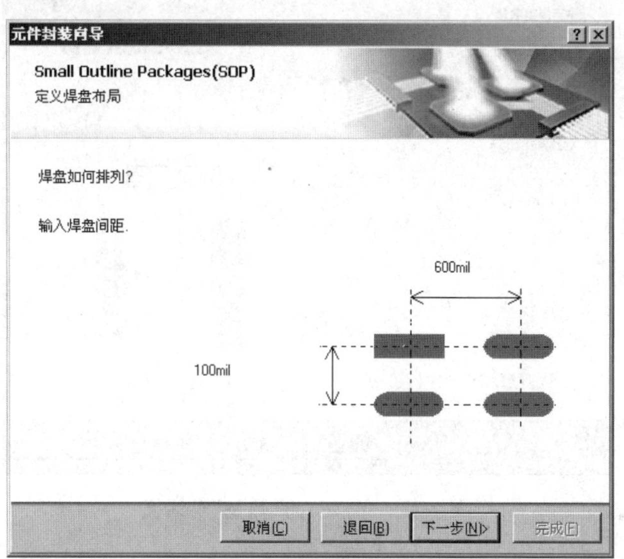

图 7-11　“定义焊盘布局”对话框

(5) 单击“下一步”按钮，进入“定义外框宽度”对话框，设置用于绘制封装图形的轮廓线的宽度，如图 7-12 所示。

(6) 单击“下一步”按钮，进入“设定焊盘数量”对话框，指定元件封装的焊盘数，不同的封装模式焊盘数有不同的限制，例如 SOP6 封装的焊盘左右各 3 个共 6 个，同时焊盘必须成对出现，如图 7-13 所示。

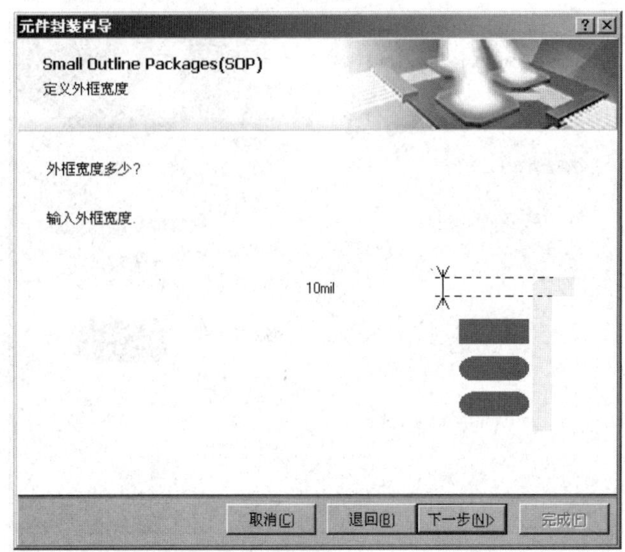

图 7-12 “定义外框宽度”对话框

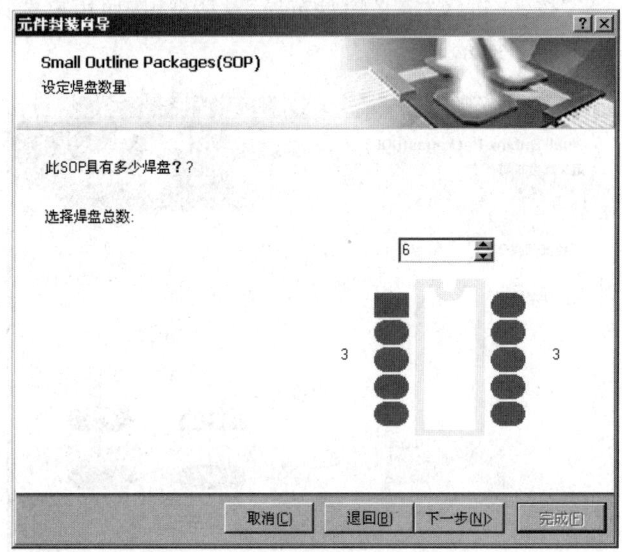

图 7-13 “设定焊盘数量”对话框

(7) 单击“下一步”按钮,进入“设定封装名称”对话框,输入元件封装的名称如 SOP6,如图 7-14 所示。

(8) 单击“下一步”按钮,进入“元件封装向导完成”对话框。

(9) 单击“完成”按钮完成元件封装的创建,创建好的元件封装如图 7-15 所示。

这里值得注意的是,在绘制元件封装时,封装轮廓和焊盘的位置应尽量靠近绘图区的坐标原点,一般将第一个(通常标识符为 1 的)焊盘放置在原点上。因为该坐标原点是元件封装的参考点,所以在 PCB 文件中放置封装时是以该参考点确定光标的位置。如果封装轮廓和焊盘的位置离参考点较远,则在 PCB 文件中放置元件封装时封装就不在光标

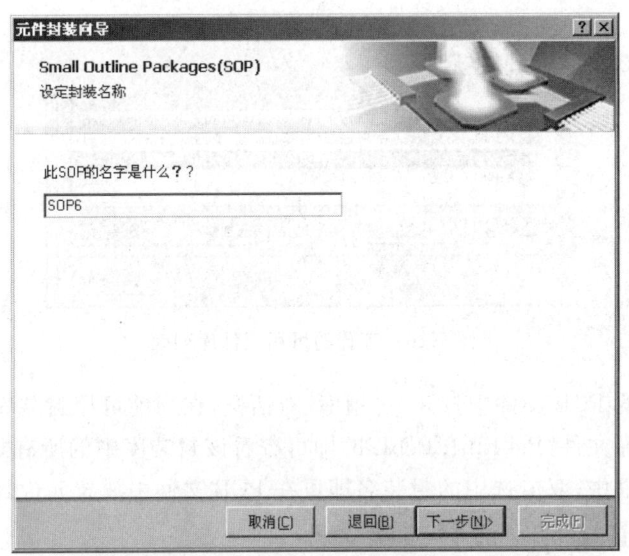

图 7-14　“设定封装名称”对话框

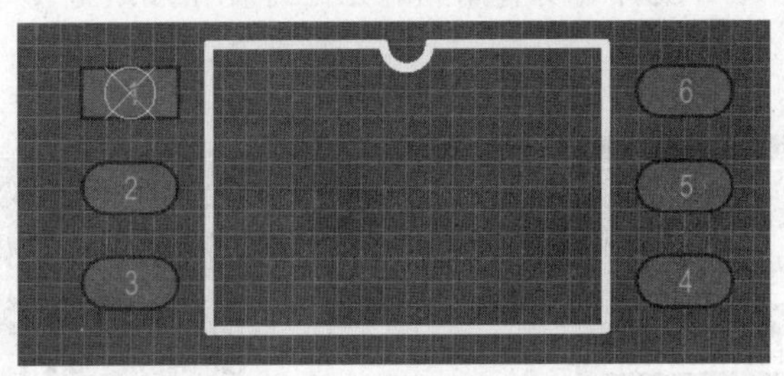

图 7-15　创建好的 DIP12 封装

附近。

注意：若向导绘制的元件封装可能不适合电路需要，则可以手动更改焊盘的形状、大小、导线的距离、方向等。后面有一个修改向导生成的元件封装实例来说明这种情形。

另外，还可以如第 6 章制作原理图元件库那样，将 Altium Designer 10.0 集成的 PCB 封装库元件复制到自己建立的 PCB Library(PCB 封装库)中进行修改编辑，如可以将一个三极管的封装复制到自己的 PCB 库中将其修改为电位器的封装，然后保存为自己的元件库，这样可以省去许多工作量，提高工作效率。操作步骤可以参见 5.8 节中的相关内容叙述，只是要注意打开的 PCB 下的库文件。

7.3　封装库文件与 PCB 文件之间的交互操作

7.3.1　在 PCB 文件中查看元件封装

在工程中新建的元件封装库将自动被添加到工程的可用元件库列表中，如图 7-16 所示。

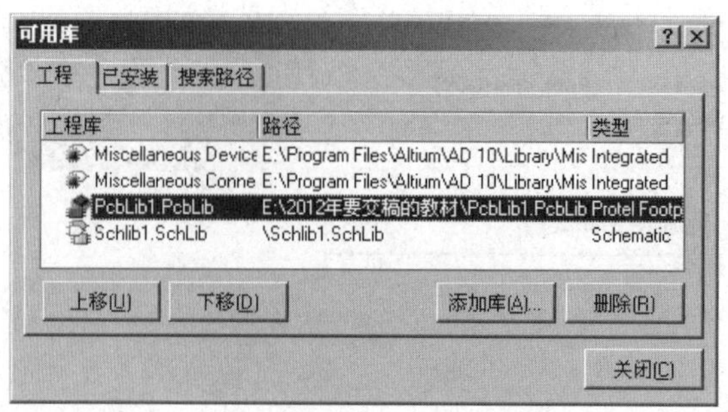

图 7-16　工程的可用元件库列表

在当前工程的 PCB 文件中打开“可用库”对话框，在当前可用封装库下拉列表中选择前面新建的封装库文件“PcbLib1.PcbLib”即可查看该封装库中的所有封装，如图 7-17 所示。在封装列表框中，双击选中的封装名即可在 PCB 文件中放置元件封装。

7.3.2　从 PCB 文件生成封装库文件

Altium Designer 10.0 提供了一个从 PCB 文件生成封装库文件的功能，该功能自动创建一个封装库并将 PCB 文件中所有用到的元件封装导入该封装库。打开一个 PCB 文件，如图 7-18 所示。

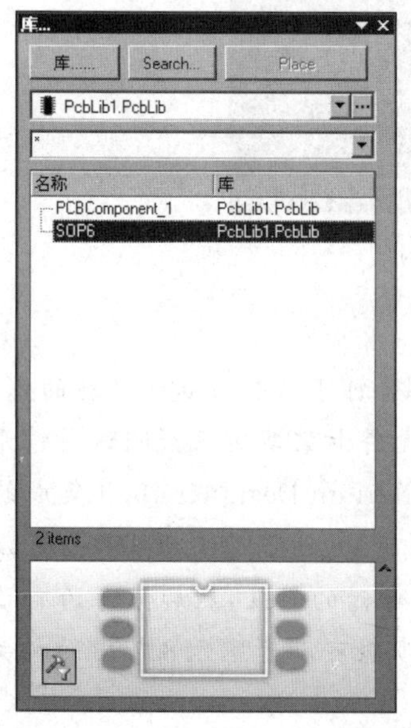

图 7-17　查看新建封装库中的封装

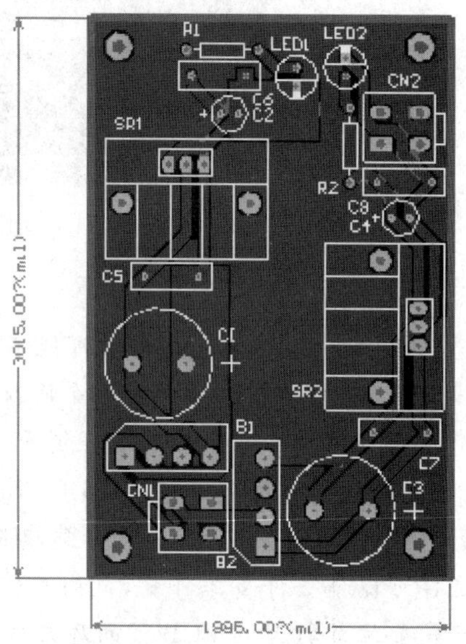

图 7-18　打开一个 PCB 文件

在 PCB 编辑器中，选择“设计”|“生成 PCB 库”命令，系统将创建一个与当前 PCB 文件同名的封装库，并将当前 PCB 文件中的所有封装添加到该库中。新生成的封装库自动处于打开状态，在封装库编辑器的 PCB Library 面板中可以查看所有封装，如图 7-19 所示。新生成的库文件为自由文档，保存在当前工程目录中，用户可以在 Projects 面板将其拖入工程文件夹中，如图7-20所示。此时，新生成的元件封装库将自动被添加到工程的

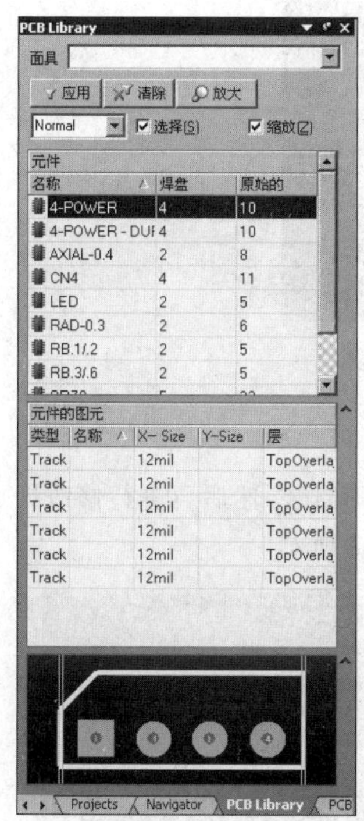

图 7-19　查看生成库中的元件封装

图 7-20　新生成的库文件

可用元件库列表中。

7.3.3　从封装库文件更新 PCB 文件

有时用户需要对 PCB 文件中用到的某些元件封装进行修改，可先从 PCB 文件生成一个元件封装库，再对该封装库中需要修改的元件封装进行编辑，然后使用 Altium Designer 10.0 提供的以封装库文件更新 PCB 文件的功能更新 PCB 文件即可。以下将详细介绍如何用封装库文件来更新 PCB 文件。

要使被更新的 PCB 文件处于打开状态，然后打开封装库文件进入 PCB 封装编辑环境，并在 PCB Library 面板中选中用来更新 PCB 文件的封装。选择“工具”|“更新 PCB 器件用当前封装”命令，则处于打开状态的 PCB 文件中与该元件封装同名的封装被替换为新的封装。

注意：如果选择“工具”|“更新所有的 PCB 器件封装”命令，则所有处于打开状态的 PCB 文件中与该封装库中同名的封装将全部被更新。

7.4　修改 PCB 封装

7.4.1　示例芯片的封装信息

本小节将绘制一个需要进一步编辑的封装，该封装名称为“SOT223”，该封装只有 4 个焊盘，左边 3 个，右边只有 1 个，如图 7-21 所示。

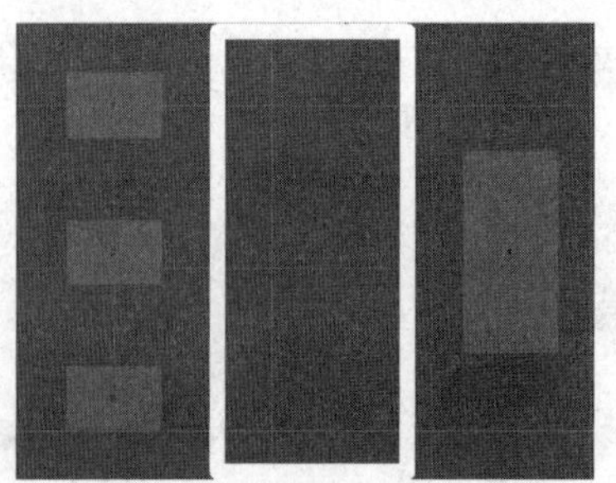

图 7-21　SOT223 封装形式

7.4.2　示例芯片的绘制

该示例芯片的封装不规则，可以采用向导绘制规则封装，然后再进行修改即可。

(1) 使用向导生成 SOP6 的封装，该封装如图 7-22 所示。

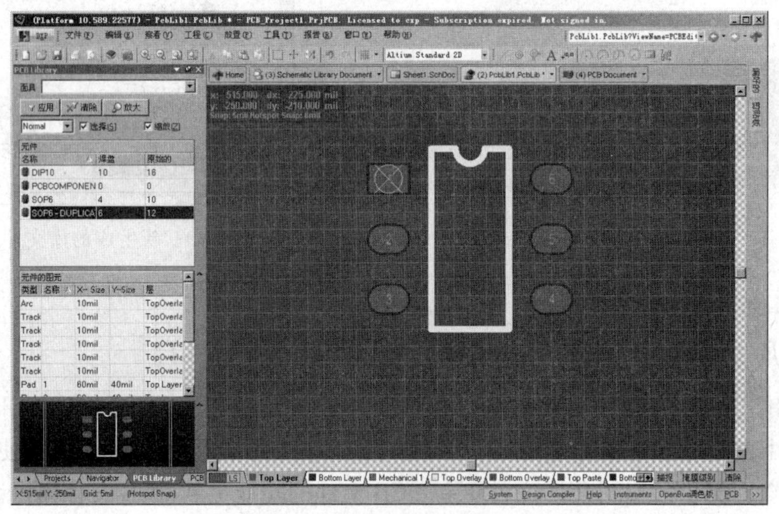

图 7-22　SOP6 的封装

在使用向导生成 SOP6 的封装时，要注意以下几点。

① 选用 SOP 封装。

② 选用 60×40 的小焊盘。

③ 选用两排焊盘间距为“250mil”，同排焊盘间距为“90mil”。

④ 保持线宽不变。

⑤ 设定引脚数目为“6”。

⑥ 设定元件名称为“SOT223”。

(2) 删除焊盘 4 和焊盘 6。

(3) 编辑焊盘 2 和焊盘 3 的属性，即改变它们的形状为“矩形”，尺寸为“60×40”，如图 7-23所示，选中焊盘，右击并从弹出的快捷菜单中选择“特性”命令，在弹出的对话框中选择“尺寸和外形”区域中的“外形”下拉列表框中的 Rectangular 选项即可改变形状为矩形。

(4) 编辑焊盘 5 的属性，即改变它的标号为“4”，形状为“矩形”，尺寸为“60×125”，如图 7-24所示。

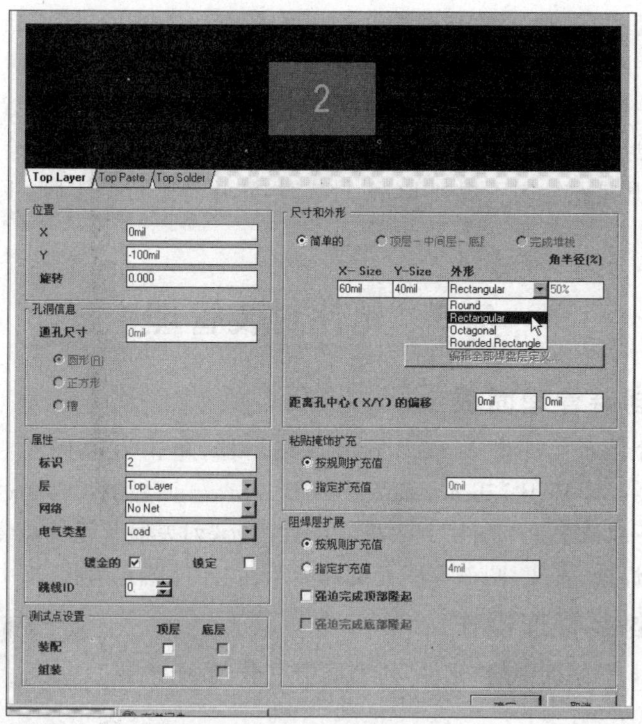

图 7-23　编辑焊盘 2 的属性

图 7-24　编辑焊盘 5 的属性

(5) 删除边框中的圆弧,并延长圆弧边上的任意一条线段,构成新的矩形方框。此时,封装的修改完成,生成图 7-21 所示的 SOT223 封装。

到此为止,一个不规则的封装已经绘制好了。设计者通过手动放置焊盘和边框的方法也可以绘制该封装,绘制出来的结果也是完全有效的。但是,手动绘制的方法容易出错,工作量大,尤其是在绘制不规则 BGA 封装时,芯片有上百个引脚,手动绘制的方法实际上是不现实的。

7.5 元件封装管理

7.5.1 元件封装管理面板

打开元件封装库文件进入 PCB 封装库编辑器,单击右边标签栏内的 PCB|PCB Library 按钮将会打开 PCB Library 面板。PCB Library 面板的顶部是过滤、屏蔽、放大图形等辅助功能,下面依次是“元件”列表框、“元件图元”列表框及元件封装预览区。当前被选中元件的所有焊盘、直线、圆弧等图元都被显示在“元件图元”列表框中。

7.5.2 元件封装管理操作

在 PCB Library 面板中的“元件”列表框中右击,系统弹出图 7-25 所示快捷菜单。

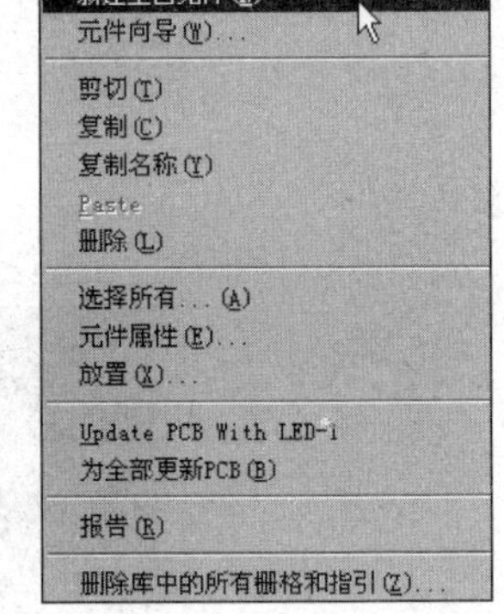

图 7-25 “元件”列表框右键快捷菜单

(1) 选择“新建空白元件”命令,新建一个空的元件封装。

(2) 选择“元件向导”命令,通过向导新建一个元件封装。

(3) “剪切”、“复制”及“复制名称”菜单分别用于对所选元件进行剪切、复制及复制元件名称的操作(此项操作在复制集成 PCB 元件封装到自己绘制的 PCB 封装库时很有用)。

(4) 选择 Paste 命令,粘贴剪切板中最新复制的一个元件到当前库文件中。

(5) 选择“删除”命令,删除当前被选中的元件,还可以通过按 Delete 键直接删除元件。

(6) 选择“元件属性”命令用于修改元件名称、高度等属性。

(7) 选择“放置”命令,在当前打开的 PCB 文件中放置被选中的元件封装。

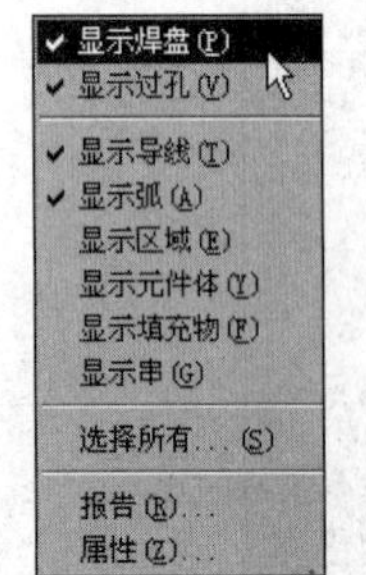

图 7-26 “元件图元”列表框右键快捷菜单

(8) 选择 Update PCB With LED-1 命令,用选中的元件封装更新当前处于打开状态的 PCB 文件。

(9) 选择“为全部更新 PCB”命令,用库中所有的元件封装对当前处于打开状态的 PCB 文件进行更新。

(10) 选择“报告”命令,生成元件封装报表。

在 PCB Library 面板的“元件图元”列表框中右击,系统弹出图 7-26 所示快捷菜单。该菜单主要用于对“元件图元”列表框中显示的内容进行选择。选择“报告”命令,将所有图元信息生成报表并打印;选择“属性”命令,修改选中图元的属性。

7.6　封装报表文件

7.6.1　设置元件封装规则检查

在元件封装绘制好以后，还需要进行元件封装规则检查。在元件封装编辑器中，选择"报告"|"元件规则检查"命令，系统弹出"元件规则检查"对话框，如图 7-27 所示。

在"元件规则检查"对话框中的"副本"中设置需要进行重复性检测的工程，重复的焊盘、重复的图元及重复的封装。在"约束"中设置其他约束条件，一般应选中"丢失焊盘名"复选框和"检查所有元件"复选框。

7.6.2　创建元件封装报表文件

在元件封装编辑器中，选择"报告"|"器件"命令，系统对当前被选中元件生成元件封装报表文件，扩展名为"CMP"。

7.6.3　封装库文件报表文件

在元件封装编辑器中，选择"报告"|"库"命令，系统对当前元件封装库生成封装库报表文件，扩展名为"REP"。

在元件封装编辑器中，选择"报告"|"库报告"命令，系统弹出"库报告设置"对话框，如图 7-28 所示。

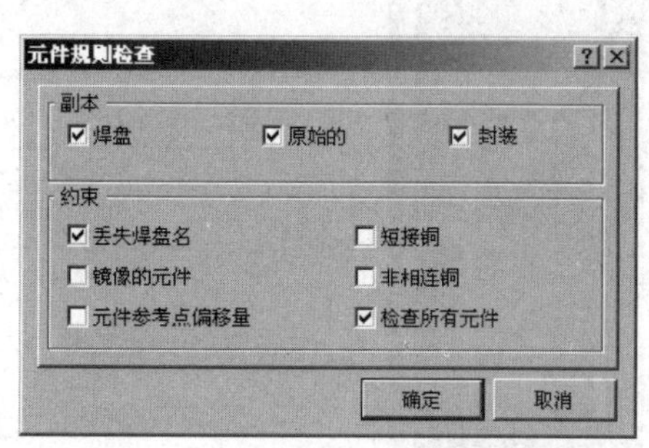

图 7-27　"元件规则检查"对话框

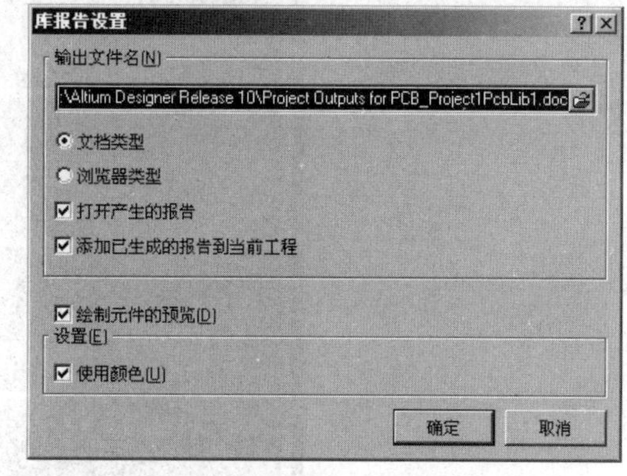

图 7-28　"库报告设置"对话框

设置报告文件的路径和文件名，选择报告采用文档风格还是浏览器风格，选中"打开产生的报告"复选框(这样在报告生成完以后将被自动打开)。单击"确定"按钮，系统对当前元件封装库生成封装库报告文件，报告文件的格式为 Word 文档格式，扩展名为"DOC"，报告生成后报告文档将自动被打开。

本章小结

本章详细介绍了如何创建封装库、设计元件封装、管理元件封装及生成元件封装报表等的操作方法和技巧。

创建元件封装要根据元件的引脚排列、外形和实际尺寸大小来设计。首先要创建封装库文件,然后新建元件封装。此外,可以使用元件封装向导来创建各种固定模式的封装,也可以直接创建一个空的元件封装。元件封装包括焊盘和元件的轮廓两部分,放置焊盘时应注意要与实际元件的引脚排列一致,焊盘间距要与实际元件的引脚间距保持一致,在绘制元件封装的轮廓时一定要注意在 Top Overlay 层的绘制。绘制好元件封装后一般要进行封装规则检查,经过检查没有问题方可使用。

本章还介绍了元件封装库的管理操作、如何从 PCB 文件生成元件封装库、如何更新 PCB 文件中的封装及创建元件封装库报表文件的操作等。

习 题 7

1. 如何创建元件封装库?如何从 PCB 文件创建元件封装库?
2. 如何用修改后的元件封装替换 PCB 文件中的元件封装?
3. 如何创建元件封装报表和封装库文件报表?
4. 如何进行元件封装规则检查?
5. 如何剪切、复制、粘贴、删除封装库中的元件封装?
6. 绘制图 7-29 所示的封装。

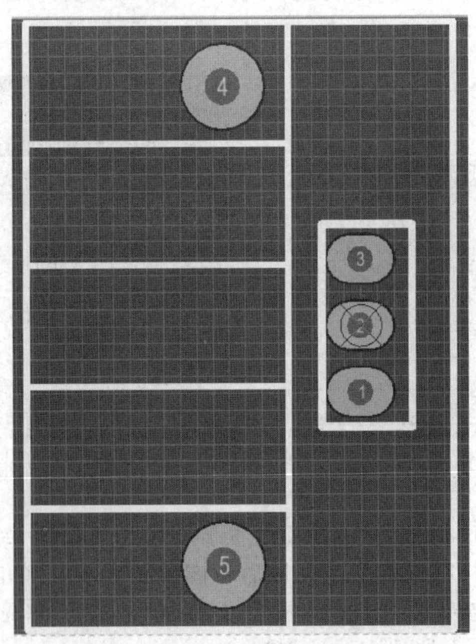

图 7-29 元件的封装

第 8 章

印制电路板设计基础

本章导读：在前面章节学习如何设计原理图的基础上，本章开始学习如何画印制电路板。本章的主要内容是介绍印制电路板设计的基础知识，着重介绍有关印制电路板的基本概念、常识和设计印制电路板的一般步骤。

学习目标：

(1) 了解 Altium Designer 10.0 的工作层面和电路板的结构。

(2) 能够区分 Altium Designer 10.0 的元件封装的类型。

(3) 能够区分过孔、焊盘、飞线、导线。

(4) 了解印制电路板的设计流程。

8.1 印制电路板技术的发展

1936 年，奥地利人保罗·爱斯勒首次在一个收音机装置内采用了印制电路板。在印制电路板出现之前，电子元器件之间的互连都是依靠电线直接连接实现的。由于市场需要，印制电路板在 20 世纪 50 年代初期开始大规模投入工业化生产，当时主要是采用印制及蚀刻法制造简单的单面电路板。到 20 世纪六七十年代随着电镀技术的引进，使电路板业有能力印制双面板以及多层板。直到 20 世纪八九十年代，电路板的复杂设计和严格要求推动了 PCB 业的迅速发展并研发崭新的生产技术。随着大量新式材料、新式设备、新式测试仪器的相继涌现，印制电路板已进一步向高密度的互连、高层、高性能、高可靠性、高附加值和自动化持续的方向发展。随着计算机及通信产品市场的迅猛发展，电路板不但要有效的传送信号，更要求不断向轻、薄、短小方向发展。随着 PCB 的发展趋势，目前一些公司已经成功生产了 1+N+1 和 2+N+2 结构的 HDI 电路板、12～24 层的多层电路板、3～4mil 线宽的精细电路板、高频率和高性能物料的电路板以及持有不同表面处理的电路板。

8.2 PCB 设计中的术语

8.2.1 印制电路板(PCB)

PCB 即 Printed Circuit Board 的简写，中文名称为印制电路板，又称印制线路板，它是重要的电子部件，是电子元器件的支撑体，是电子元器件电气连接的提供者。由于它是采用电子印制术制作的，故被称为“印制”电路板。PCB 几乎会出现在每一种电子设备当中，所有的电子零件都是焊接在大小各异的 PCB 上。除了固定各种零件外，PCB 的主要功能是提供各个零件间的相互电气连接。图 8-1 所示是一块显卡的印制电路板。

图 8-1 显卡的印制电路板

8.2.2 过孔(Via)

过孔是为连通不同层之间的导线而在印制电路板上钻的孔，孔壁上镀有金属，以连通各层间的铜箔，如图 8-2 所示。

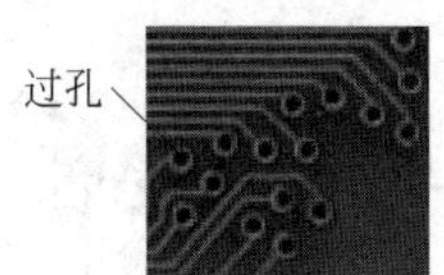

(a) PCB背面的过孔

(b) Altium Designer 10.0中的过孔

图 8-2 过孔

8.2.3 焊盘(Pad)

焊盘是印制电路板与元件之间的连接点，在焊接电路时需用焊锡将元件引脚焊接在焊盘上，这样元件与电路板便成为一个整体，形成完整的电路。焊盘是 PCB 设计中最常见的术语，它有多种形式，有圆形、方形和八角形等。根据元件不同又分为通孔式焊盘和表贴式焊盘，通孔式焊盘需要钻孔，而表贴式焊盘不用钻孔，如图 8-3 所示。

(a) 通孔式焊盘　　(b) 表贴式焊盘

图 8-3 焊盘

8.2.4 飞线

飞线被用来在印制电路板的设计过程中表示电路的逻辑连接关系。飞线是系统根据网络表自动生成的，它只是在形式上表示出各个焊盘间的连接关系，没有物理的电气连接意义，如图 8-4 所示。

8.2.5　铜箔导线

印制电路板上用于物理连接的铜箔通常被称为铜箔导线，简称导线或走线。铜箔导线连接着电路板上的各个焊盘，是根据飞线指示而放置的具有电气连接意义的物理线路，是印制电路板中实现电路连接最重要的部分，如图 8-5 所示。

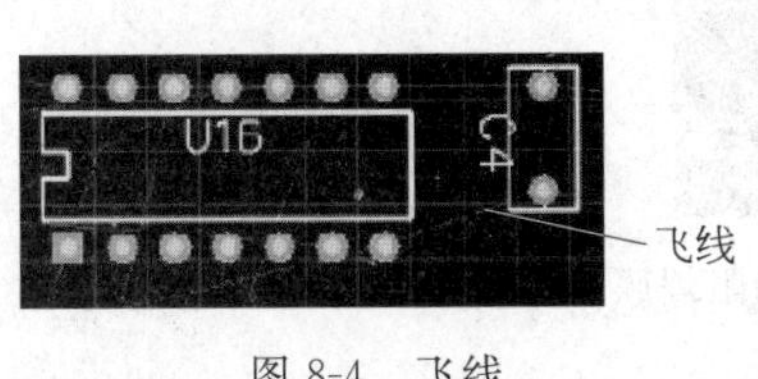

图 8-4　飞线

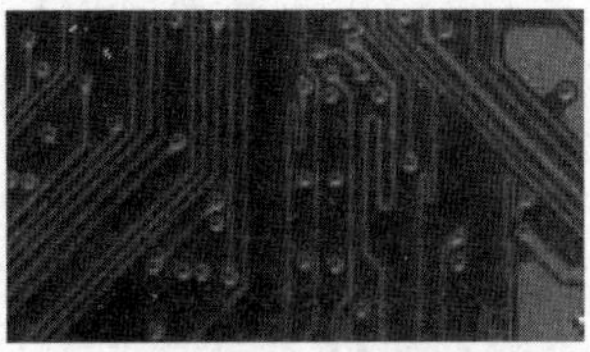

图 8-5　铜箔导线

8.2.6　安全距离

安全距离是指布线时规定的导线与导线、导线与焊盘、焊盘与焊盘、焊盘与过孔之间的最小距离，在印制电路板设计过程中，如果布线小于安全距离则被视为不安全的电气布线。

8.2.7　板框

印制电路板的外形尺寸是由板框来定义的，板框分为机械板框和电气板框。机械板框用来定义电路板的物理边界，即电路板实际的外形尺寸，如图 8-6 所示。电气板框用来定义电路板的电气边界，电路布线被限制在电气板框的范围之内，通常电气板框大小与机械板框相同或略小一些。

8.2.8　网格状填充区和矩形填充区

网格状填充区又称“敷铜”，“敷铜”就是将电路板中空白的地方铺满铜箔。“敷铜”不仅仅是为了好看，更重要的目的就是提高电路板的抗干扰能力，通常将铜箔接地，这样电路板中空白的地方就铺满了接地的铜箔，电路板的抗干扰能力就会有显著的提高。常用的计算机主板、高档显卡等基本上都有大量的敷铜，如图 8-7 所示。

填充区可以用来连接焊点，具有导线的功能。放置填充区的主要目的是使电路板良好接地，因此电路板中的填充区主要都是地线，在各种电器电子设备中的电路板上都可以看到这样的填充区，如图 8-8 所示。

图 8-6　印制电路板的机械板框

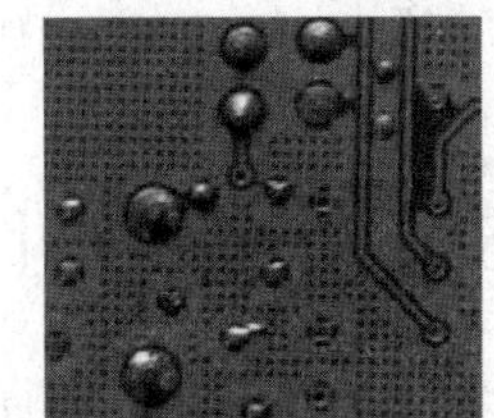

图 8-7　PCB 上的网格状填充区

图 8-8　PCB 上的矩形填充区

8.2.9 各类膜(Mask)

按“膜”所处的位置及其作用,“膜”可分为助焊膜和阻焊膜两类。助焊膜是涂于焊盘上,提高可焊性能的一层膜。阻焊膜的情况正好相反,为了使制成的板子适应波峰焊等焊接形式,要求板子上非焊盘处的铜箔不能粘锡,因此在焊盘以外的各部位都要涂覆一层阻焊剂,用于阻止这些部位上锡,如图 8-9 所示。

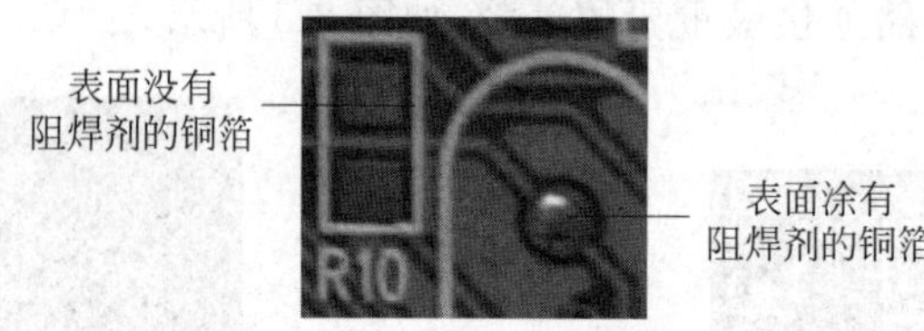

图 8-9 PCB 上的阻焊膜

8.2.10 层(Layer)的概念

目前的印制电路板通常包括很多层,将各层分别制作后再经过压制、处理生成满足各种功能的电路板,例如现在的计算机主板多在 4 层以上。Altium Designer 10.0 支持多种类型的工作层面,包括信号层、内部电源/接地层、机械层、屏蔽层、丝印层和其他层。

8.2.11 SMD 元件

SMD 元件即表面贴装式元件,又称表贴式元件。表贴式元件采用的是 SMD(表面贴装)技术,引脚焊在元件的同一面上。与 SMD 元件相区别的是通孔式元件,通孔式元件采用传统的 THT(通孔)技术,将元件放置在电路板的一面,并将引脚焊在另一面上。SMD 元件比通孔式元件体积小,和使用通孔式元件的 PCB 比起来,使用 SMD 元件的 PCB 板上元件要密集很多。SMD 元件的特点是焊盘分布在同一个面上,而且焊盘不用钻孔,如图 8-10 所示。但 SMD 元件人工焊接比较困难,通常采用贴片机将 SMD 元件用锡膏粘贴在 PCB 上,再通过回流焊接机将锡膏熔化后冷却,这样 SMD 元件就被焊接在 PCB 上了。

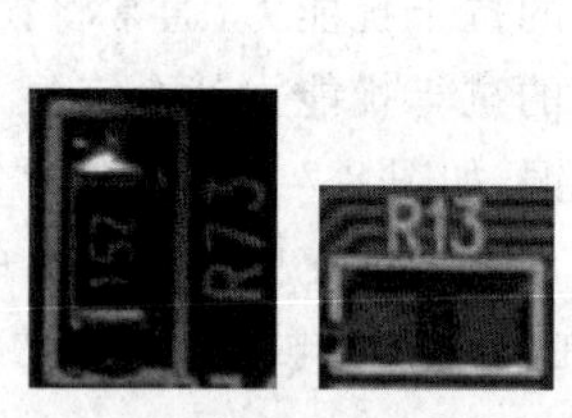

(a) PCB上的SMD元件及焊盘

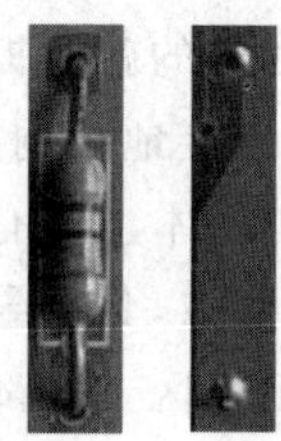

(b) PCB上的通孔式元件及反面的焊盘

图 8-10 PCB 上的不同元件及焊盘

8.3 元件封装

与原理图设计中不同,在 PCB 设计中是以元件封装代表元件的。元件封装是在印制电路板上根据元件的外形尺寸预留出的安装位置。在原理图中,注重每一个引脚与外部的电气连接关系和传输的信号，引脚之间的连接不能有任何错误。而在电路板中，更注重元件的外形尺寸以及每个引脚的具体排列。同一个元件可以有不同的封装形式，而功能不同的元件只要外形尺寸和引脚位置相同就可以采用同一种封装，封装仅仅是一个几何的空间概念。

元件的封装技术一般分为通孔式元件封装技术（THT）和表贴式元件封装技术（SMD）两大类。由于现在集成电路发展很快，故为适应集成电路越来越高的集成度，出现了多种多样的封装形式。例如，手机的集成电路一般都是采用 BGA（栅格阵列锡球封装）封装，但其安装和焊接技术仍采用的是 THT 或 SMD。

8.3.1　几种常用的芯片封装

1. DIP 封装

DIP 封装（Dual In-line Package）即双列直插式封装技术，指采用双列直插式封装的集成电路芯片，绝大多数中小规模集成电路均采用这种封装形式，其引脚数一般不超过 100。DIP 封装的 CPU 芯片有两排引脚，需要插入具有 DIP 结构的芯片插座上，也可以直接插在有相同焊孔数和几何排列的电路板上进行焊接。DIP 封装结构形式有多层陶瓷双列直插式 DIP、单层陶瓷双列直插式 DIP、引线框架式 DIP（含玻璃陶瓷封接式、塑料包封结构式、陶瓷低熔玻璃封装式）等。DIP 封装形式适合 PCB 的穿孔安装，便于对 PCB 布线，操作方便，芯片面积与封装面积之间的比值较大，故体积也较大，如图 8-11 所示。

2. PQFP 封装

PQFP 封装（Plastic Quad Flat Package）即塑料方形扁平式封装技术。该技术实现的 CPU 芯片引脚之间距离很小，引脚很细，一般大规模或超大规模集成电路采用这种封装形式，其引脚数一般都在 100 以上。用这种形式封装的芯片必须采用 SMD（表面安装设备技术）将芯片与 PCB 焊接起来，采用 SMD 安装的芯片不必在 PCB 上打孔，一般在 PCB 表面上有设计好的相应引脚的焊点。将芯片的各引脚对准相应的焊点，即可实现与 PCB 的焊接。采用该技术封装芯片时操作方便，可靠性高；而且其封装外形尺寸较小，寄生参数减小，适合高频应用；该技术主要适合用 SMD 表面安装技术在 PCB 上安装布线，如图 8-12所示。

图 8-11　双列直插式封装

图 8-12　塑料方形扁平式封装

3. BGA 封装

BGA 封装（Ball Grid Array Package）即栅格阵列锡球封装技术。20 世纪 90 年代随着集成技术的进步、设备的改进和深亚微米技术的使用，LSI、VLSI、ULSI 相继出现，芯片集成度不断提高，对集成电路封装要求更加严格，I/O 引脚数急剧增加，功耗也随之增大。为满足发展的需要，在原有封装品种基础上，又增添了新的品种——栅格阵列锡球封装，简称 BGA。BGA 封装占用基板的面积比较大，虽然该技术的 I/O 引脚数增多，但引脚之间的距离远大于 QFP，从而提高了组装成品率。同时，该技术采用了可控塌陷芯片法焊接，从而可以改善它的电热性能。另外，该技术的组装可用共面焊接，从而能大大提高封装的可靠性；并且由该技术实现的封装信号传输延迟小，使用频率大大提高，如图 8-13所示。

图 8-13 栅格阵列锡球封装

8.3.2 常用元件的封装

常用的元件封装有如下几个。

1. 电阻

AXIAL-0.3～AXIAL-1.0，适用于电阻类无源元件，也可适用于电感，数字表示焊盘间距，单位为英寸，如图 8-14 所示。

2. 电容

RAD-0.1～RAD-0.4，适用于无极性电容元件，数字表示焊盘间距，单位为英寸，如图 8-15 所示。

CAPPRxx-y×z，适用于有极性电容元件，横杠前的数字 xx 表示焊盘间距，横杠后的 y×z 表示电容外径×电容高度，单位为毫米，如图 8-16 所示。

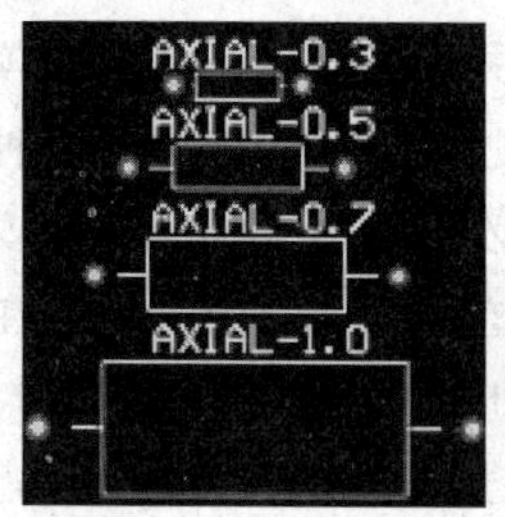

图 8-14 AXIAL 封装

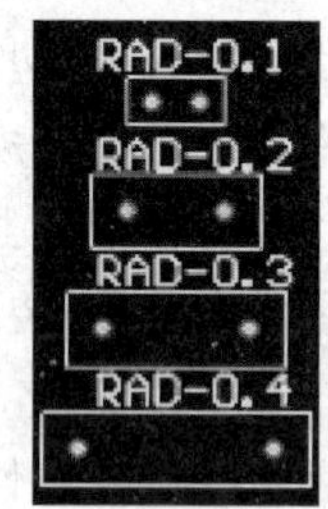

图 8-15 RAD 封装

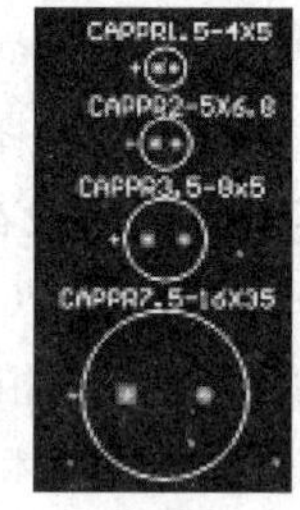
图 8-16 CAPPR 封装

3. 三极管

TO-xxx，适用于各种不同类型的晶体管，xxx 表示类型编号，如图 8-17 所示。

4. 二极管

DIODE-0.4～DIODE-0.7，适用于二极管，数字表示焊盘直径，如图 8-18 所示。

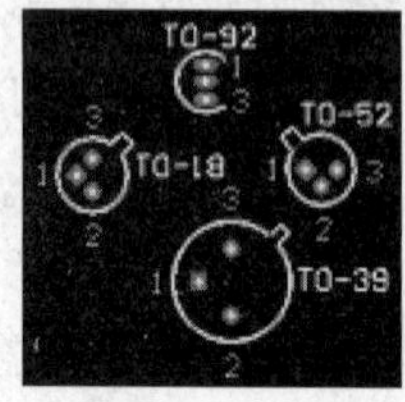

图 8-17 TO 封装

图 8-18 DIODE 封装

5. 集成电路

DIP-xx,适用于采用双列直插式封装的集成电路,xx 表示引脚数,如图 8-19 所示。

6. 连接器

MHDRx×y,适用于连接器,x×y 表示有 x 行 y 列个引脚,如图 8-20 所示。

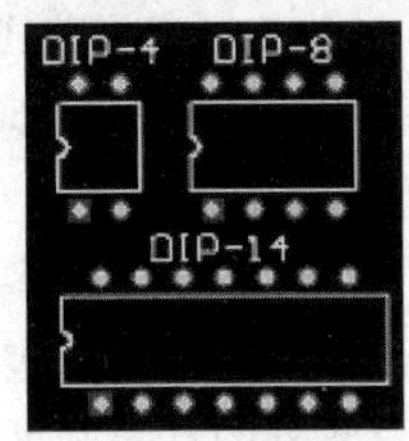

图 8-19　DIP 封装

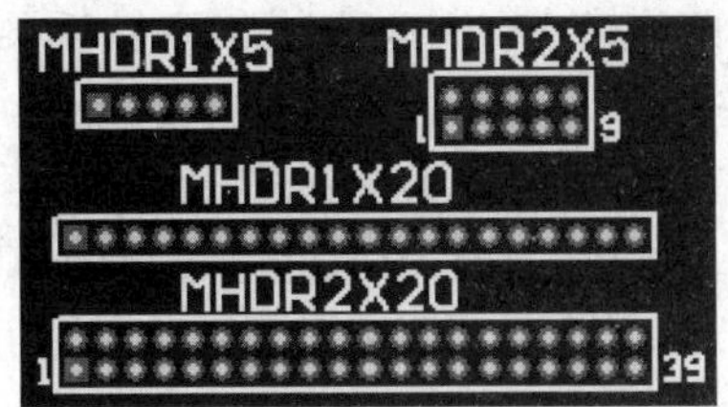

图 8-20　MHDR 封装

8.4　印制电路板板层结构

电路板本身的基板是由绝缘隔热、并不易弯曲的材质所制作成的。在表面可以看到的细小线路材料是铜箔,原本铜箔是覆盖在整个板子上的,而在制造过程中部分被蚀刻处理掉,留下来的部分就变成网状的细小线路。这些线路被称作导线,并用来提供 PCB 上零件的电路连接。

为了将零件固定在 PCB 上,需要在板子上钻孔,引脚穿过板子到另一面,将零件的引脚直接焊在布线上。在最基本的 PCB(单面板)上,零件都集中在其中一面,导线则都集中在另一面。因此,PCB 的正反面分别被称为零件面与焊接面。

如果 PCB 上面有某些零件,需要在制作完成后任意取下或装回这些元件,那么该零件安装时会用到插座(Socket)。由于插座是直接焊在板子上的,所以零件可以任意地拆装。

有时要将两块 PCB 相互连接,会用到俗称"金手指"的连接头。金手指上包含了许多裸露的铜箔,这些铜箔事实上也是 PCB 布线的一部分。通常在连接时,将其中一片 PCB 上的"金手指"插进另一片 PCB 上合适的插槽上(扩充槽 Slot)。在计算机中,如显示卡、声卡、网卡等,都是借着"金手指"来与主机板连接的,如图 8-21 所示。

图 8-21　PCB 上的"金手指"

PCB 上的绿色或是棕色,是阻焊漆的颜色。这层是绝缘的防护层,可以保护铜线,也可以防止零件被焊到不正确的地方。在阻焊层上,另外会印制上一层丝网印制面。通常,在这上面会印上文字与符号(大多是白色的),以标示出各零件在板子上的位置。

现今,随着电子设备越来越复杂,需要的零件越来越多,PCB 上面的线路与零件也越来越密集,印制电路板的结构也越来越复杂了。根据电路板的结构,印制电路板可以分为单面板、双面板和多层板。

(1) 单面板：最基本的PCB,零件集中在其中一面,导线则集中在另一面上。因为导线只出现在其中一面,所以就称这种PCB为单面板。因为单面板在设计线路上有许多严格的限制(因为只有一面,布线间不能交叉而必须绕独自的路径),所以只有早期的电路才使用这类的板子。

(2) 双面板：这种电路板的两面都有布线。不过要在正反两面布线,必须在两面间有适当的电路连接才行。这种电路间的"桥梁"称为过孔。过孔是在PCB上,充满或涂上金属的小洞,它可以与两面的导线相连接。因为双面板的面积比单面板大了一倍,而且因为布线可以互相交错(可以绕到另一面),所以它更适合用在比单面板更复杂的电路上。

(3) 多层板：为了增加可以布线的面积,多层板采用了更多的布线层。多层板使用数片双面板,并在每层板间放进一层绝缘层后黏牢(压合)。板子的层数就代表了有几层独立的布线层,通常层数都是偶数,并且包含最外侧的两层。大部分的计算机主机板都是4～8层的结构,不过技术上可以做到近100层的PCB板。大型的超级计算机大多使用相当多层的主机板,不过因为这类计算机已经可以用许多普通计算机的集群代替,超多层板已经渐渐不被使用了。

在多层板PCB中,整层都直接连接上地线与电源,所以将各层分类为信号层(Signal)、电源层(Power)或是地线层(Ground)。如果PCB上的零件需要不同的电源供应,那么通常这类PCB会有两层以上的电源与地线层。

8.5 电路板文件设计的一般步骤

在进行印制电路板的设计之前,先来看一下印制电路板设计的一般流程,如图8-22所示。

8.5.1 初期准备

设计印制电路板首先要设计好电路原理图,主要是完成电路原理图的设计、绘制和电气规则检查,并生成网络表文件。

8.5.2 规则设置

规则和参数的设置是印制电路板设计过程中一个重要的步骤,合理地设置规则和参数能使印制电路板的设计更好、更有效率。设置的规则和参数包括安全间距、导线宽度、过孔的风格、元件的布置参数、板层参数等。

8.5.3 网络表文件输入

网络表是原理图设计系统和印制电路板设计系统之间的接口,是印制电路板设计系统进行自动布线的灵魂。只有在导入网络表以后,才可以对印制电路板进行自动布线。

注意：Altium Designer 10.0不需要专门去生成网络表文件,可以直接打开原理图进行PCB的更新,也可以打开PCB文件进行原理图的导入,就能够实现原理图与PCB文件的转换。

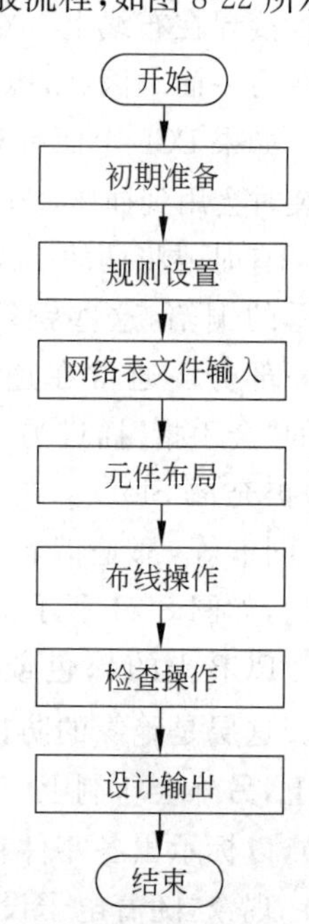

图8-22 印制电路板设计的一般流程

8.5.4 元件布局

在绘制好印制电路板的板框之后,才可以导入网络表。在导入网络表之后，Altium Designer 10.0 自动将所有元件添加入印制电路板的板框内，但此时元件的放置是杂乱无章的，有的元件还会叠放在一起。因此，必须用手动的方式调整元件布局，或者使用 Altium Designer 10.0 的自动布局功能。

8.5.5　布线操作

Altium Designer 10.0 提供了强大的自动布线功能，成功率很高，但常常也有不能成功布线或难以令人满意的地方，一般都采用自动布线与手动布线相结合的布线方式。

8.5.6　检查操作

为确保印制电路板的设计质量，应在打印输出之前对整个印制电路板进行仔细的检查。因为一旦在制板以后才发现问题，将会使所有制成的印制电路板和制板用的底片全部报废。除了根据经验来检查以外，还可以借助 Altium Designer 10.0 提供的 DRC 设计规则检查功能来进行检查，确保印制电路板的设计符合设计规则。

8.5.7　设计输出

在所有设计全部完成之后，可以将印制电路板的线路图打印输出。为了以后对印制电路板的加工需要，还要提供钻孔文件。为了采购元件的需要，还要打印元件清单。

本章小结

本章主要介绍了印制电路板设计的基本知识和概念。在本章中，回顾了印制电路板技术的发展、对在印制电路板设计过程中经常遇到的名词进行了详细解释、列举了常见的元件封装和芯片封装的种类、对印制电路板的板层结构作了详细解释、介绍了印制电路板设计的一般步骤。

初学者在学习印制电路板的设计的过程中，最困难的是对印制电路板没有一个全面、直观的了解。通过本章的学习，读者能对印制电路板的设计有一个基本的了解，掌握一些基本概念和常识性知识，使读者对印制电路板设计过程中经常用到的术语通过图片介绍能有比较直观的了解。同时，读者能对整个印制电路板设计的流程有所了解，为后续章节的学习打下坚实的基础。

习　题　8

1. Altium Designer 10.0 支持 6 种类型的工作层面，包括________、________、________、________、________和________。
2. 元件的封装按照其使用的安装焊接技术通常分为________和________两大类。
3. 根据电路板的结构，印制电路板可以分为________、________和________三类。
4. 简述过孔和焊盘的区别。
5. 简述飞线和导线的区别。
6. 简述通孔式元件和表贴式元件的区别。
7. 简述 PCB 的设计流程。

第 9 章

PCB 自动设计及手动设计

本章导读：本章将详细介绍如何设计 PCB，PCB 的设计可以有自动和手动两种方法。PCB 的自动布线可以大大减轻设计人员的工作量，在自动设计 PCB 的过程中应着重掌握加载网络表文件的方法和如何设置布线规则等。尽管 Altium Designer Release 10 自动布线的功能非常强大，但通常都需要对自动设计的 PCB 进行手动调整，因此掌握 PCB 的手动设计方法依然很重要。在手动设计 PCB 的过程中，需要掌握手动布局和手动布线等关键步骤的方法与技巧。此外，本章还将详细介绍 PCB 编辑器参数的设置、电路板板框的设置、对象的编辑、添加泪滴及敷铜等操作。

学习目标：

(1) 掌握 PCB 文件的建立。

(2) 掌握 PCB 编辑参数设置的方法。

(3) 掌握电路板板框设置的方法。

(4) 掌握 PCB 规则的设置方法。

(5) 掌握 PCB 添加泪滴及敷铜的方法。

通过本章的学习，熟悉自动布线和手动布线的流程，掌握自动布线和手动布线的技术、技巧。

9.1 PCB 自动设计步骤

在工程师完成电路原理图的设计后，需要将原理图转换成相应的印制电路板图，Altium Designer Release 10 提供了自动布线的功能，能大大减轻工程师们的工作量。PCB 的自动设计需要经过 6 个步骤。

图 9-1 绘制电路板框

(1) 准备原理图：在设计 PCB 电路板前，一般应先画好原理图。

(2) 新建 PCB 电路板：新建一个 PCB 电路板设计文件，在 PCB 电路板设计环境下绘制电路板框，如图 9-1 所示。板框是电路板的电气边界，一定要在 Keep Out 层上绘制，有时需在机械层上再绘制一个电路板的物理边界，物理边界通常在电气边界之外。

(3) 载入网络表：在原理图设计环境中，选择“设计”|Update PCB Document 命令载入网络表文件，单击“执行更改”按钮，如果出现“Footprint not found in Library”错误，就会出现一些红色的叉，如图 9-2 所示。说明相应的元件封装库没有装入，如果没有错误，则再单击“生效更改”按钮，最后关闭。

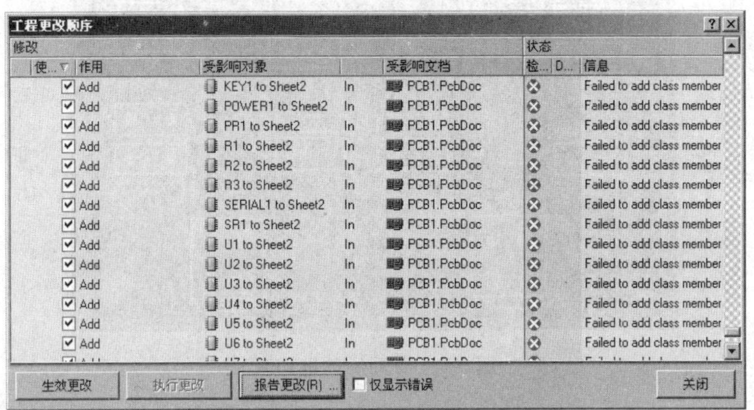

图 9-2　“工程更改顺序”对话框

注意：图 9-2 所示的只是一个示意图。

(4) 设置布线规则：选择“设计”|“规则”命令设置电路板的布线规则，如图 9-3 所示。详细的规则设置在后面部分进行介绍。

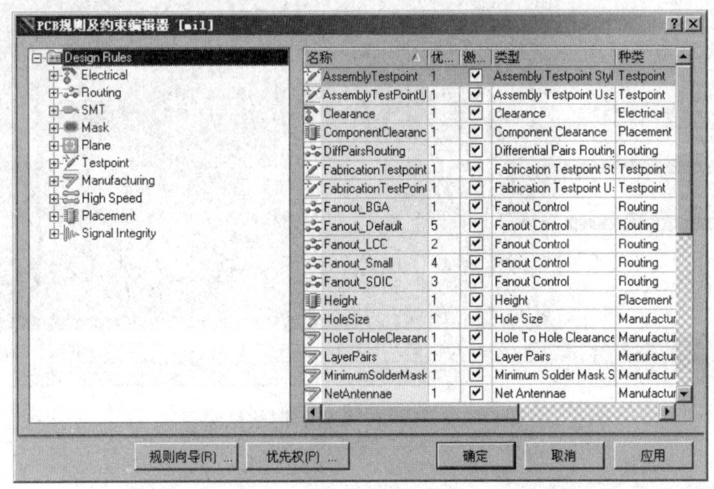

图 9-3　“PCB 规则及约束编辑器”对话框

(5) 元件布局：载入网络表以后需要对所有元件进行重新布局，可以采用手动方式布局，也可以采用自动方式布局，如图 9-4 所示。

(6) 自动布线及敷铜：选择“自动布线”|“全部”命令即可对整个电路板进行自动布线，然后进行敷铜。图 9-5 所示为自动布线的结果。详细的操作后面会介绍。

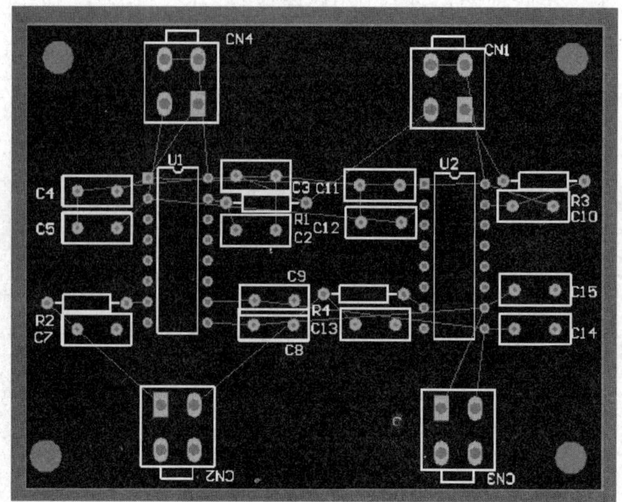

图 9-4　布局后的电路板

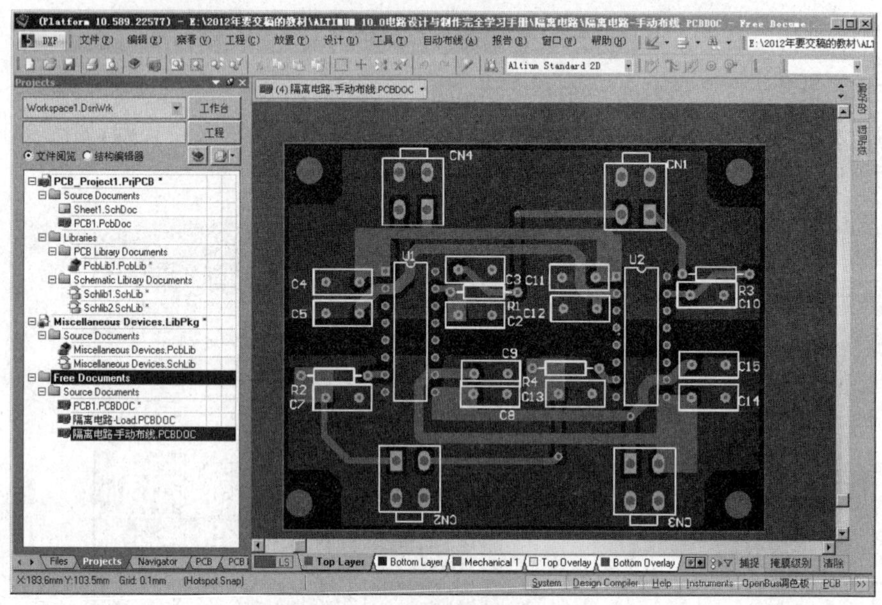

图 9-5　自动布线及敷铜的结果

9.2　PCB 文件管理

与原理图设计系统一样，PCB 文件的创建和管理都可以通过 Files 和 Projects 管理面板来进行。在 Files 管理面板里可以用不同的方式来新建 PCB 文件，而在 Projects 管理面板里可以完成从工程文件里删除 PCB 文件、重命名 PCB 文件、添加 PCB 文件至工程文件等任务。

9.3　印制电路板自动布局操作

加载网络表之后需要对元件封装进行布局，布局就是在 PCB 板内合理地排列各元件封装，使整个电路板看起来美观、紧凑，同时为了有利于布线，Altium Designer Release 10 提供了强大的自动布局功能。

9.3.1　元件自动布局的方法

以图 9-4 所示的 PCB 为例，选择"工具"|"器件布局"|"自动布局"命令，系统将弹出"自动放置"对话框，如图 9-6 所示。在对话框中有两种自动布局方式。

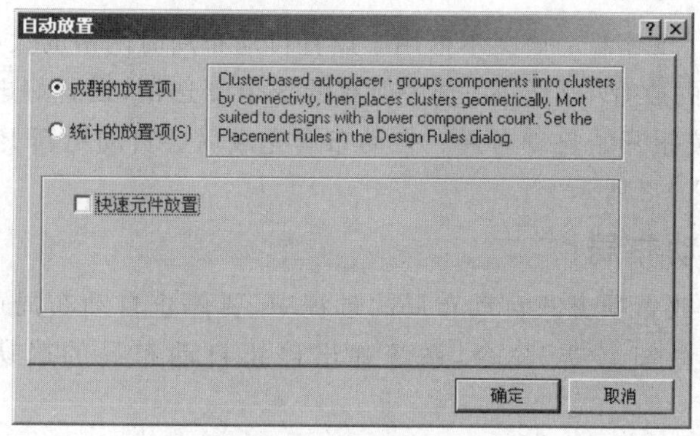

图 9-6　"自动放置"对话框

成群的放置项：这种方式采用基于组的自动布局器，根据连接关系将元件分成组，然后以几何方式放置元件组，适用于元件数较少的 PCB 图。

统计的放置项：这种方式采用基于统计的自动布局器，以最小连接长度放置元件。此方式使用统计型算法，适用于元件数较多(大于 100 个元件)的 PCB 图。

系统默认采用成群的放置项方式，在这种方式下如果选中"快速元件放置"复选框，系统将加快元件自动布局的速度，如果不选中该复选框，自动布局的速度会慢些，但布局效果会更好。

如果选中"统计的放置项"单选按钮，对话框将变成如图 9-7 所示。

自动放置
成群的放置项I
统计的放置项(S)
Statistical-based autoplacer - places to minimize connection lengths. Uses a statistical algorithm, so is best suited to designs with a higher component count(greater than 100).
组元　电源网络
旋转组件　地网络
自动更新PCB　栅格尺寸　0.508mm
确定　取消

图 9-7　选中"统计的放置项"单选按钮后的对话框

(1)"组元"复选框：选中该复选框将允许布局器在布局时对元件进行分组，以组为单位进行布局。

(2)"旋转组件"复选框：选中该复选框将允许布局器在布局时对元件进行旋转以达到最佳效果，一般应选中该复选框。

(3)"自动更新 PCB"复选框：选中该复选框将允许布局器在自动布局完成后自动更新 PCB 图，一般应选中该复选框。

(4)"电源网络"与"地网络"文本框：这两个文本框用于告诉自动布局器电源网络和接地网络的名称。在 PCB 设计中，电源线和接地线通常会采取一些特殊处理，例如接地线通常放置在 PCB 板的四周。设置这两个文本框可以使布局更合理，同时还可加快布局速度。

(5)"栅格尺寸"文本框：该文本框用于设置自动布局时网格的大小，默认为 20mil。

在此采用统计的放置项布局时，选中所有的 3 个复选框，设置好电源网络、接地网络及网格尺寸，单击按钮开始自动布局。自动布局完成后会自动更新 PCB 图，完成自动布局后的 PCB 图如图 9-8 所示。

9.3.2　停止自动布局

在选择成群的放置项方式自动布局的过程中，要停止自动布局可选择"工具"|"器件布局"|"停止自动布局器"命令，系统弹出停止自动布局的确认对话框，如图 9-9 所示。

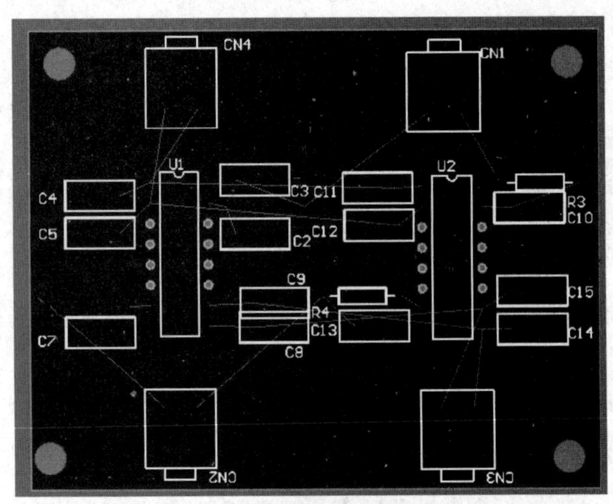

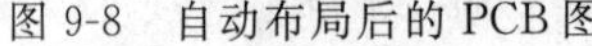
图 9-8　自动布局后的 PCB 图

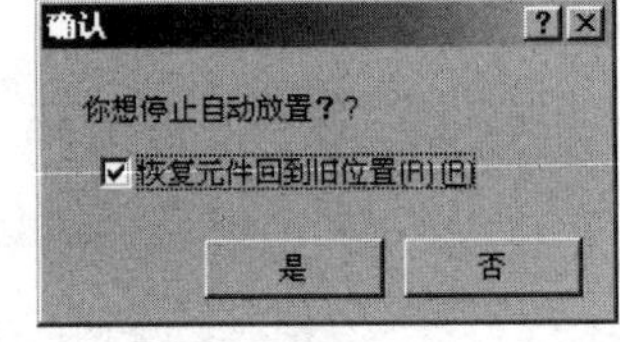

图 9-9　停止自动布局的确认对话框

选中"恢复元件回到旧位置"复选框后单击"是"按钮，即可将元件位置恢复到自动布局前的效果。

9.3.3　推挤式自动布局

推挤式自动布局并不是对整体进行布局，而是将元件按照一定的算法向四周推挤开，使元件分散排列。假如执行推挤式自动布局前的 PCB 图如图 9-10 所示，即元件都堆叠在一起，那么此时可以用推挤式自动布局将各元件分散开。

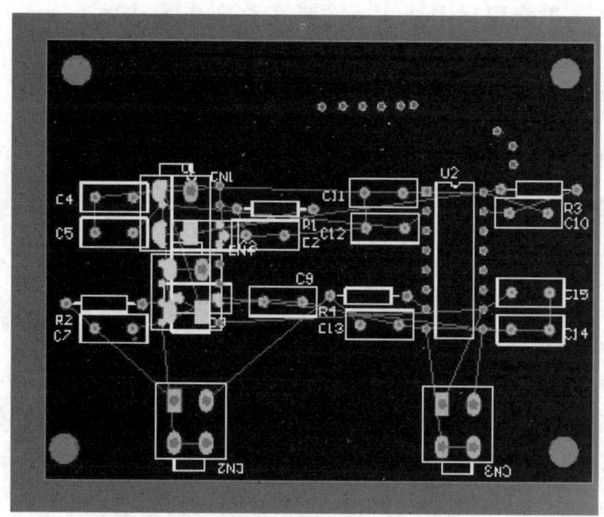

图 9-10　推挤前的 PCB 图

在执行推挤式自动布局前要先设置推挤深度，选择“工具”|“器件布局”|“设置推挤深度”命令，系统弹出 Shove Depth 对话框，如图 9-11 所示。在此将推挤深度设为“3”，单击“确定”按钮关闭该对话框。然后，选择“工具”|“器件布局”|“挤推”命令，光标变成十字形，选择一个元件作为推挤的基准元件，则以该元件为中心进行推挤式自动布局，推挤后的 PCB 图如图 9-12 所示。

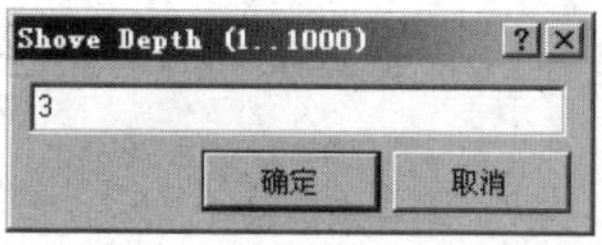

Shove Depth (1..1000)
3
确定　取消

图 9-11　“Shove Depth”对话框

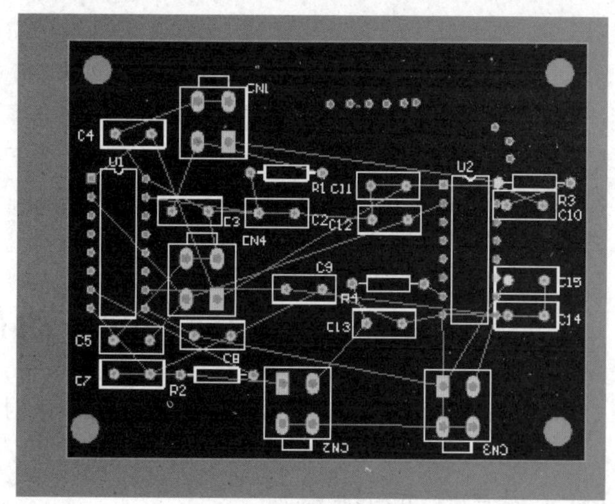

图 9-12　推挤后的 PCB 图

9.4　PCB 的视图操作

PCB 编辑器的视图操作与原理图的视图操作基本相同，包括工作窗口的缩放、飞线的显示与隐藏、PCB 的三维显示、网格的显示等。要调出 PCB 的视图操作菜单可以选择

“查看”菜单或在 PCB 工作窗口中按 V 键(要在英文输入法状态下按这个键),都是可以调出 PCB 的“查看”菜单的。

1. 工作窗口的缩放

放大和缩小 PCB 工作窗口可分别通过快捷键 PageUp 和 PageDown 来实现,按快捷键 End 用来刷新工作窗口。

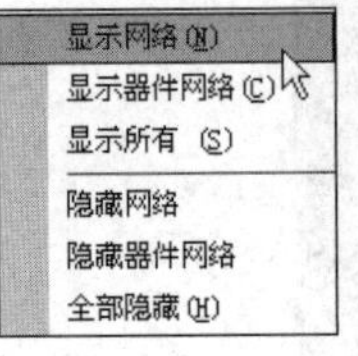

图 9-13 “连接”子菜单

2. 飞线的显示与隐藏

在“查看”|“连接”菜单下的子菜单中进行选择即可实现“显示/隐藏飞线”功能,同时还可以通过这个菜单,显示前面绘制的原理图元件库的引脚,如图 9-13 所示。飞线被用来在印制电路板的设计过程中表示电路的逻辑连接关系,加载网络表以后,各个元件之间的连接关系(即网络)就用飞线来表示。

9.5 PCB 元件的编辑

PCB 的编辑操作与原理图的编辑操作也基本相同,包括对象的选择、删除、移动、复制、剪切及粘贴等。要调出 PCB 的编辑操作菜单可以选择“编辑”菜单或在 PCB 工作窗口中按 E 键来实现这些操作。

9.6 元件的手动布局

注意:自动布局通常难以达到理想的布局效果,因此在自动布局后往往需要对 PCB 进行手动布局调整。如果元件比较少,则可以直接用鼠标拖动到 PCB 的图纸中,如果元件较多,则可以通过一些菜单命令来操作。一般情况下,自动布局的元件会有些重叠,则需要通过手动来调整,这个手动布局是需要经验的,要考虑 PCB 板的美观、连接线的方便,还有信号干扰小等因素。

9.7 元件的自动布线

自动布局及手动调整布局完成以后,就可以着手对 PCB 板进行自动布线了,在开始自动布线之前要先设置好布线的规则。

9.7.1 设置自动布线规则

为了使自动布线的结果能符合各种电气规则和用户的要求,Altium Designer Release 10 提供了丰富的布线规则供用户设置,布线规则的设置是否合理将决定自动布线的结果。

选择“设计”|“规则”命令,系统弹出“PCB 规则及约束编辑器”对话框,如图 9-14 所示。

在“PCB 规则及约束编辑器”对话框中包括 Electrical(电气)、Routing(布线)、SMT

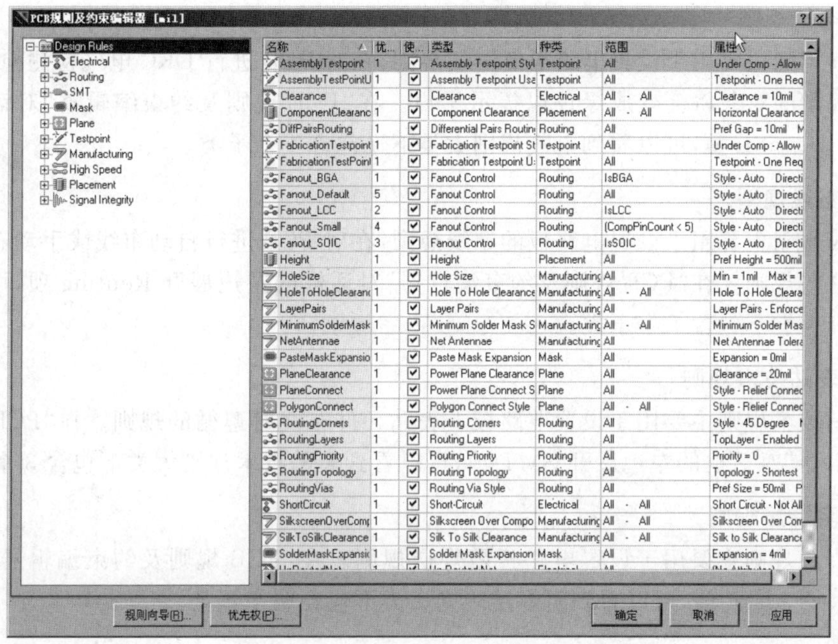

图 9-14　PCB 的布线规则

(表贴技术)、Mask(阻焊层)、Plane(电源层)、Testpoint(测试点)、Manufacturing(制造)、High Speed(高频)、Placement(布局)和 Signal Integrity(信号完整性)十大类规则,在每个大类规则里又包含若干项具体的规则。在该对话框的左边树状列表框中将所有规则分成十个大类,每个大类下又有若干子类,每个子类下包含若干个具体的规则条目。

在每条具体的规则条目里都包含规则的名称、注释、唯一 ID、第一匹配对象的位置、第二匹配对象的位置(有的规则没有第二匹配对象)和约束条件等栏目。

系统会自动对新建的规则命名,用户可以在名称栏修改规则的名称,注释栏用于设置注释信息,唯一 ID 栏一般不用修改,系统会自动对新规则生成一个唯一的 ID 号。

第一匹配对象的位置栏和第二匹配对象的位置栏用于设置规则适用的对象范围,范围包括"所有的"、"网络"、"网络类"、"层"、"网络和层"、"高级(查询)",用户可以在这 6 个单选框里任选一个。选中"所有的"单选框表示对象的范围是 PCB 中的所有对象;选中"网络"单选框表示对象的范围是某一网络;选中"网络类"单选框表示对象的范围是某一网络类;选中"层"单选框表示对象的范围是某一层上的所有对象;选中"网络和层"单选框表示对象的范围是某一网络和某一层上的所有对象;选中"高级(查询)"单选框表示对象的范围由右边的"询问助手"和"询问构建器"确定,右边的两个文本框分别用于选择网络、网络类和层。有些规则只需指定一个适用的对象范围,因此第二匹配对象的位置栏并不是每条规则都有。

通常每条规则都有一定的约束条件,而且每条规则的约束条件都不相同,约束条件在对话框右边的底部,通常包含一些可供用户设置的约束条件和示意图。

下面就对这十大类规则简单说明一下。

1. 电气规则

电气规则主要用于设置电路板的电气规则，在对 PCB 进行 DRC 电气检测检查时，违反这些规则的对象将会变成绿色以提示用户。在"PCB 规则及约束编辑器"对话框的左边展开 Electrical 项，可以看到电气规则大类下又包含 4 个子类。

2. 布线规则

布线规则主要用于设置电路板的布线规则，在对 PCB 进行自动布线或手动布线时不能违反这些规则。在"PCB 规则及约束编辑器"对话框的左边展开 Routing 项，可以看到布线规则大类下包含 7 个子类。

3. 表贴技术规则

表贴技术规则主要用于设置电路板上表贴元件布线时遵循的规则。在"PCB 规则及约束编辑器"对话框的左边展开 SMT 项，可以看到表贴技术规则大类下包含 3 个子类。

4. 阻焊层规则

阻焊层规则主要用于设置电路板阻焊层规则。在"PCB 规则及约束编辑器"对话框的左边展开 Mask 项，可以看到阻焊层规则大类下包含两个子类。

5. 电源层规则

电源层规则主要用于设置电路板内部电源/接地层规则。在"PCB 规则及约束编辑器"对话框的左边展开 Plane 项，可以看到电源层规则大类下包含 3 个子类。

6. 测试点规则

测试点规则主要用于设置有关测试点规则，在自动布线、DRC 检查及测试点的放置时将遵循这条规则。有时为了方便调试电路，在设计 PCB 时引入一些测试点，一般测试点连接在网络上，与焊盘和过孔类似。在"PCB 规则及约束编辑器"对话框的左边展开 Testpoint 项，可以看到测试点规则大类下包含两个子类。

7. 制造规则

制造规则主要用于设置受电路板制造工艺所限制的布线规则。在"PCB 规则及约束编辑器"对话框的左边展开 Manufacturing 项，可以看到制造规则大类下包含 4 个子类。

8. 高频规则

高频规则主要用于设置与高频有关的布线规则。在"PCB 规则及约束编辑器"对话框的左边展开 High Speed 项，可以看到高频规则大类下包含 6 个子类。

9. 布局规则

布局规则主要用于设置有关元件布局规则。在"PCB 规则及约束编辑器"对话框的左边展开 Placement 项，可以看到布局规则大类下包含 6 个子类。

10. 信号完整性规则

信号完整性规则主要用于设置信号完整性规则，这些规则将会被用于对 PCB 的信号进行完整性分析。在"PCB 规则及约束编辑器"对话框的左边展开 Signal Integrity 项，可以看到信号完整性规则大类下包含 13 个子类。

这些条目较多，在设置时一般保持默认值就差不多了，一般设置得较多的是 Routing（布线）规则这一项。

9.7.2　布线类规则设计示例

以上简单介绍了各大类的一些设置规则，下面举一个新增布线的类规则来说明。

在某个子类上右击，系统弹出图 9-15 所示的右键菜单。选择“新规则”命令即可在该子类下添加一条规则，如图 9-16 所示。同时，会出现规则设置对话框，如图 9-17 所示。“删除规则”命令用于删除一条规则。

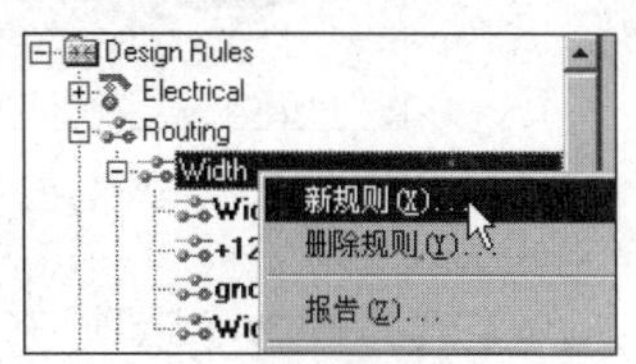

图 9-15　右键菜单

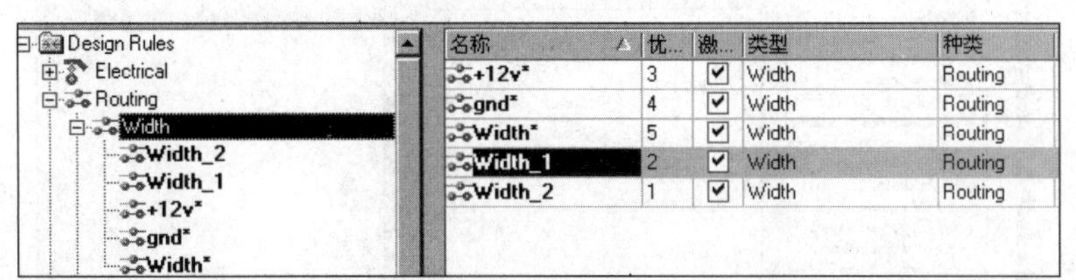

图 9-16　添加规则

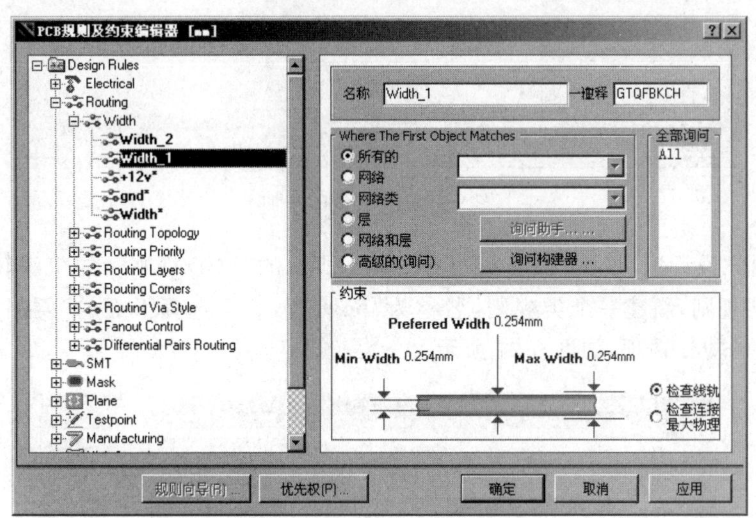

图 9-17　规则设置对话框

注意：如果在 PCB 文件中有几个电源和地，则需要建立布线类规则来增加电源和地线的宽度。

方法如下：

(1) 选择主菜单中的“设计”|“类”命令，弹出一个对话框。在该对话框中选择“添加类”命令，如图 9-18 所示。

(2) 重命名新类，如图 9-19 所示，此时将新类命名为“power”。

图 9-18 选择"添加类"命令

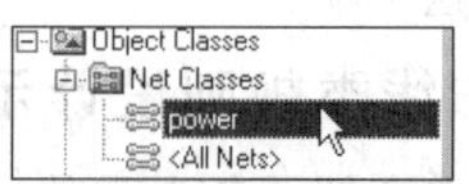

图 9-19 重命名新类

(3) 选择 power 选项，在成员栏中添加图 9-20 所示的电源和地网络，里面有哪些电源和地，就加进来，如果没有这些电源，就不用加。

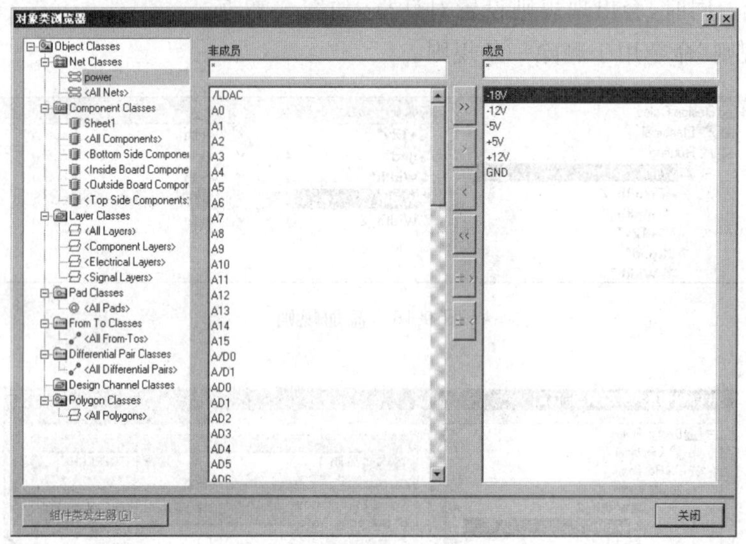

图 9-20 类成员的添加

(4) 选择"设计"|"规则"命令，弹出图 9-14 所示的"PCB 规则及约束编辑器"对话框中，展开布线规则，新建一个类规则，名称为"power"，然后选择下面的"网络类"，展开下拉菜单选择 power 选项，如图 9-21 所示。

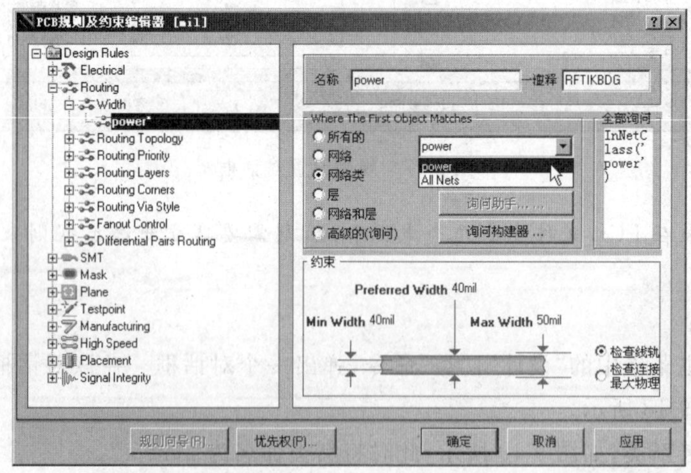

图 9-21 新建类的布线规则

9.7.3　元件的自动布线

设置好与布线有关的规则以后就可以开始自动布线了。选择“自动布线”菜单，该菜单不仅可以对整个 PCB 进行自动布线，还可以对指定的网络、网络类、Room 空间、元件及元件类等进行单独的布线。

1. 全部

选择“自动布线”|“全部”命令，系统将弹出“Situs 布线策略”对话框，如图 9-22 所示。

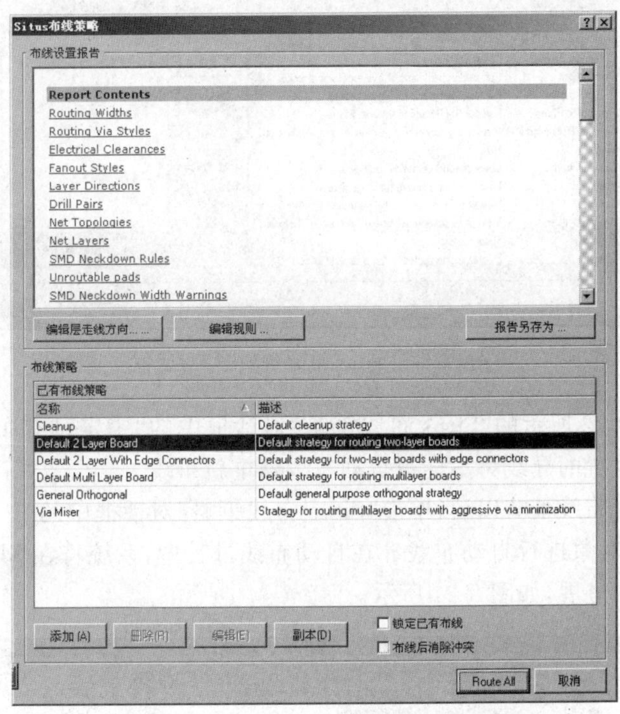

图 9-22　“Situs 布线策略”对话框

在布线设置报告栏里列出了与布线有关的规则设置报告，单击“编辑层走线方向”按钮，系统弹出“层说明”对话框。在该对话框里可以设置各个信号层的布线方向，每个层的“当前设置”栏表示该层当前的布线设置，“实际方向”栏表示该层的实际布线方向。单击某个信号层的“当前设定”栏将出现一个下拉列表框，该列表框列出了所有可选的布线方式：No Used(不布线)、Horizontal(水平方向)、Vertical(垂直方向)、Any(任意方向)、1 O'Clock(1 点钟方向)、2 O'Clock(2 点钟方向)、4 O'Clock(4 点钟方向)、5 O'Clock(5 点钟方向)、45 Up(45°向上)、45 Down(45°向下)、Fan Out(扇出方向)及 Automatic(自动选择)等。通常，Top 层选择垂直方向布线；Bottom 层选择水平方向布线；Top 层和 Bottom 层默认均为 Automatic(实际上系统自动为它们分别选择垂直和水平方向布线)。

单击“编辑规则”按钮系统将弹出“PCB 规则及约束编辑器”对话框供用户修改布线规则，单击“另存为”按钮可以保存布线设置报告。

在“Situs 布线策略”对话框的“布线策略”栏的列表框中列出了 6 个默认的可选布线

策略，用户可以复制这 6 个策略但不能编辑和删除它们，用户可以添加、编辑、删除、复制自定义的布线策略。单击“添加”按钮，系统将弹出“Situs 策略编辑器”对话框，如图 9-23 所示。

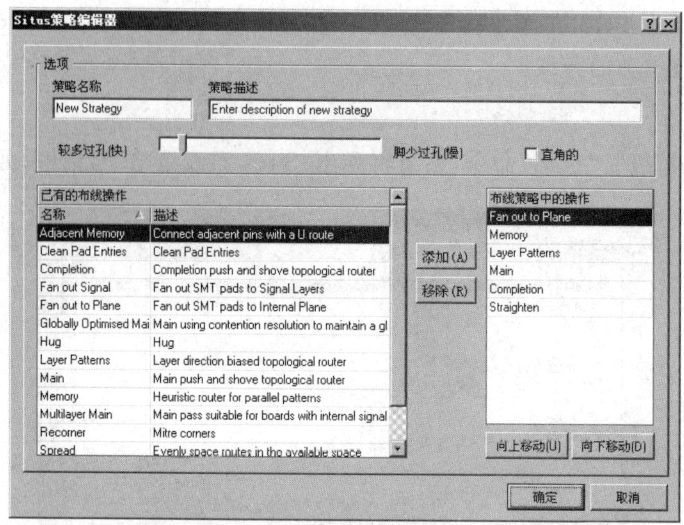

图 9-23　“Situs 策略编辑器”对话框

如果选中图 9-22 所示的“Situs 布线策略”对话框中的“锁定已有布线”复选框，则在自动布线前手动放置的导线将不会被自动布线器重新布线。

设置并选择好布线策略以后，单击“Situs 布线策略”对话框中的 Route All 按钮即可对 PCB 上的所有对象进行自动布线。在自动布线过程中，系统将在 Messages 面板上显示当前自动布线的进展，如图 9-24 所示。

Messages

Class	Document	Source	Message	Time	Date	N..
Situ...	PCB1.PcbD...	Situs	Completed Fan out to Plane in 0 Seconds	16:50:34	2012-1-16	4
Situ...	PCB1.PcbD...	Situs	Starting Memory	16:50:34	2012-1-16	5
Situ...	PCB1.PcbD...	Situs	Completed Memory in 0 Seconds	16:50:34	2012-1-16	6
Situ...	PCB1.PcbD...	Situs	Starting Layer Patterns	16:50:34	2012-1-16	7
Ro...	PCB1.PcbD...	Situs	Calculating Board Density	16:50:34	2012-1-16	8
Situ...	PCB1.PcbD...	Situs	Completed Layer Patterns in 0 Seconds	16:50:34	2012-1-16	9
Situ...	PCB1.PcbD...	Situs	Starting Main	16:50:34	2012-1-16	10
Ro...	PCB1.PcbD...	Situs	Calculating Board Density	16:50:34	2012-1-16	11
Situ...	PCB1.PcbD...	Situs	Completed Main in 0 Seconds	16:50:34	2012-1-16	12
Situ...	PCB1.PcbD...	Situs	Starting Completion	16:50:34	2012-1-16	13
Situ...	PCB1.PcbD...	Situs	Completed Completion in 0 Seconds	16:50:34	2012-1-16	14
Situ...	PCB1.PcbD...	Situs	Starting Straighten	16:50:34	2012-1-16	15
Situ...	PCB1.PcbD...	Situs	Completed Straighten in 0 Seconds	16:50:34	2012-1-16	16
Ro...	PCB1.PcbD...	Situs	14 of 14 connections routed (100.00%) in 1 Sec...	16:50:34	2012-1-16	17
Situ...	PCB1.PcbD...	Situs	Routing finished with 0 contentions(s). Failed to...	16:50:34	2012-1-16	18

图 9-24　Messages 面板

当 Messages 面板中显示布线操作已完成 100%时，表明布线已全部完成。

注意：有些复杂电路自动布线不能全部布通，此时 PCB 上会留有一些飞线，说明自动布线器无法完成这些连接，需要用户手动完成这些布线。

2. 网络

“自动布线”|“网络”命令用于对某个网络进行单独布线。选择该命令，此时光标将变

成十字形状，单击任何一条飞线或焊盘，自动布线器将对该飞线或焊盘所在的网络进行自动布线。此时，系统仍处于对网络布线的状态，用户可以继续对其他的网络进行布线，而右击或按 Esc 键可退出该状态。

3. 网络类

"自动布线"|"网络类"命令用于对指定的网络类进行自动布线。选择该命令，系统将弹出一个对话框供用户选择要进行布线的网络类，选定网络类后系统将对该网络类进行自动布线。

4. 连接

"自动布线"|"连接"命令用于对指定连接进行单独布线，连接在 PCB 中用飞线表示，该命令仅对选定的飞线进行布线而不是飞线所在的网络。选择该命令，此时光标将变成十字形状，单击任何一条飞线或焊盘，自动布线器将对该飞线进行自动布线。此时，系统仍处于布线状态，用户可以继续对其他的连接进行布线，而右击或按 Esc 键可退出该状态。

5. 区域

"自动布线"|"区域"命令用于对指定区域内的所有网络进行自动布线。选择该命令，此时光标将变成十字形状，在 PCB 中确定一个矩形区域，此时系统将对该区域内的所有网络进行自动布线。

6. Room 空间

"自动布线"|Room 命令用于对指定 Room 空间内的所有网络进行自动布线。选择该命令，此时光标将变成十字形状，在 PCB 中选择一个 Room 单击，系统将对该 Room 空间内的所有网络进行自动布线。

7. 元件

"自动布线"|"元件"命令用于对与某个元件相连的所有网络进行自动布线。选择该命令，此时光标将变成十字形状，单击任何一个元件，自动布线器将对与该元件相连的所有网络进行自动布线。

8. 器件类

"自动布线"|"器件类"命令用于对与某个元件类中的所有元件相连的全部网络进行自动布线。选择该命令，系统将弹出一个对话框供用户选择要进行布线的元件类，选定元件类后系统将对与该元件类中的所有元件相连的全部网络进行自动布线。

9. 在选择的元件上连接

"自动布线"|"选中对象的连接"命令用于对与选定元件相连的所有飞线进行自动布线。选中元件后选择该命令，系统将对与该元件相连的所有飞线进行自动布线。

10. 在选择的元件之间连接

"自动布线"|"选择对象之间的连接"命令用于对所选元件相互之间的飞线进行自动布线。选中元件后选择该命令，系统将对所选元件相互之间的飞线进行自动布线。

11. 扇出

“自动布线”|“扇出”命令用于对所选对象进行扇出布线，该操作需要设置 Fan out Control 规则。该操作将对复杂的高密度 PCB 设计的自动布线非常有用。

12. 设定

“自动布线”|“设置”命令用于设置布线规则和布线策略。

13. 停止

选择“自动布线”|“停止”命令将停止当前的自动布线操作。

14. 重置

选择“自动布线”|“复位”命令将重新开始自动布线操作。

15. Pause(暂停)

选择“自动布线”|“设定”命令将暂停当前的自动布线操作。

9.8 元件的手动布线

对 PCB 进行布线是个复杂过程，需要考虑多方面的因素，包括美观、散热、干扰、是否便于安装和焊接等。另外，基于一定算法的自动布线往往难以达到最佳效果，这时便需要借助手动布线的方法加以调整。

1. 拆除不合理的自动布线

对于自动布线结果中不合理的布线可以直接删除，也可以通过“工具”|“取消布线”命令来拆除，如图 9-25 所示。这些命令分别用来取消全部对象、指定的网络、连接、元件和 Room 空间的布线，被取消布线的连接又重新用飞线表示，如图 9-26 所示。

2. 添加导线及属性设置

用手动添加导线的方法对被拆除的导线进行重新布线。单击工具栏中的按钮即可进入添加导线的命令状态，在放置导线之前首先要选中准备放置导线的信号层，例如选中 Bottom 层。在添加导线的命令状态下光标呈十字形状，在任一点单击放置导线的起点，如图 9-27 所示。连续多次单击可以确定导线的不同段，一根导线布线完成后右击即可，要退出添加导线的命令状态可以再次右击或按 Esc 键。

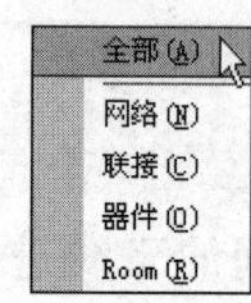

图 9-25 “取消布线”菜单

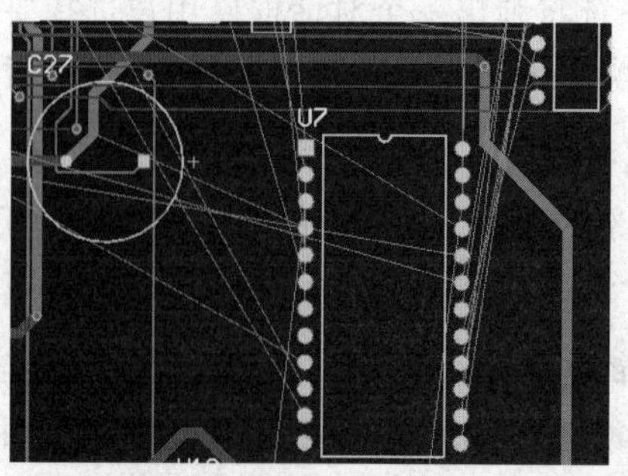

图 9-26 取消布线后的连接

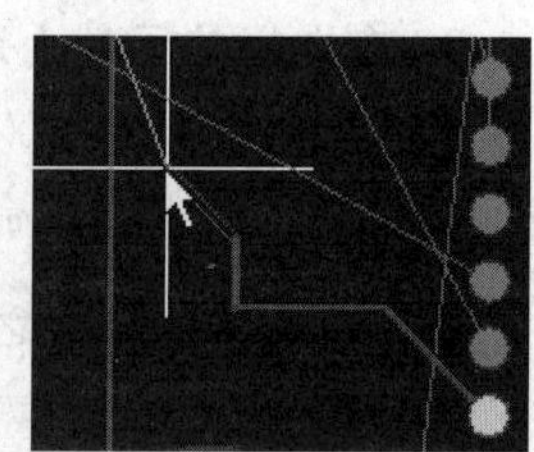

图 9-27 放置导线的起点

手动布线的导线有 5 种转角模式：45°转角、90°转角、45°弧形转角、90°弧形转角和任意角度转角。在放置导线的起点以后，可以通过 Shift＋Space 组合键在这 5 种模式间切换。另外，还可以按 Space 键选择布线是以转角开始还是以转角结束。

在手动布线时，有时可能需要切换导线所在的信号层，在放置导线的起点以后按键盘上数字区的 *、＋和－键可以切换当前所绘导线所在的信号层。在切换的过程中，系统自动在上下层的导线连接处放置过孔。

用鼠标双击导线可以打开"轨迹"对话框属性设置，如图 9-28 所示。在该对话框的上部可以设置导线的起始点坐标、结束点坐标和导线宽度，在属性栏的两个下拉列表框中可以设置导线所在的层和所属的网络，选中"锁定"复选框将锁定该导线，选中"使在外"复选框将使该导线成为禁止布线区的一部分。

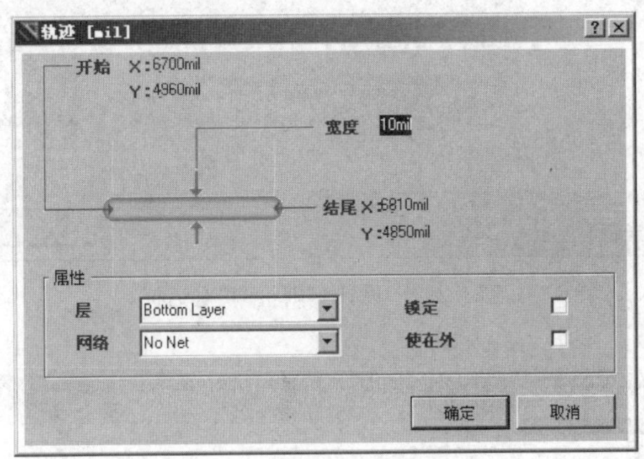

图 9-28　"轨迹"对话框

9.9　布线结果的检查

在所有的布线完成以后可以通过 DRC（设计规则检查）对布线的结果进行检查，DRC 检查可以检查出 PCB 中是否有违反设计规则的布线。选择"工具"|"设计规则检测"命令即可启动"设计规则检测"对话框，如图 9-29 所示。

如果选中对话框左边的 Report Options 项，对话框的右边将显示"DRC 报告选项"，如图 9-29 所示。选中"创建报告文件"复选框，则在 DRC 检查结束后生成 DRC 报告文件；选中"创建违反事件"复选框，则会在 PCB 中用 DRC 错误颜色突出显示违规的地方；选中"Sub-Net 默认"复选框，将在 DRC 报告文件中显示出违规子网络的详细信息；选中"报告死平面层"复选框，将在 DRC 报告中显示内部电源/接地层的警告信息；选中"报告死铜比...大量的"复选框，则检查 PCB 中是否有短路的铜箔。

如果选中对话框左边的 Rules To Check 项，对话框的右边将列出所有需要检查的规则类别，如图 9-30 所示。在对话框右边规则列表中的每条规则后面都有"在线"栏和"批处理"栏选项，它们分别表示在线 DRC 和批处理 DRC，用户可以对每条规则选择是否进行在线 DRC 检查和批处理 DRC 检查。

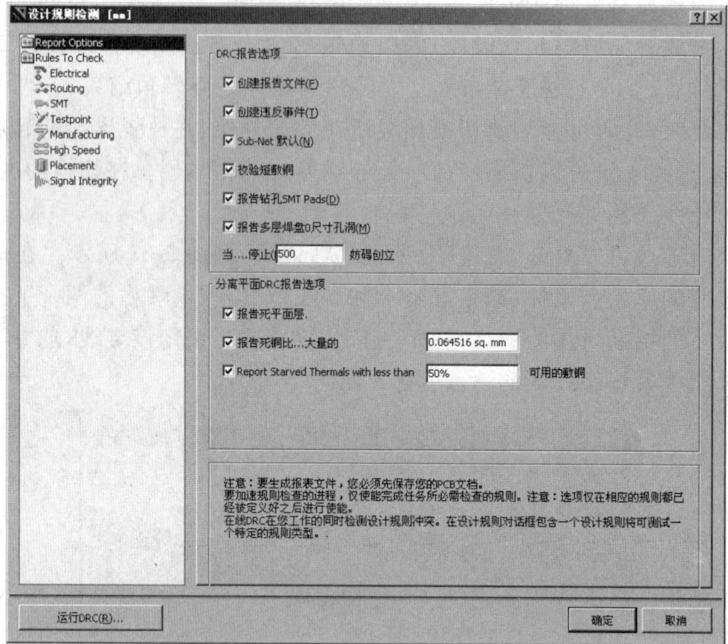

图 9-29 “设计规则检测”对话框

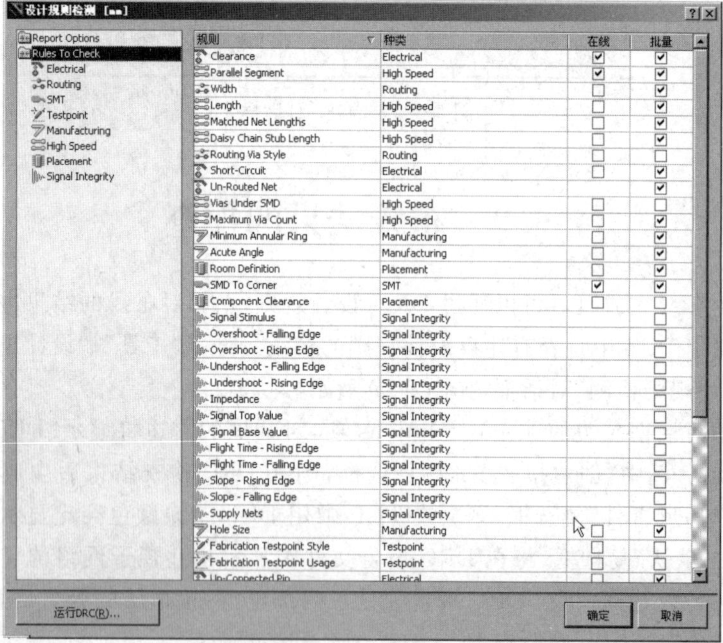

图 9-30 Rules To Check 项

单击“运行 DRC”按钮将启动批处理 DRC 检查，检查结果将会显示在 Messages 面板和 DRC 报告文件中。

在线 DRC 检查是指在布线的同时进行 DRC 检查，每个布线操作完成后都会进行在线 DRC 检查，并用 DRC 错误颜色突出显示违规之处。要进行在线 DRC 检查只需通过选择“工具”|“优先设定”命令，在弹出的“参数选择”对话框中，选择 PCB Editor 选项组，然后展开常规项，选中“在线 DRC”复选框即可，如图 9-31 所示。

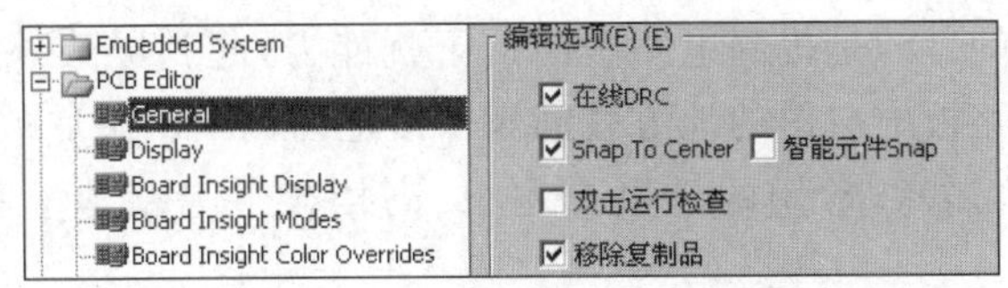

图 9-31　选中“在线 DRC”复选框

9.10　添加泪滴及敷铜

1. 添加泪滴

添加泪滴是指在导线与焊盘/过孔的连接处添加一段过渡铜箔，过渡铜箔呈现泪滴状。泪滴的作用是增加焊盘/过孔的机械强度，避免应力集中在导线与焊盘/过孔的连接处，而使连接处断裂或焊盘/过孔脱落。高密度的 PCB 由于导线的密度高、线径细，在钻孔等加工过程中容易造成焊盘/过孔的铜箔脱落或连接处的导线断裂。添加泪滴的方法如下。

选择“工具”|“滴泪”命令，系统弹出“泪滴选项”对话框，如图 9-32 所示。

(1)“焊盘”复选框：对 PCB 中所有焊盘添加泪滴。

(2)“过孔”复选框：对 PCB 中所有过孔添加泪滴。

(3)“仅选择对象”复选框：只对此前已选中的焊盘/过孔添加泪滴。

(4)“强迫泪滴”复选框：强制对所有焊盘/过孔添加泪滴。

(5)“创建报告”复选框：添加泪滴后生成报告文件。

(6)“行为”单选框：选择是进行添加泪滴还是删除泪滴。

(7)“泪滴类型”单选框：选择采用圆弧形导线构成泪滴还是采用直线形导线构成泪滴。

单击“确定”按钮对焊盘/过孔添加泪滴，添加泪滴前后的焊盘对比如图 9-33 所示。

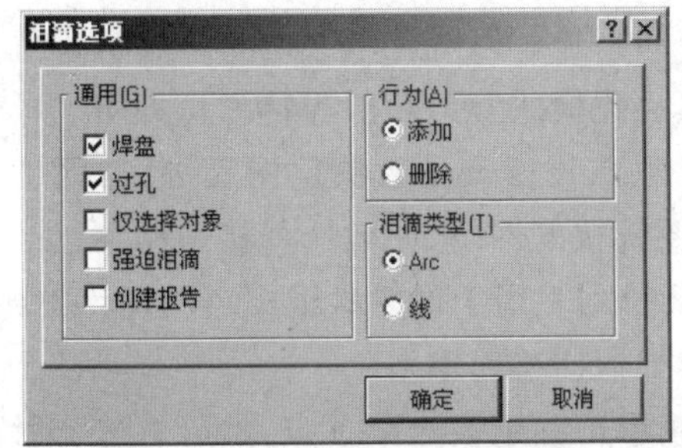

图 9-32　“泪滴选项”对话框

图 9-33　添加泪滴前后的焊盘对比

注意：添加泪滴的原因，一是为了图纸的焊盘看起来较为美观；二是因为在制作PCB时，若有个泪滴，则在钻孔时不会将焊盘损坏。

2. 添加敷铜

网格状填充区又称敷铜，敷铜就是将电路板中空白的地方铺满铜箔，添加敷铜不仅仅是为了好看，最主要的目的是提高电路板的抗干扰能力，起到屏蔽外界干扰的效果，通常将敷铜接地，这样电路板中空白的地方就铺满了接地的铜箔。添加敷铜后，电路板的抗干扰能力就会有显著地提高，常用的计算机主板、高档显卡等基本上都有大量的敷铜，如图 9-34所示。

选择“放置”|“多边形敷铜”命令或单击工具栏中的按钮，系统将弹出“多边形敷铜”对话框，如图 9-35 所示。

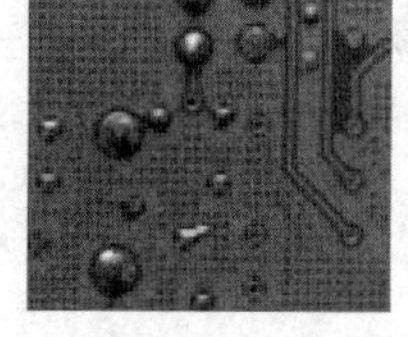

图 9-34 电路板中的敷铜

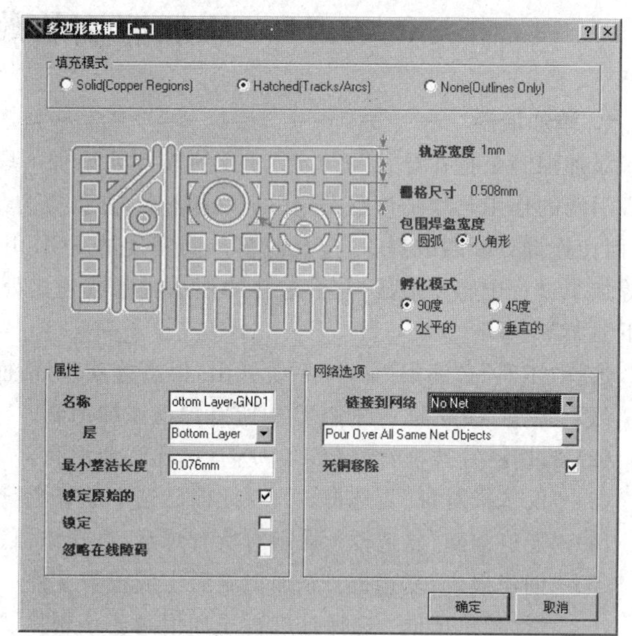

图 9-35 “多边形敷铜”对话框

“填充模式”栏用于选择敷铜的填充模式，共有 3 种填充模式：实心填充（铜区）、影线化填充（导线/弧）及无填充（只有边框），一般选择影线化填充（导线/弧）。

选择影线化填充（导线/弧）后对话框的中间将显示影线化填充的具体参数设置，包括“轨迹宽度”、“栅格尺寸”、“包围焊盘宽度”及“孵化模式”等，一般保持默认即可。

在“属性”栏可以设置敷铜所在的层、最小整洁长度及是否锁定图元等。“网络选项”栏的“链接到网络”下拉列表用于设置敷铜所要链接的网络，一般选择接地网络（如 GND）或不链接到任何网络（No Net）。Pour Over 下拉列表用于设置敷铜覆盖同网络对象的方式，“死铜移除”复选框用于设置是否删除没有焊盘连接的铜箔。

在单击按钮后，光标将变成十字形状，连续单击确定多边形顶点，然后右击，系统将在所指定多边形区域内放置敷铜，效果如图 9-36 所示。

要修改敷铜的设置可在敷铜上双击，系统将再次弹出“多边形敷铜”对话框，修改好相应参数以后单击“确定”按钮，系统将弹出图 9-37 所示对话框供用户确认是否重建敷铜。

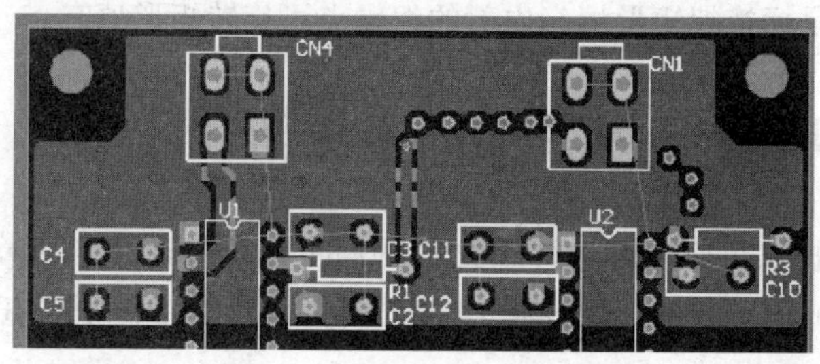

图 9-36　放置敷铜后的效果

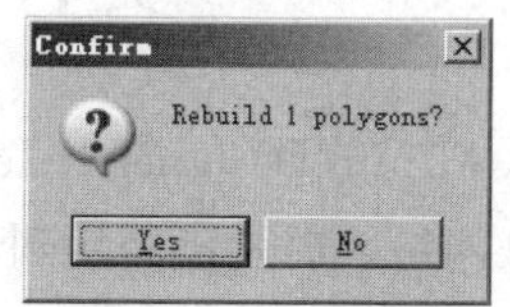

图 9-37　确认是否重建敷铜

当指定了敷铜连接的网络时，敷铜与指定网络焊盘的连接样式由设计规则中的 Polygon Connect Style(敷铜连接风格)规则决定。

3. 添加矩形填充

矩形填充可以用来连接焊点，具有导线的功能。放置矩形填充的主要目的是使电路板良好接地、屏蔽干扰及增加通过的电流，电路板中的矩形填充主要都是地线。在各种电器电子设备中的电路板上都可以见到这样的填充，如图 9-38 所示。

选择“放置”|“填充”命令或单击工具栏中的▭按钮，此时光标将变成十字形状，在工作窗口中单击确定矩形的左上角位置，最后单击确定右下角坐标并放置矩形填充，如图 9-39 所示。矩形填充可以通过旋转、组合成各种形状。

要修改矩形填充的属性可在放置矩形填充时按 Tab 键，或者双击矩形填充，系统弹出“填充”对话框，如图 9-40 所示。在该对话框中可设置矩形填充的顶点坐标、旋转角度(可以自己输入度数)、矩形填充所在层面、矩形填充连接的网络、是否锁定及是否作为禁止布线区的一部分等。

图 9-38　电路板上的矩形填充

图 9-39　放置矩形填充后的效果

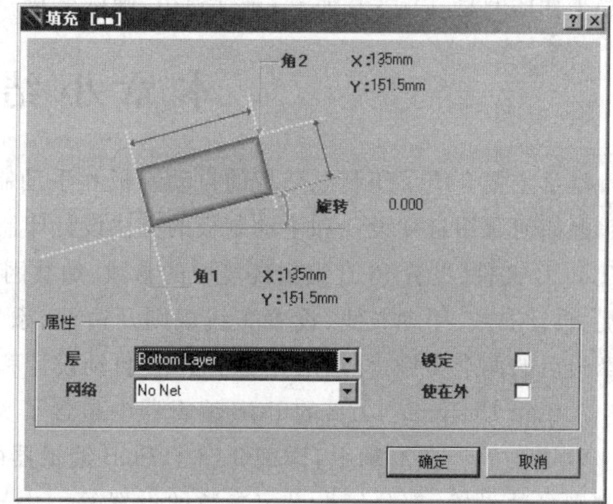

图 9-40　“填充”对话框

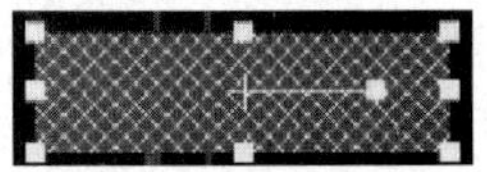
图 9-41 编辑矩形填充

要编辑矩形填充可单击矩形填充，矩形填充上将出现若干编辑点，如图 9-41 所示。拖拽相应编辑点即可修改矩形填充的大小，用鼠标拖拽矩形填充内部的编辑点可旋转矩形填充。

9.11 原理图与 PCB 的同步更新

Altium Designer Release 10 提供了原理图与 PCB 之间的同步更新功能，在前面章节加载网络表时就已经用到了 Altium Designer Release 10 的同步更新功能，原理图与 PCB 的同步更新有以下两个方向。

1. 由原理图更新 PCB

在绘制 PCB 的过程中，有时因设计需要会对原理图进行修改，而此时原理图的网络表已经导入 PCB 当中，为保证 PCB 与原理图的一致可以再次使用原理图编辑器的更新 PCB 功能。

使原理图文件“显示电路. SchDoc”与 PCB 文件 Pcb1. PcbDoc 同时处于打开状态，选择原理图编辑器的“设计”|Update PCB Document Pcb1. PcbDoc 命令，或者选择 PCB 编辑器的“设计”|Import Changes From PCB_Project1. PrjPCB 命令，系统弹出“工程变化订单”对话框。

2. 由 PCB 更新原理图

在绘制 PCB 的过程中，有时也会用 PCB 去更新原理图，以保证 PCB 与原理图的一致。

使原理图文件“单片机. SchDoc”与 PCB 文件“Pcb1. PcbDoc”同时处于打开状态，并使“Pcb1. PcbDoc”处于当前工作窗口中。选择 PCB 编辑器的“设计”|Update Schematics in PCB_Project1. PrjPCB 命令，系统弹出“确认更新”对话框。

本章小结

本章主要介绍了印制电路板的自动制板和手动制板技术。通过本章的学习，读者可以掌握如何采用自动设计和手动制板的方法设计印制电路板。这些方法和技能包括如何新建 PCB 文件、设置 PCB 编辑环境中的参数、加载网络表文件、进行 PCB 自动布局、手动布局、自动布线、手动布线、设置布线规则及边框、添加泪滴及敷铜、布线结果的检查等。本章最后的两个实例，详细地介绍了 PCB 自动设计和手动制板的全过程。

Altium Designer 10.0 的 PCB 编辑器中包含了大量的参数设置，正确设置这些参数是非常重要的。在本章中，详细介绍了 PCB 编辑器的环境参数设置、板层参数设置、布线规则参数设置、部分优先设定参数的设置等。由于参数众多，涉及的面很广，难以对所有参数的作用一一进行详解及举例，需要读者在学习及实践中逐渐掌握这些参数的作用。

PCB 的设计需要丰富的电气知识和经验，设计者需要考虑的问题很多，例如防止信号的串扰、屏蔽电磁干扰、良好的电源线与接地线、减少高频信号的传输延迟、减少分布参数的影响、便于散热、便于安装调试等。没有一个统一的尺度用来衡量 PCB 是否会产生上述问题，设计者需要从大量实践中积累经验和教训，要成为一个优秀的 PCB 设计者并非是一朝一夕的事情。

习 题 9

1. 简述 PCB 自动设计的步骤。
2. 新建 PCB 文件有哪三种方法？
3. PCB 文档参数包括哪些？
4. 如何管理板层？
5. 如何设置板层颜色和显示？
6. 简述加载网络表文件的过程。
7. 自动布局包括哪两种方式？两者有何区别？
8. 元件编辑操作有哪些？
9. 元件手动布局所需的主要操作有哪些？
10. 影响自动布线的主要规则有哪些？
11. 简述 DRC 检查的作用。
12. 简述添加泪滴、敷铜、矩形填充的作用。
13. 如何在 PCB 上放置螺丝孔？
14. 新建一个 PCB 文件中，在 Keep-Out 层绘制长×宽为 3200mil×2300mil 的电气边框，在 Mechanical 1 层绘制物理边框，物理边框与电气边框间距为 50mil，即 3300mil×2400mil。
15. 在上题的基础上，放置尺寸标注于 Mechanical 1 层，在电气边框的 4 个角分别放置孔径为 3mm 的固定螺丝孔。
16. 图 9-42 所示为某电路原理图，采用手动布线为该电路设计单面印制电路板。手动制板完成后，再练习自动双面板的制作。

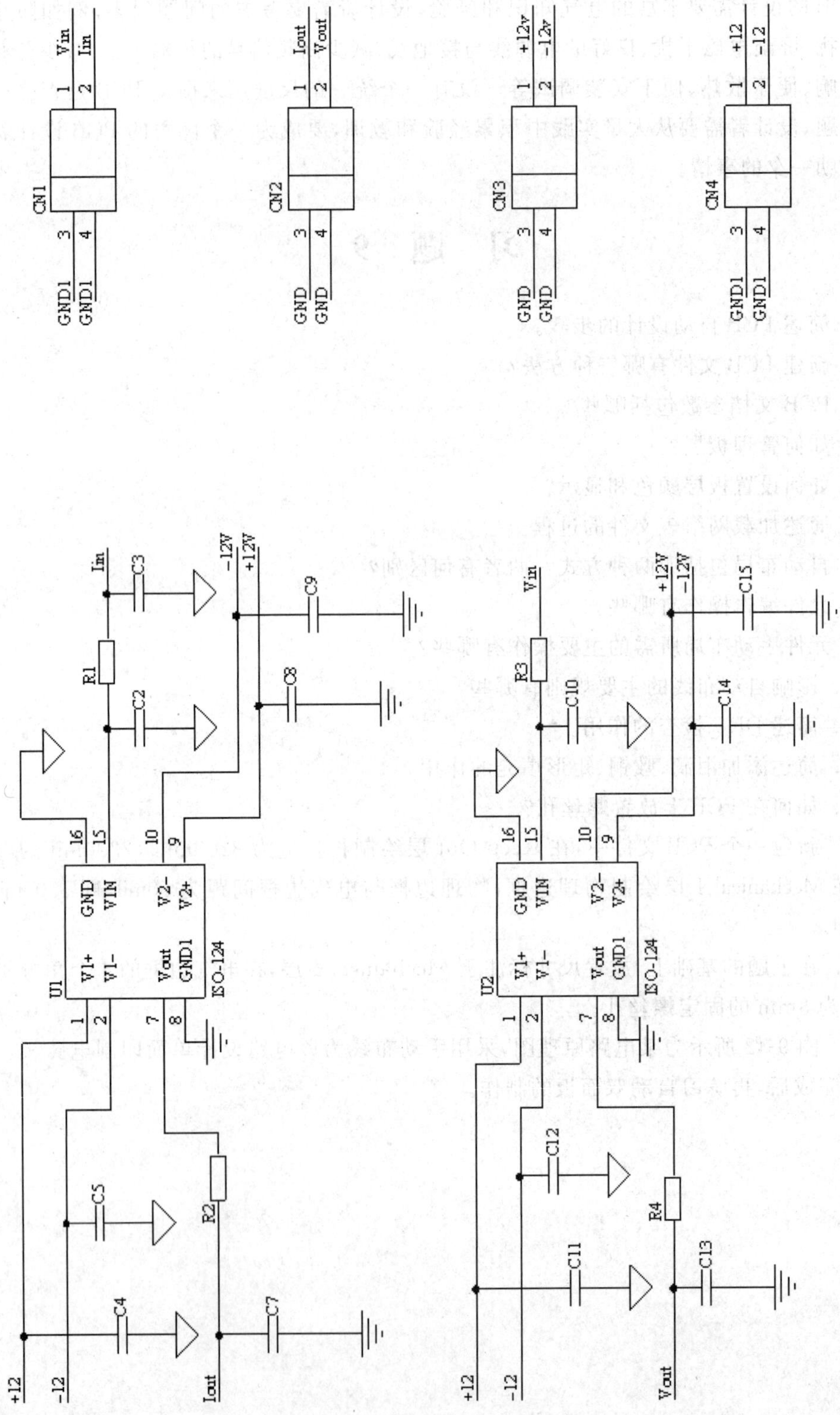

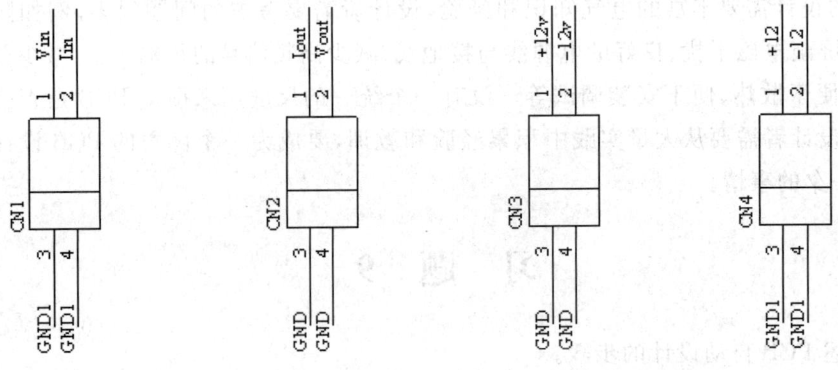
CN1
Vin
Iin
GND1
GND1
CN2
Iout
Vout
GND
GND
CN3
+12v
-12v
GND
GND
CN4
+12
-12
GND1
GND1

图 9-42 电路图

第 10 章

显示电路的绘制实例

本章导读：本章通过另外一个电路设计实例，讲述 PCB 板制作的全过程，其中涉及 PCB 板制作前的元件绘制、封装绘制、元件的封装添加、PCB 规则设置、原理图元件的放置、PCB 板设置、PCB 导入元件、PCB 的布局、布线、添加泪滴、敷铜等。

学习目标：

(1) 掌握 PCB 工程文件的建立。

(2) 掌握原理图元件库的绘制及封装的添加。

(3) 掌握 PCB 封装库的绘制方法。

(4) 掌握 PCB 中导入原理图的方法。

(5) 掌握 PCB 布局布线的方法及规则设置方法。

(6) 掌握 PCB 的泪滴、敷铜过孔的添加方法。

10.1 新建 PCB 工程及原理图元件库

(1) 选择“开始”菜单，启动 Altium Designer Release 10 软件。

(2) 选择“文件”|“新的”|“工程”|“PCB 工程”命令，建立一个 PCB 工程文件，如图 10-1 所示。

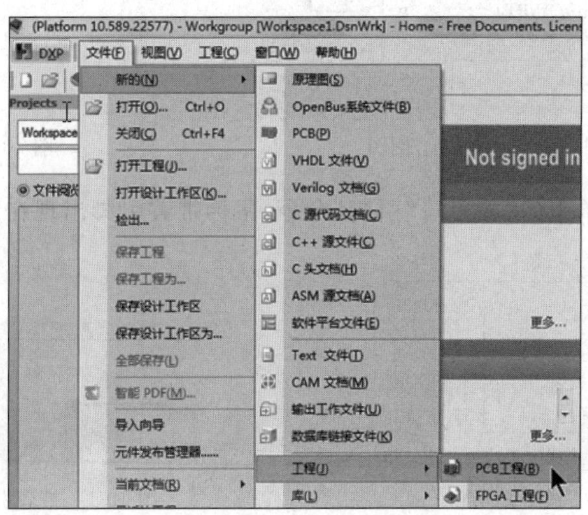

图 10-1　建立 PCB 工程文件

(3) 出现一个 Projects 面板，如图 10-2 所示。

(4) 在 PCB_Project1.PrjPCB 选项上右击，选择“给工程添加新的”| Schematic Library 命令添加一个原理图元件库文件。添加后的工程面板如图 10-3 所示。

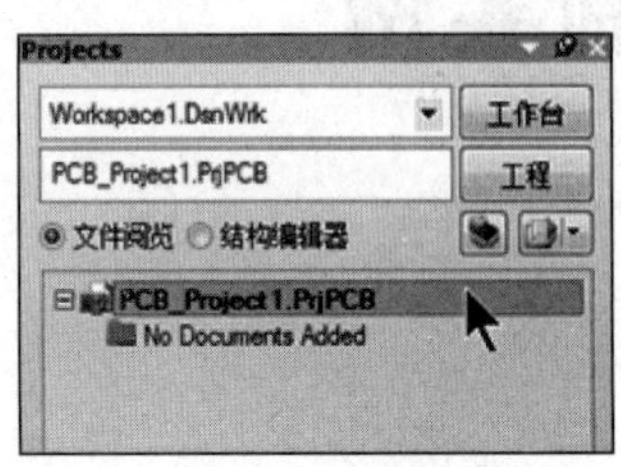

图 10-2 Projects 面板

图 10-3 添加原理图库后的面板

10.2 制作原理图元件

以制作 74LS47 为例来进行介绍。

元件的示例图如图 10-4 所示。制作步骤如下：

(1) 在原理图元件库编辑窗口中，找到图 10-5 中所示的矩形工具，移动鼠标到原理图元件库编辑窗口中进行放置。根据坐标确定好大小放置在第四象限如图 10-6 所示。在放置过程中，可以通过 PageUp、PageDown 控制来调节页面的大小。

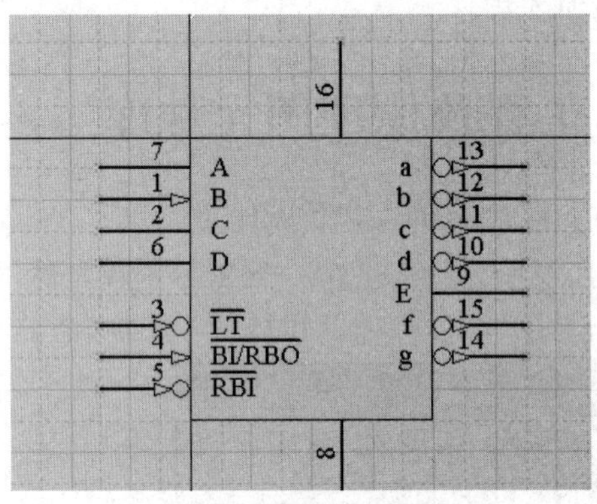

图 10-4 元件的示例图

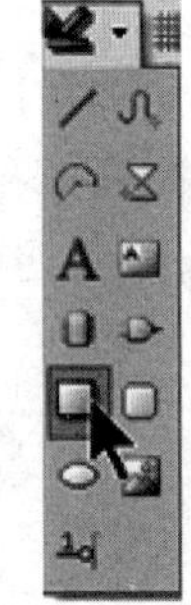

图 10-5 矩形工具

(2) 选择主菜单中的“放置”|“引脚”命令，鼠标带着引脚出现在窗口中，如图10-7所

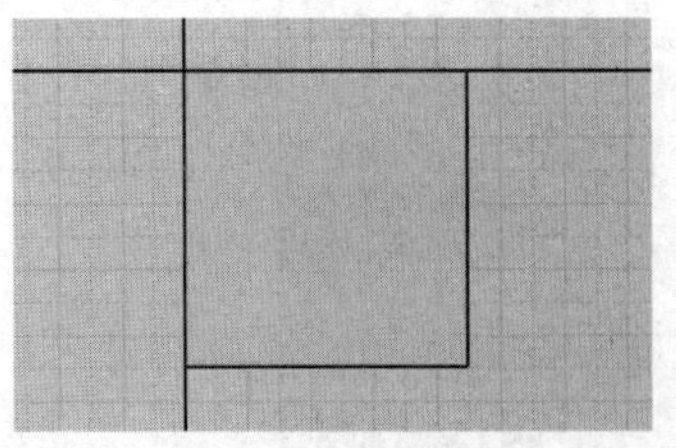

图 10-6 放置矩形框

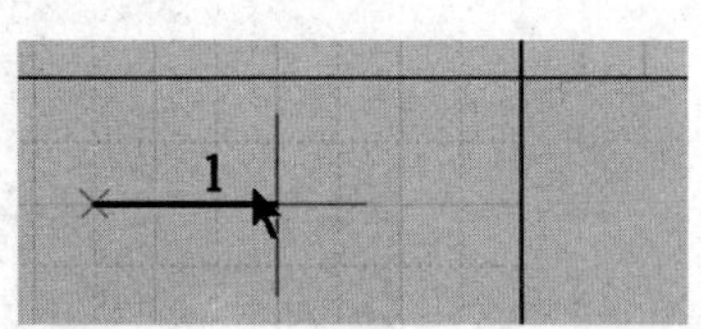

图 10-7 带着引脚的鼠标

示。然后，按 Tab 键弹出“Pin 特性”对话框，设置引脚 1 的属性，如图 10-8 所示。

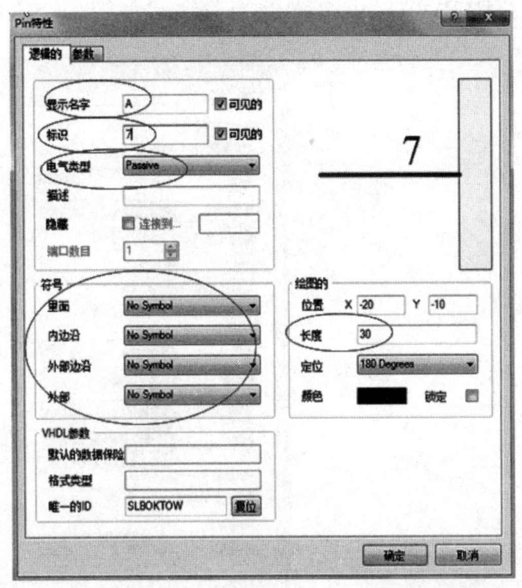

图 10-8　设置引脚 7 的属性

(3) 按照图 10-8 修改一些数据，修改好后单击“确定”按钮。

(4) 同样的方法设置第 8 脚及其他引脚，但有几种特殊的引脚应注意(输出的电气类型应为 Output，输入为 Input)，图 10-9 中所示是第 1 脚属性设置。

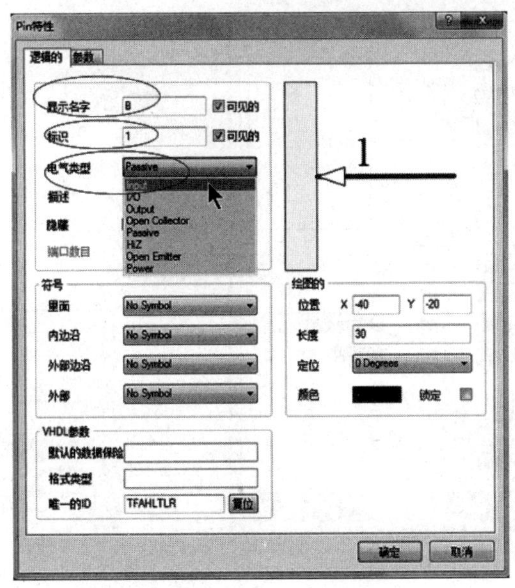

图 10-9　第 1 脚属性设置

(5) 放置几个引脚后的示意图如图 10-10 所示。

(6) 其他特殊引脚按照图 10-11 进行设置。设置 3 号引脚的显示名字为“L\T\”，电气类型为 Input，外部边沿为 Dot，以同样的方法添加 5 号引脚，再添加 4 号引脚，设置4 号引脚显示名字为“B\I\/\R\B\O\”、电气类型为 Input，如图 10-12 所示。

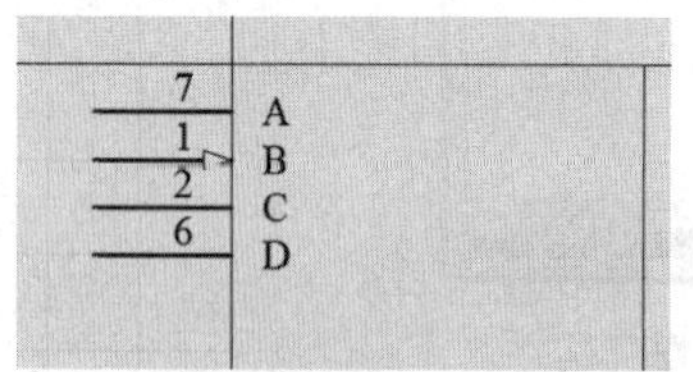

图 10-10　放置几个引脚后的示意图

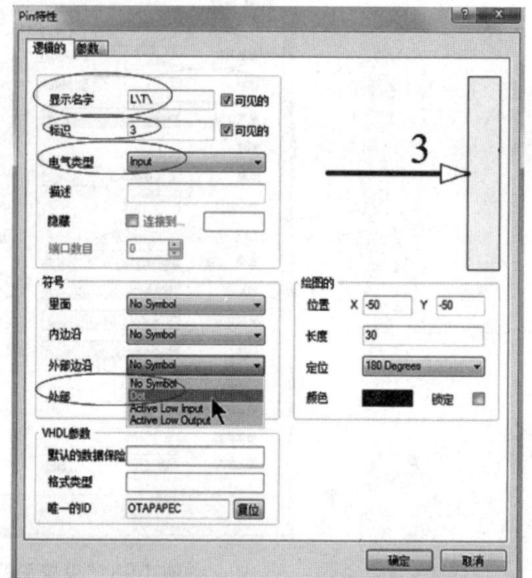

图 10-11　第 3 脚属性设置

(7) 添加几个引脚后的示意图如图 10-13 所示。

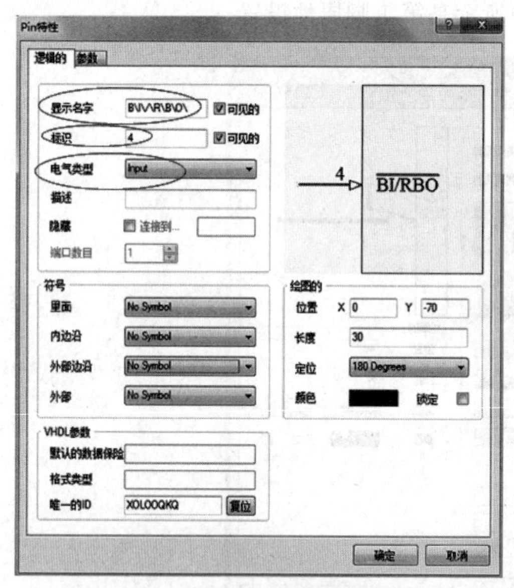

图 10-12　第 4 脚属性设置

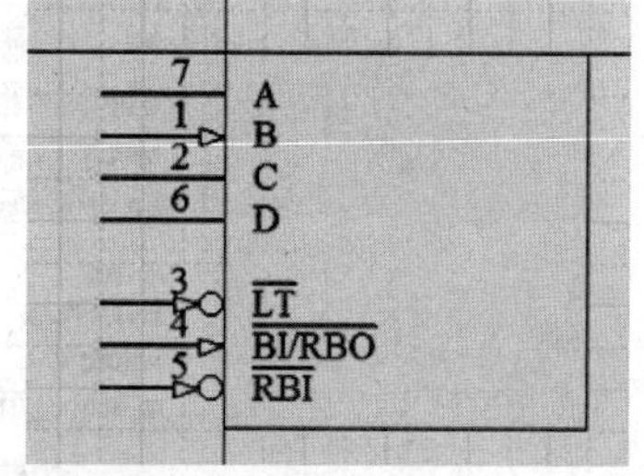

图 10-13　添加几个引脚后的示意图

(8) 设置 11 号引脚的电气类型为 Output，外部边沿为 Dot，以同样的方法放置好其他引脚，如图 10-14 所示。

(9) 添加 16 脚和 8 脚，并设置好属性，如图 10-15 和图 10-16 所示。

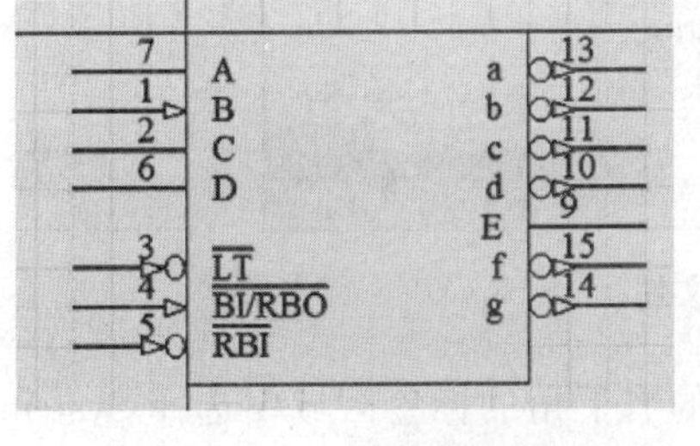

图 10-14　放置好的引脚

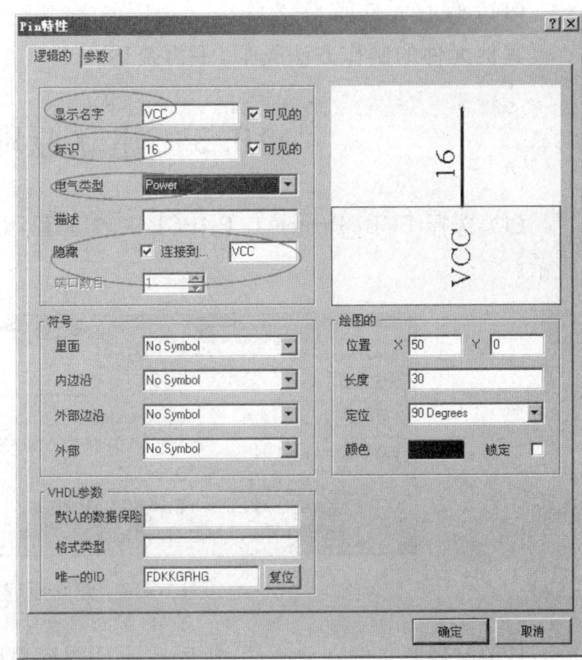

图 10-15　第 16 脚属性设置

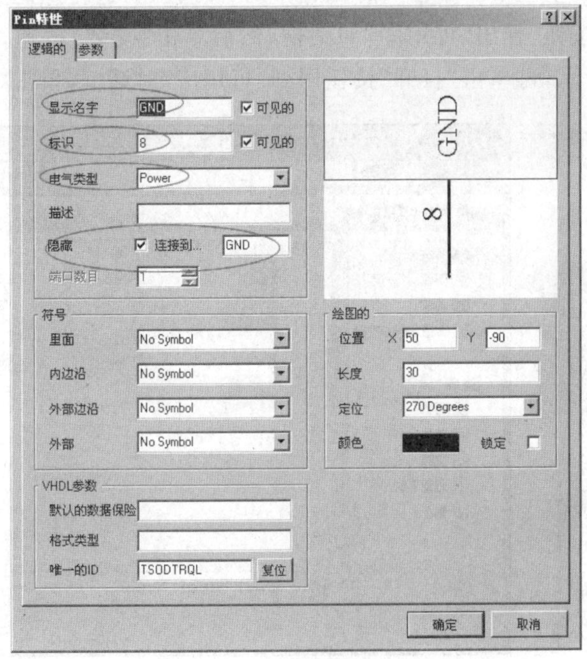

图 10-16　第 8 脚属性设置

(10) 选择主菜单中的“查看”|“显示隐藏管脚”命令，可以将已经隐藏的 16 脚和 8 脚显示出来，此时元件的最后效果如图 10-4 所示。

(11) 保存元件库。

其他元件的制作方法类似,不再赘述。

10.3　建立原理图文件

(1) 选择 PCB_Project1. PrjPCB|"给工程添加新的"|Schematic 命令,如图 10-17 所示。

图 10-17　建立原理图文件

(2) 原理图文件自动激活,然后在原理图窗口中的右下角的标签区域中选择 System|"库"命令,如图 10-18 所示。

(3) "库"面板自动激活。单击"库"面板中的"库"按钮,进行库的安装。

(4) 单击"库"按钮,弹出"可用库"对话框,然后单击"安装"按钮,找到自己要安装的元件,如图 10-19 所示,再单击"打开"按钮回到"可用库"对话框,单击"关闭"按钮。

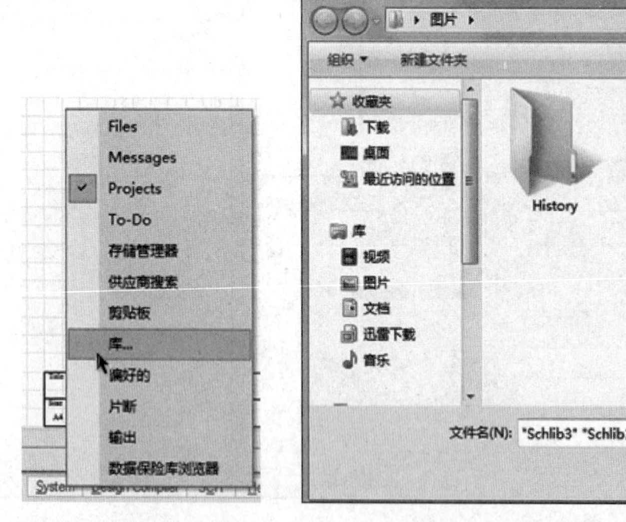

图 10-18　选择"库"命令　　　　图 10-19　选择库

(5) 找到 Schlib1. SchLib 并选中,将元件名称中的"Component_1"拖出,如图 10-20 所示,用相同的方法拖出其他的元件。

(6) 元件放置完成后，对于元件属性的修改主要是网络标号和注释。按 PageUp 放大页面，双击“ * ”，弹出“参数属性”窗口，将“值”改为“U21”。同理修改其他的参数，如图 10-21所示。

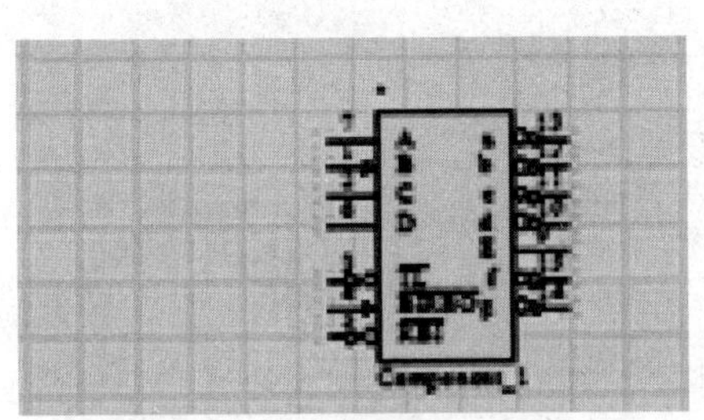

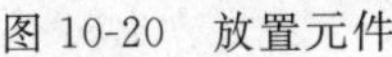

图 10-20　放置元件

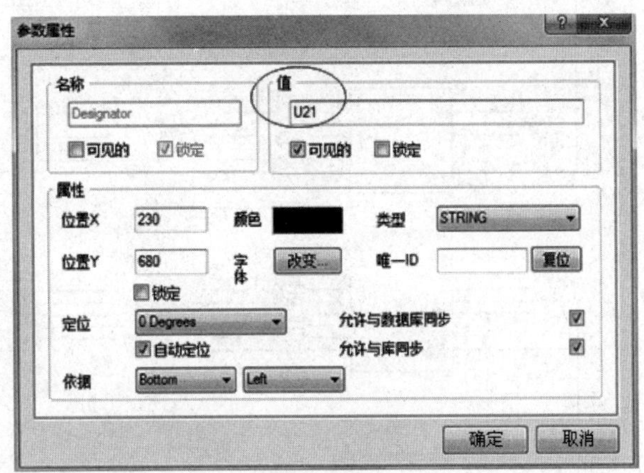

图 10-21　设置 U21

(7) 元件修改完成后如图 10-22 所示。

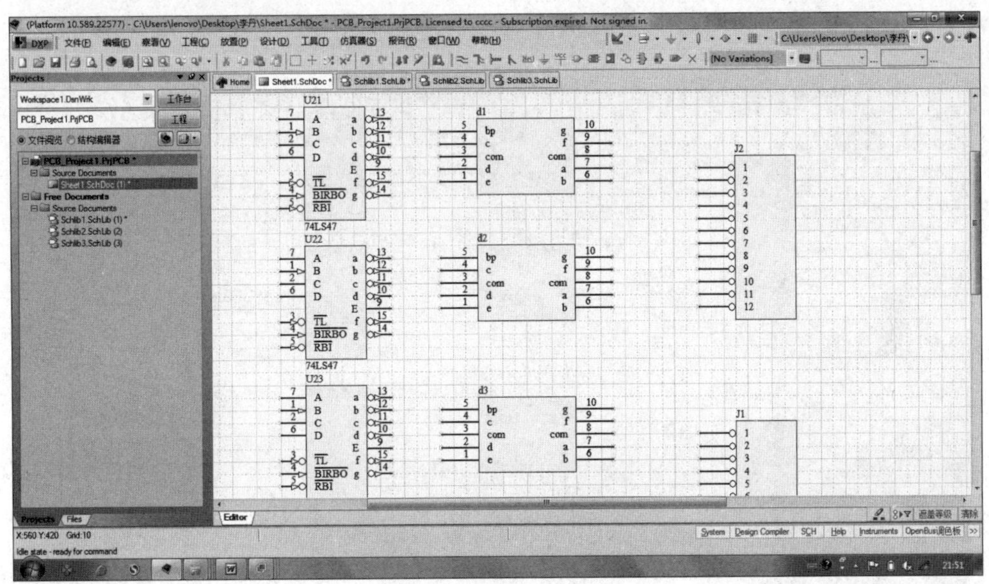

图 10-22　此时完成的示意图

(8) 放置电阻，再设置电阻的属性，同样是双击电阻进行设置。放置电阻后的示意图如图 10-23 所示。

(9) 找到放置“线”图标，单击，鼠标将变成十字线，进行一般的电路连接，其结果如图 10-24所示。

(10) 找到“放置网络标号”，将标号放到所画的导线上，在放置标号的过程中可以

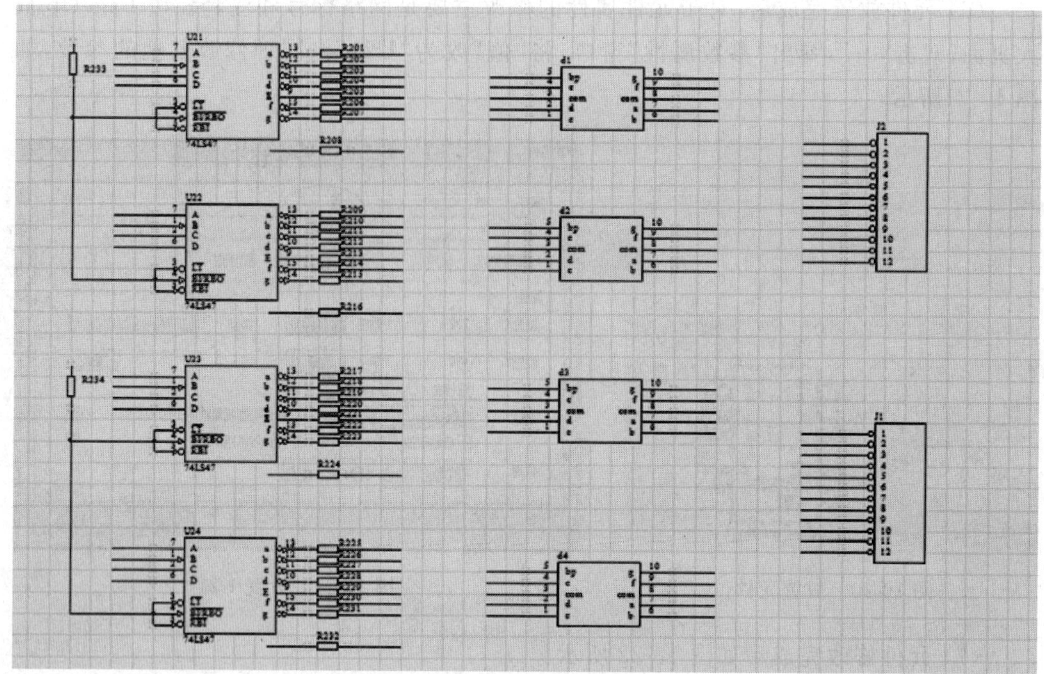

图 10-23 此时的示意图

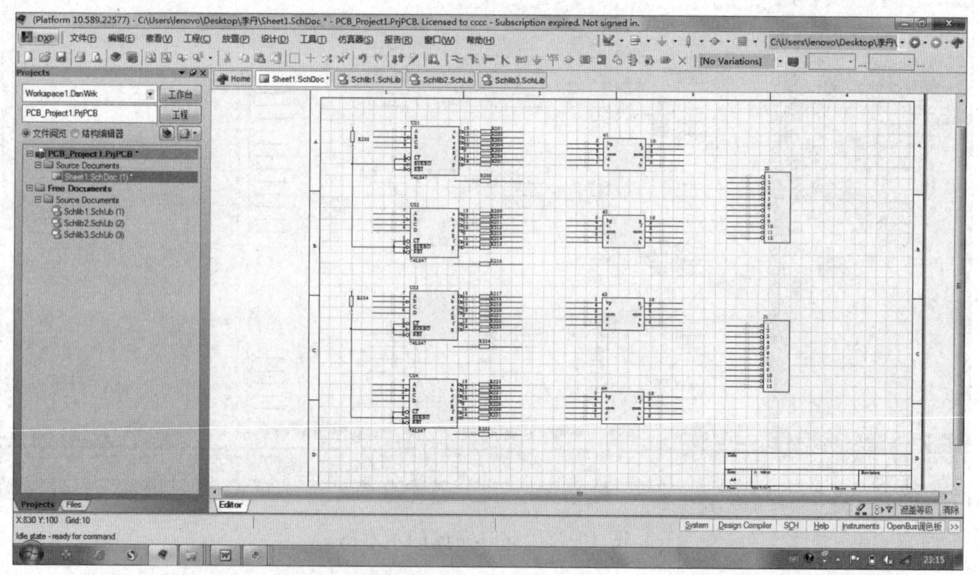

图 10-24 电路连接

按 Tab 键进行属性设置，如图 10-25 所示，也可以放置完成后双击标号进行更改。

（11）放置标号后的示意图如图 10-26 所示。

（12）找到“VCC 电源端口”，并接在图 10-27 所示的位置。

（13）最后完成的原理图如图 10-28 所示。

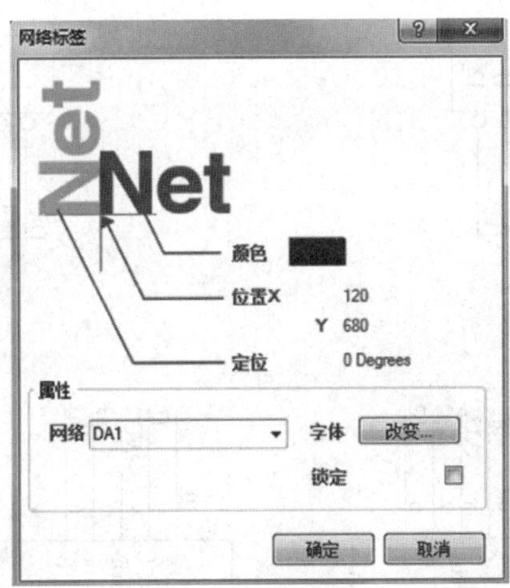

图 10-25　设置标号属性

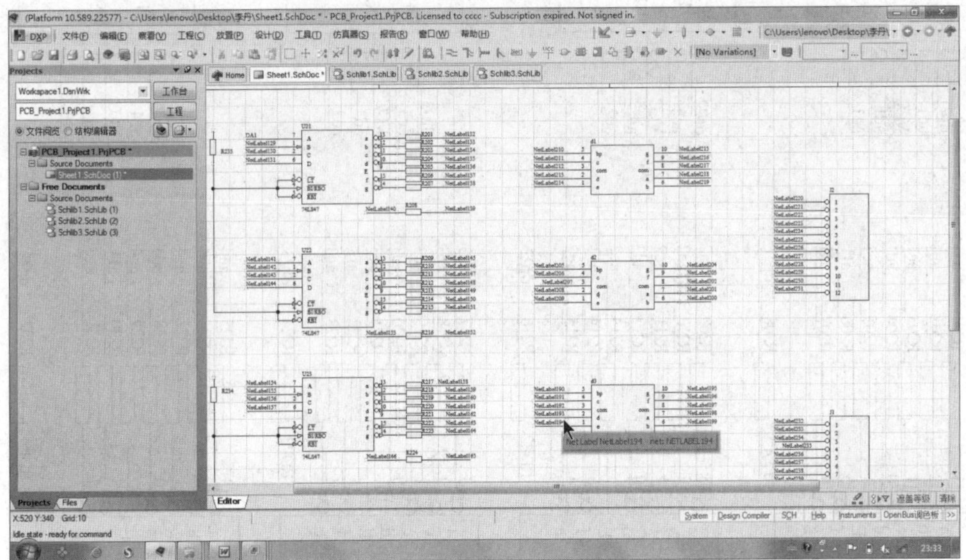

图 10-26　放置标号后的示意图

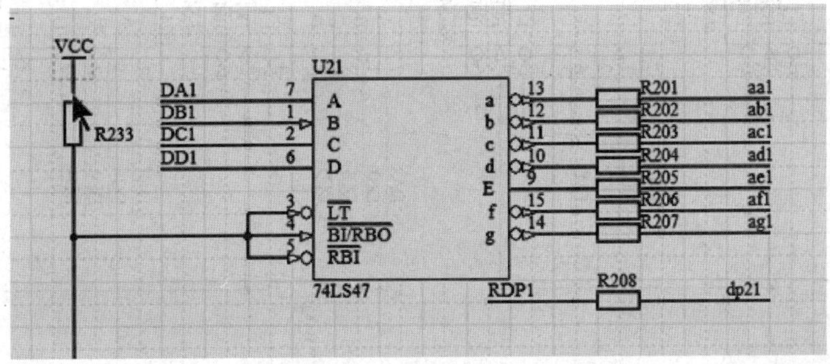

图 10-27　放置电源

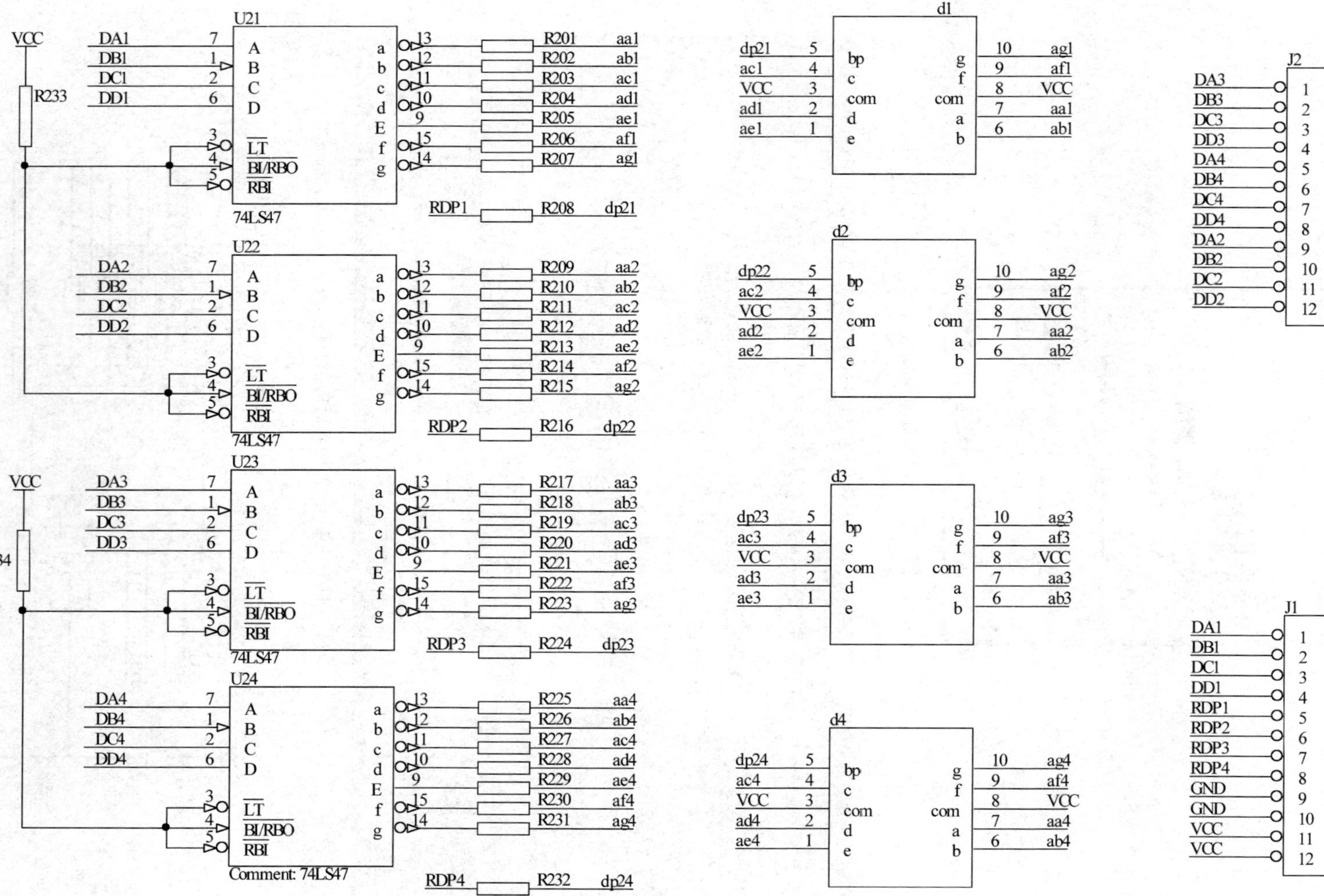

图 10-28 完成的原理图

10.4　给原理图元件添加封装

(1) 双击 U21,弹出 Properties for Schematic Component in Sheet[Sheet1. SchDoc] 对话框,如图 10-29 所示。

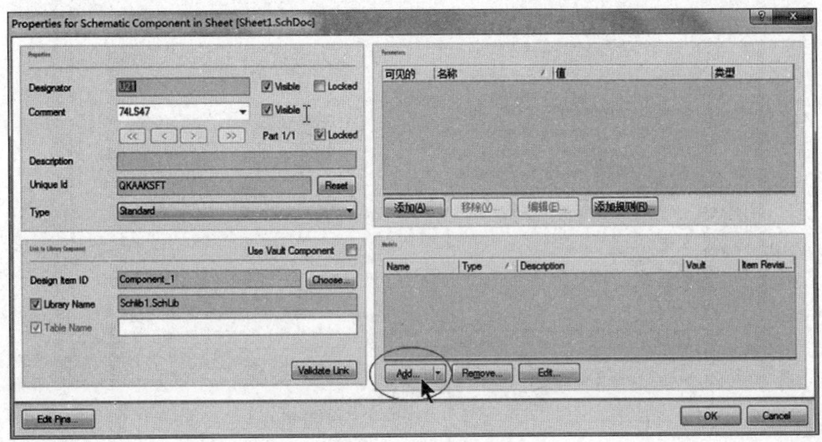

图 10-29　元件属性对话框

(2) 再单击 Add 按钮,弹出图 10-30 所示的对话框,单击"确定"按钮。此时,弹出"PCB 模型"对话框,如图 10-31 所示。

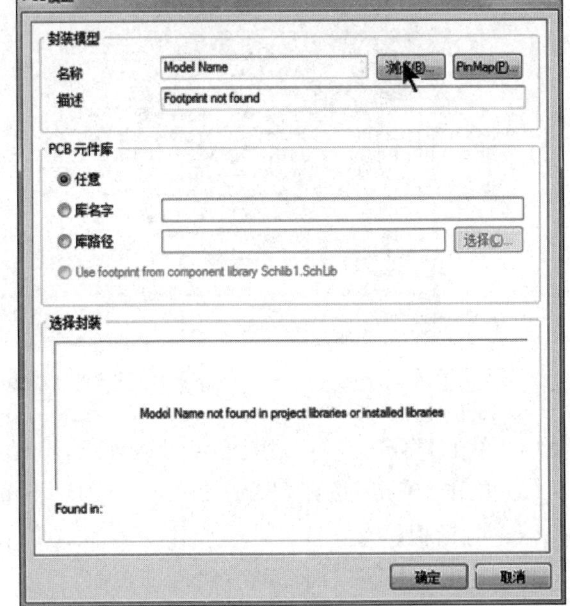

图 10-30　"添加新模型"对话框

图 10-31　"PCB 模型"对话框

(3) 单击"浏览"按钮，弹出图 10-32 所示的"浏览库"对话框，找到 DIP16 封装，如图 10-33所示。

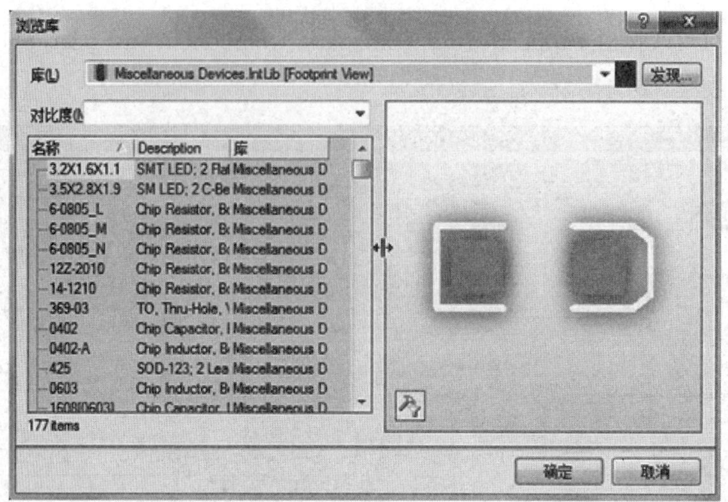

图 10-32 "浏览库"对话框

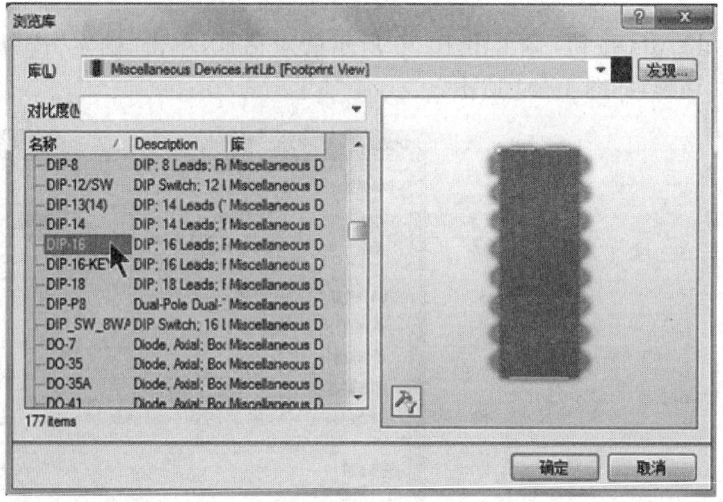

图 10-33 找到 DIP16 封装

(4) 单击"确定"按钮，封装已经可以预览，出现在图 10-34 所示的预览区域内。

(5) 单击"确定"按钮，回到 Properties for Schematic Component in Sheet[Sheet1.SchDoc]对话框。

其他元件的封装以同样的方法进行添加。

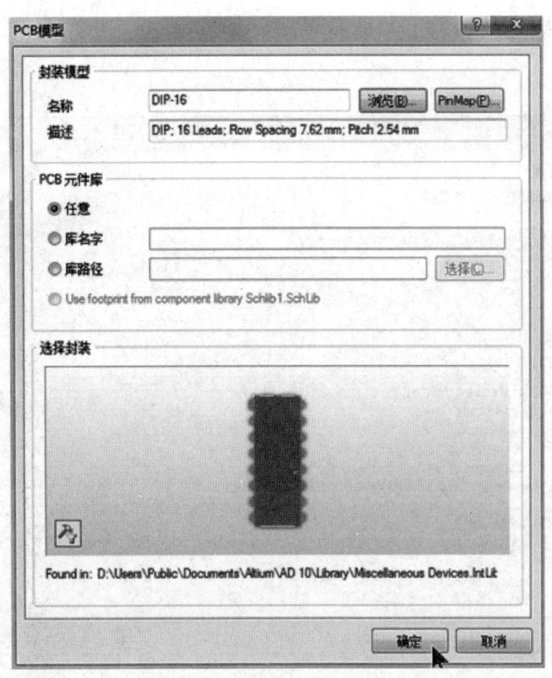

图 10-34　封装预览

10.5　创建 PCB

10.5.1　创建 PCB 文件

(1) 单击 Files 面板中的"从模板新建文件"选项区域中的 PCB Board Wizard 按钮，如图 10-35 所示。

(2) 出现"PCB 板向导"对话框，单击"下一步"按钮，弹出图 10-36 所示的"选择板单位"对话框。

图 10-35　选择 PCB Board Wizard 选项

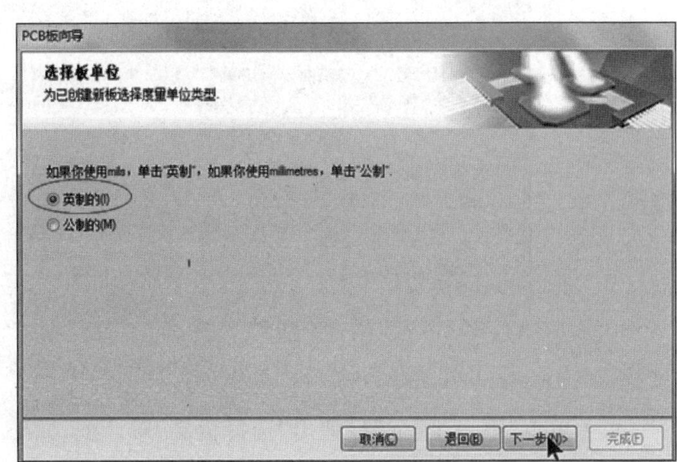

图 10-36　"选择板单位"对话框

(3) 单击"下一步"按钮，弹出"选择板剖面"对话框，选择 Custom 选项，如图 10-37 所示。

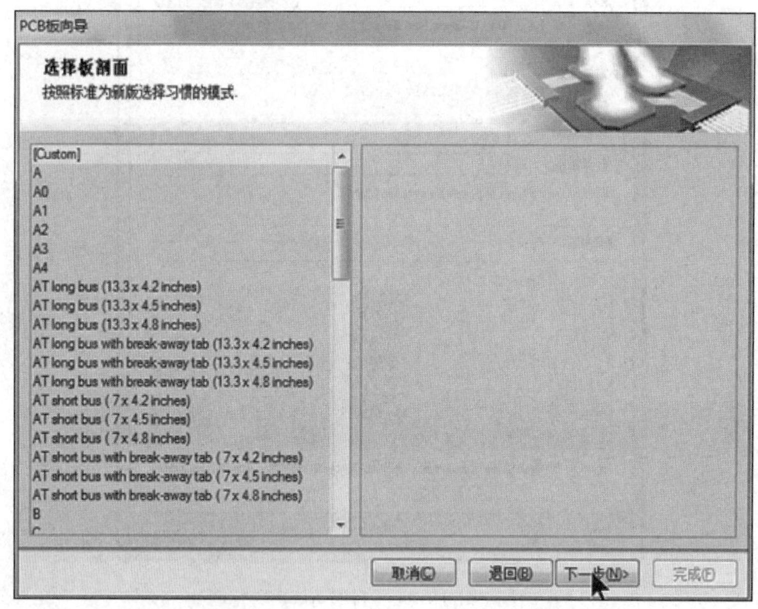

图 10-37 "选择板剖面"对话框

(4) 单击"下一步"按钮，弹出"选择板详细信息"对话框，按照图 10-38 所示进行设置。

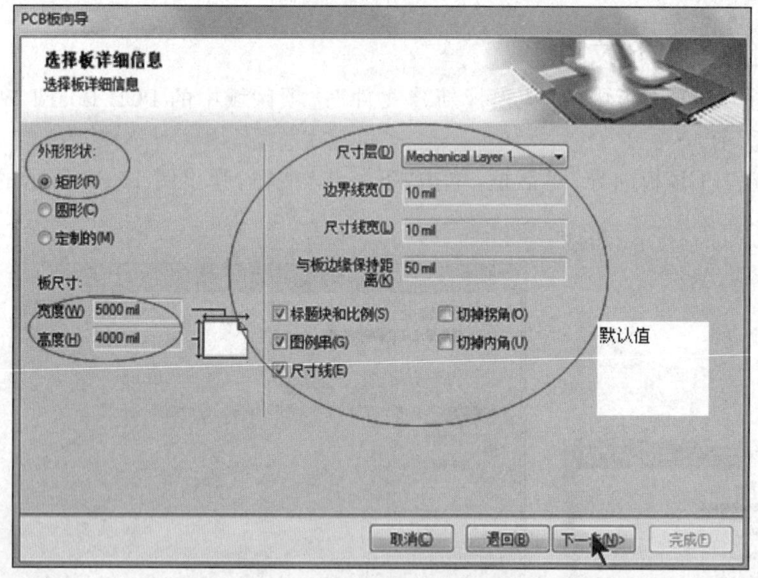

图 10-38 "选择板详细信息"对话框

(5) 单击"下一步"按钮，弹出"选择板层"对话框，如图 10-39 所示。

(6) 单击"下一步"按钮，弹出"选择过孔类型"对话框，如图 10-40 所示。

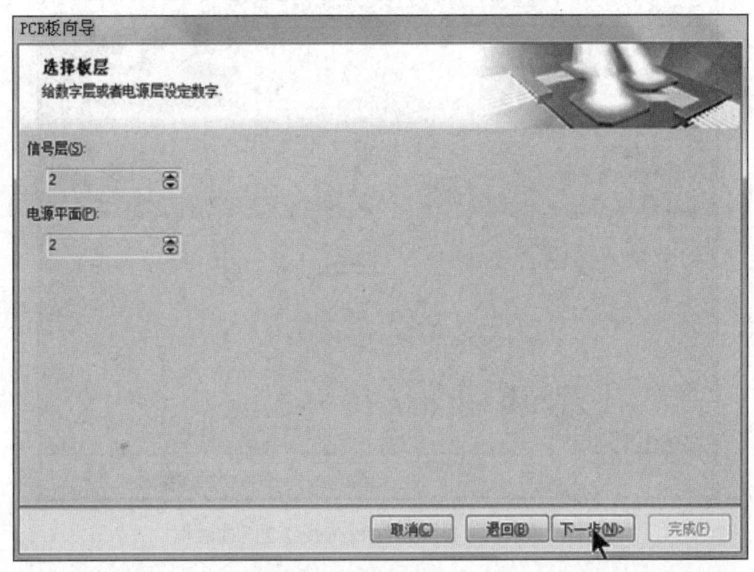

图 10-39　“选择板层”对话框

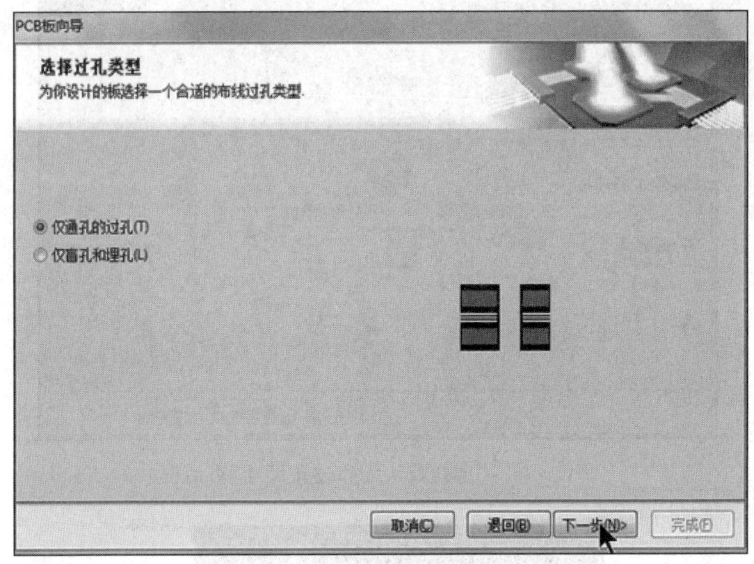

图 10-40　“选择过孔类型”对话框

(7) 单击“下一步”按钮,弹出“选择元件和布线工艺”对话框,如图 10-41 所示。

(8) 单击“下一步”按钮,弹出“选择默认线和过孔尺寸”对话框,如图 10-42 所示。

(9) 单击“下一步”按钮,弹出最后的板完成对话框,再单击“完成”按钮,将出现图 10-43所示的界面。

(10) 选择“文件”|“保存为”命令,保存 PCB 文件。

10.5.2　将电路图导入 PCB 中

(1) 打开电路图,选择“设计”| Update PCB Document PCB1. PcbDoc 命令,弹出

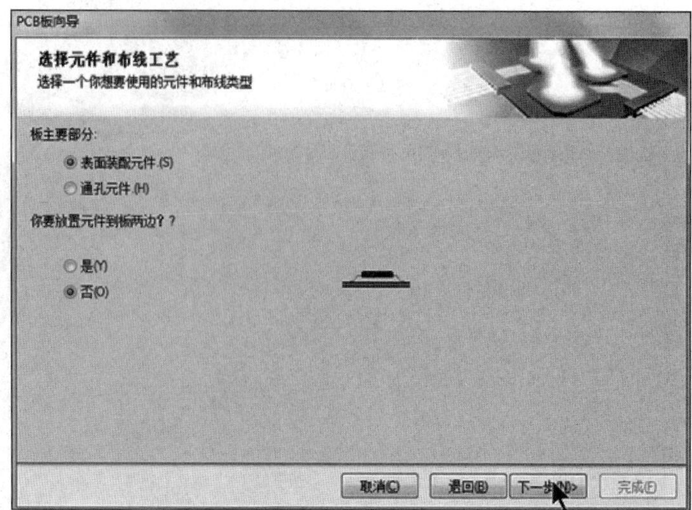

图 10-41 “选择元件和布线工艺”对话框

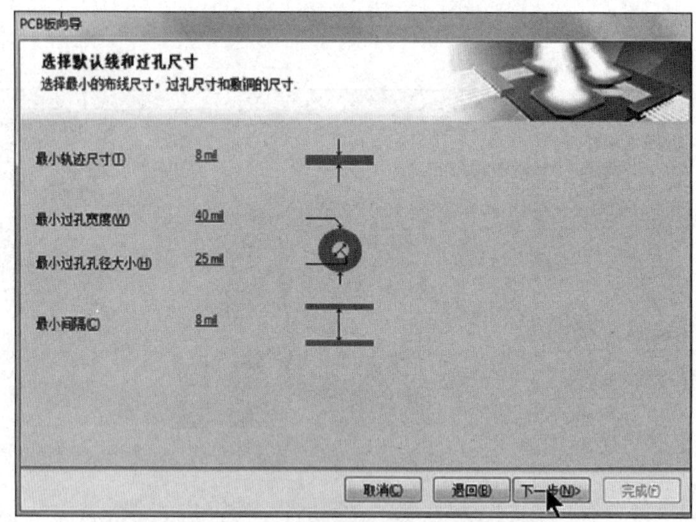

图 10-42 “选择默认线和过孔尺寸”对话框

图 10-43 已经完成 PCB 文件的建立

图 10-44 所示的“工程更改顺序”对话框。

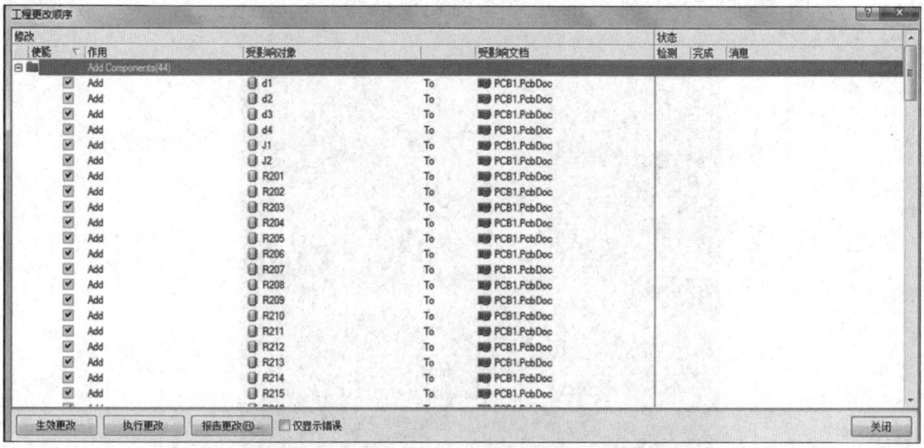

工程更改顺序
修改
状态
使能
作用
受影响对象
受影响文档
检测
完成
消息
Add Components(44)
Add d1 To PCB1.PcbDoc
Add d2 To PCB1.PcbDoc
Add d3 To PCB1.PcbDoc
Add d4 To PCB1.PcbDoc
Add J1 To PCB1.PcbDoc
Add J2 To PCB1.PcbDoc
Add R201 To PCB1.PcbDoc
Add R202 To PCB1.PcbDoc
Add R203 To PCB1.PcbDoc
Add R204 To PCB1.PcbDoc
Add R205 To PCB1.PcbDoc
Add R206 To PCB1.PcbDoc
Add R207 To PCB1.PcbDoc
Add R208 To PCB1.PcbDoc
Add R209 To PCB1.PcbDoc
Add R210 To PCB1.PcbDoc
Add R211 To PCB1.PcbDoc
Add R212 To PCB1.PcbDoc
Add R213 To PCB1.PcbDoc
Add R214 To PCB1.PcbDoc
Add R215 To PCB1.PcbDoc
生效更改
执行更改
报告更改(R)...
仅显示错误
关闭

图 10-44　“工程更改顺序”对话框

(2) 单击“执行更改”按钮，如果没有错误，再单击“生效更改”按钮，更改完毕如图 10-45所示，最后单击“关闭”按钮，将出现图 10-46 所示的窗口。

工程更改顺序
修改
状态
使能
作用
受影响对象
受影响文档
检测
完成
消息
Add NetR220_1 To PCB1.PcbDoc
Add NetR221_1 To PCB1.PcbDoc
Add NetR222_1 To PCB1.PcbDoc
Add NetR223_1 To PCB1.PcbDoc
Add NetR225_1 To PCB1.PcbDoc
Add NetR226_1 To PCB1.PcbDoc
Add NetR227_1 To PCB1.PcbDoc
Add NetR228_1 To PCB1.PcbDoc
Add NetR229_1 To PCB1.PcbDoc
Add NetR230_1 To PCB1.PcbDoc
Add NetR231_1 To PCB1.PcbDoc
Add NetR233_1 To PCB1.PcbDoc
Add NetR234_1 To PCB1.PcbDoc
Add RDP1 To PCB1.PcbDoc
Add RDP2 To PCB1.PcbDoc
Add RDP3 To PCB1.PcbDoc
Add RDP4 To PCB1.PcbDoc
Add VCC To PCB1.PcbDoc
Add Component Classes(1)
Add 显示电路 To PCB1.PcbDoc
Add Rooms(1)
Add Room 显示电路 (Scope=InComponentC To PCB1.PcbDoc
生效更改
执行更改
报告更改(R)...
仅显示错误
关闭

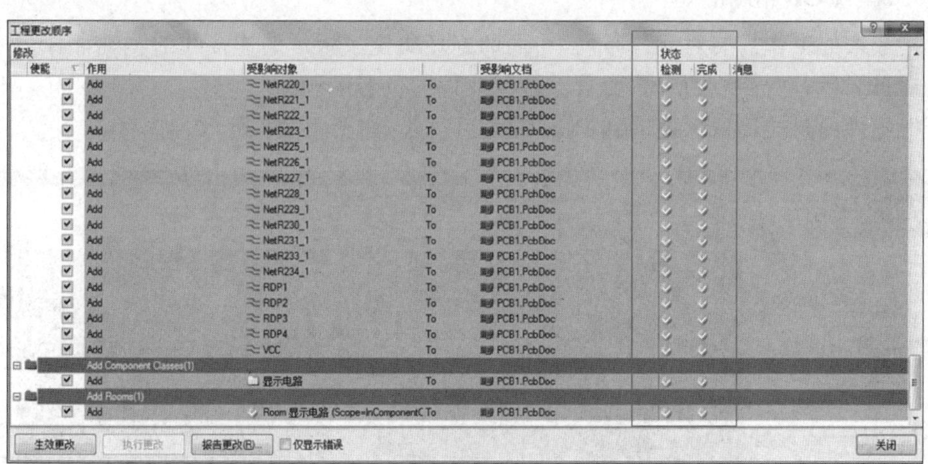

图 10-45　更改完毕

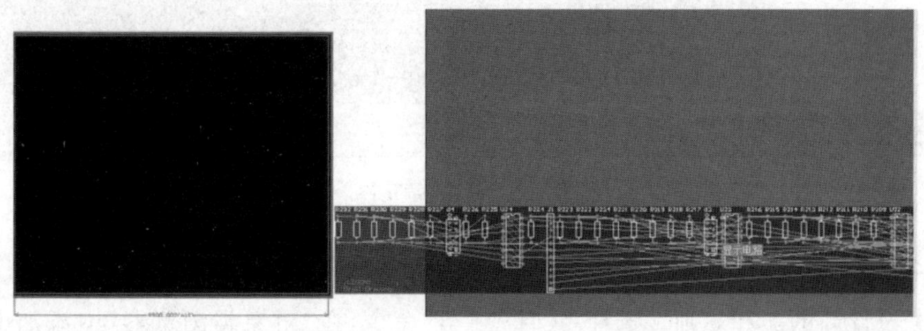

图 10-46　原理图文件已经导入

(3) 电路图元件移到黑色框内。黑色框太窄,可分成几部分分别移进,在移动过程中注意技巧。如图 10-47 所示,将全部元件移动到板框内。

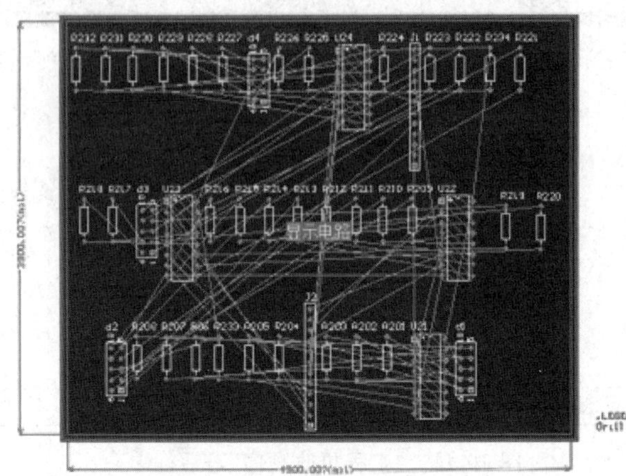

图 10-47 移动元件到板框中

10.5.3 PCB 布局

接下来的工作需要对元件布局,布局的好坏决定了板子的连接线的美观,因此一定要在自动布局后,进行手动布局,要自己进行元件的位置的调整。

把元件的封装用鼠标拖动到 PCB 的合适位置,如图 10-48 所示。

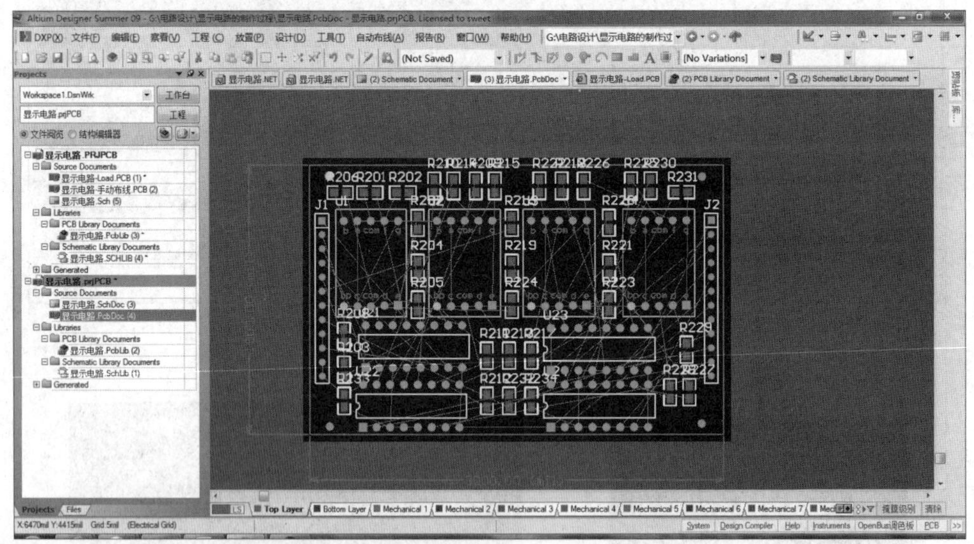

图 10-48 布局元件

10.5.4 PCB 的布线

(1) 设计新的类和规则。选择"设计"|"类"命令,在"对象类浏览器"中添加电源类,右击并选择 Net Classes|"添加类"命令,然后再右击并选择 New Classes|"重命名"命令,

改名为“POWER”。

(2) 在非成员的下方选择 VCC,然后单击左边的向右的箭头 > 按钮,最后单击“关闭”按钮。用上面同样的方法,建立 GND 的类。

(3) 设置设计规则之前,先改单位,选择“设计”|“板参数”命令,在“板选项”对话框中将“单位”设置为“Metric”,这是公制单位 mm,单击“确定”按钮,如图 10-49 所示。

(4) 设置设计的规则。选择“设计”|“规则”命令,在“PCB 规则及约束编辑器”对话框中双击 Routing 项并选择“新规则”命令,建立新的规则,如图 10-50 所示。

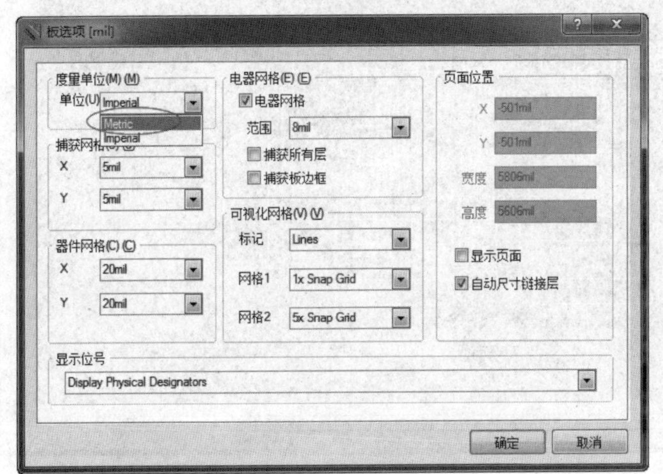

图 10-49　更改单位

图 10-50　新规则

(5) 选择新建的规则,在名称中输入“VCC”,在下方选择“网络类”,选择 POWER,在“约束”选项区域中把单位改为图 10-51 所示的数值,然后单击“应用”按钮。

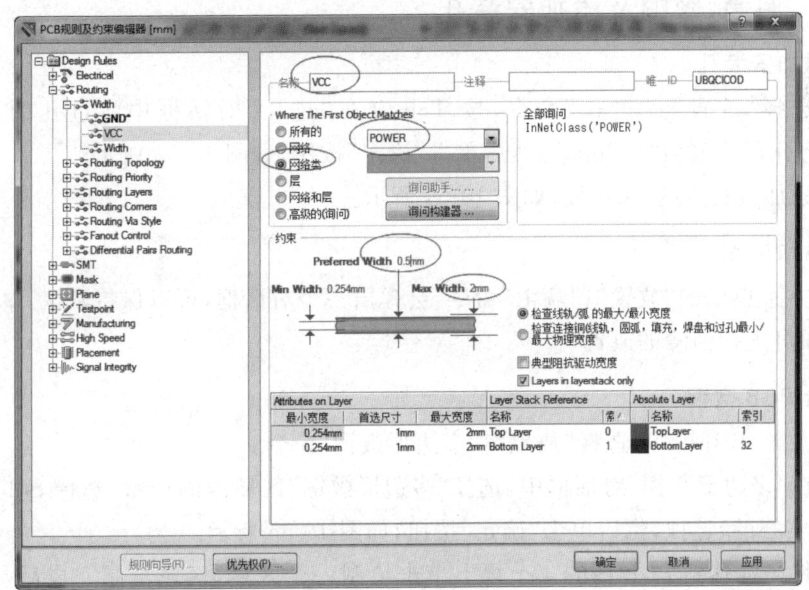

图 10-51　设置规则

(6) 再建一个新的规则,命名为"GND",然后在下方选择"网络类",选择 GND,在"约束"选项区域中改为图中显示的数值,单击"应用"按钮后,再单击"确定"按钮。

(7) 设置好规则后自动布线。选择"自动布线"|"全部"命令。在弹出的"Situs 布线策略"对话框中单击 RouteAll 按钮,等待布线完毕,关闭,如图 10-52 所示。

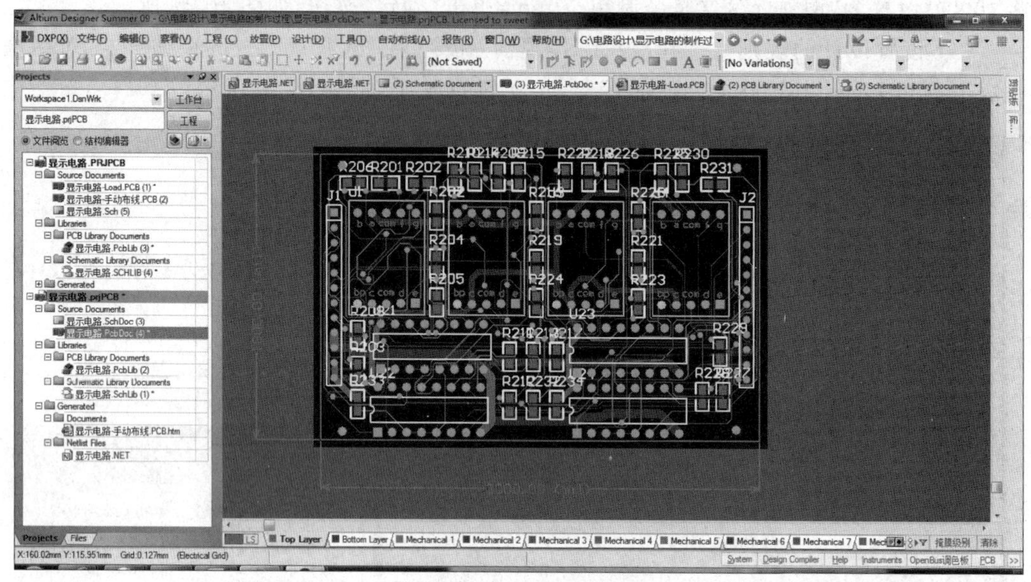

图 10-52 PCB 布线完成

(8) 布线完成。如图 10-52 所示,该图的 PCB 已经布线完成,该图可能的问题是文字标识有些重叠,需要单击每个封装元件将文字标识进行位置移动,此处不多赘述。

10.5.5 泪滴、敷铜及添加安装孔

1. 添加安装孔

(1) 选择"放置"|"过孔"命令,按 Tab 键在"过孔"对话框中将过孔的直径改为"3mm",将孔尺寸改为"1.5mm",然后单击"确定"按钮,如图 10-53 所示。

(2) 添加过孔后的 PCB 板,如图 10-54 所示。

2. 添加泪滴

选择主菜单中的"放置"|"滴泪"命令,会弹出一个对话框,可以保持默认,单击"确定"按钮后,即可进行泪滴的放置。

3. 给 PCB 敷铜

(1) 在 PCB 环境中,选择"放置"|"多边形敷铜"命令。

(2) 在"多边形敷铜"对话框中,选择"多边形敷铜"区域内的形状,选择 Solid(表示敷铜区域是实心的)选项,然后单击"确定"按钮,如图 10-55 所示。

(3) 将光标移到 PCB 板的 4 个角上单击绘制一个区域,区域绘制完成后,敷铜就完成了,如图 10-56 所示。

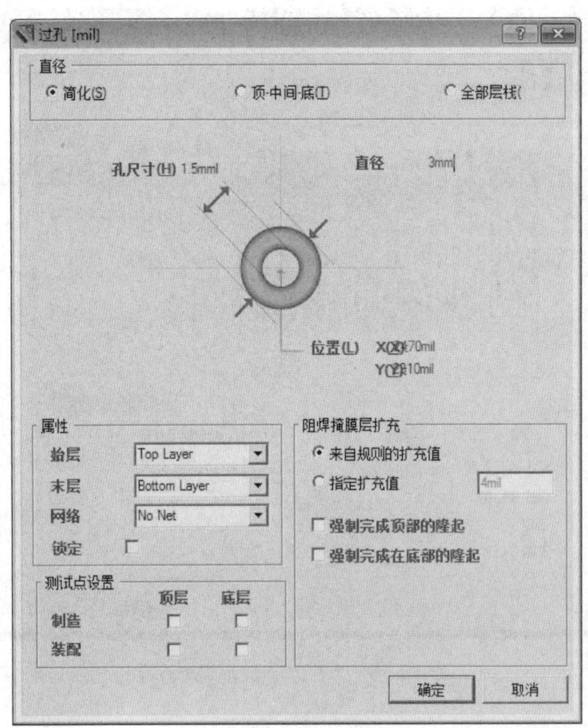

图 10-53　“过孔”对话框

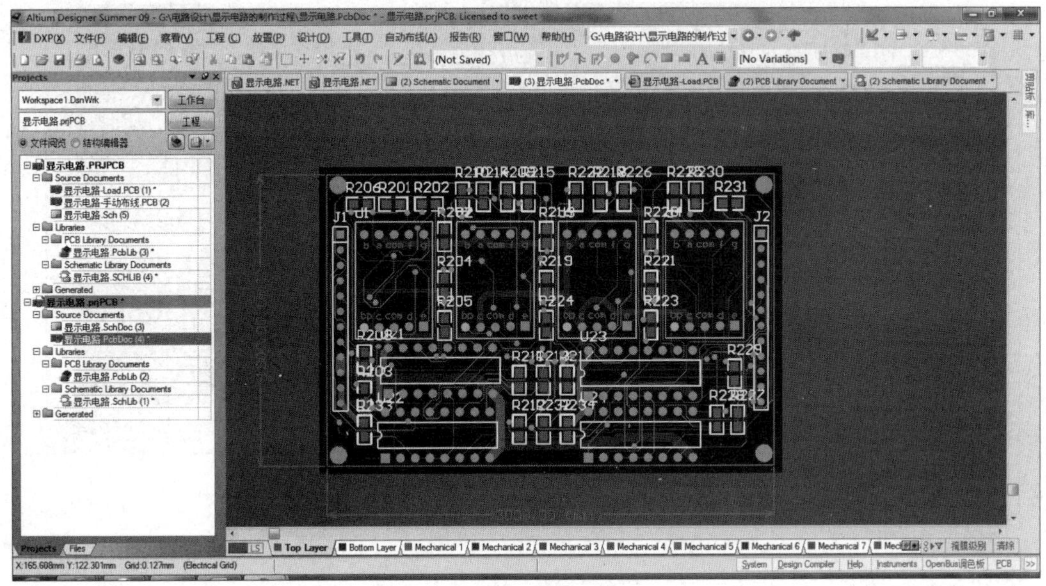

图 10-54　添加过孔后的 PCB 板

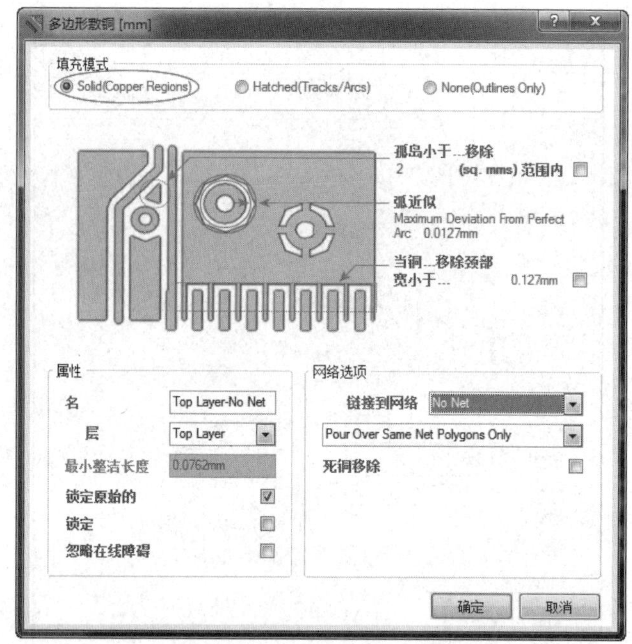

图 10-55 “多边形敷铜”对话框

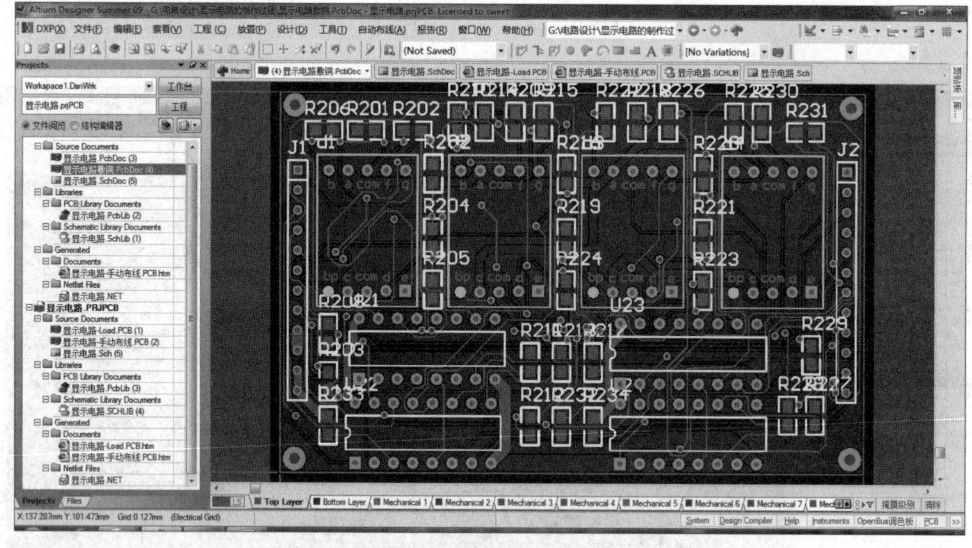

图 10-56 敷铜后的 PCB 板

本章小结

本章主要以一个显示电路为例进行电路绘制综合实例的讲解，并通过这个实例对全书的知识点进行了复习，使读者掌握了 Altium Designer Release 10 的使用技巧。

习　题　10

1. 简述 PCB 工程文件的建立方法。
2. 简述原理图元件库的绘制及封装的添加方法。
3. 如何绘制 PCB 封装库中的元件?
4. 如何在 PCB 中导入原理图?
5. 如何设置 PCB 规则?
6. 如何对 PCB 板进行布局?
7. 如何对 PCB 板进行布线?
8. PCB 的泪滴、敷铜、过孔的添加方法是怎样的?

第 11 章

制作单片机电路

本章导读：本章将通过一个综合实例来介绍 PCB 板制作的全过程，首先是元件的绘制，然后是元件的封装和元件库的建立，接着是绘制原理图，最后是制作 PCB 板。

学习目标：

(1) 掌握文件系统的建立方法。

(2) 掌握原理图元件的绘制方法。

(3) 掌握 PCB 封装的制作方法。

(4) 掌握给元件添加封装的方法。

(5) 掌握 PCB 规则的设计方法。

(6) 掌握 PCB 的布局布线方法。

(7) 掌握 PCB 的敷铜、泪滴、过孔的添加方法。

11.1 绘制电路元件

在进行 PCB 设计之前，先要建立工程文件和里面的原理图文件、PCB 文件、原理图库、PCB 库。

(1) 在主菜单中选择“文件”|“新的”|“工程”|“PCB 工程”命令，如图 11-1 所示。

(2) 弹出 Projects 面板，在该面板中右击工程，选择“给工程添加新的”| Schematic Library 命令，如图 11-2 所示。

(3) 打开自己建立的元件库，选择“工具”|“新器件”命令，在弹出的对话框中给新器件命名，如图 11-3 所示。

(4) 在空白地方右击，在弹出的菜单中选择“选项”|“文档选项”命令，设置栅格参数，如图 11-4 所示。

(5) 在空白页面打开“Schlib. SchLib”文件，在主菜单中选择“放置”|“矩形”命令，如图 11-5 所示。

(6) 在“Schlib. SchLib”空白的地方放置合适的矩形面板，如图 11-6 所示。

(7) 元件引脚代表了元件的电气属性，为元件添加引脚。在主菜单中选择“放置”|“引脚”命令为元件添加引脚，如图 11-7 所示。

图 11-1　新建 PCB 工程

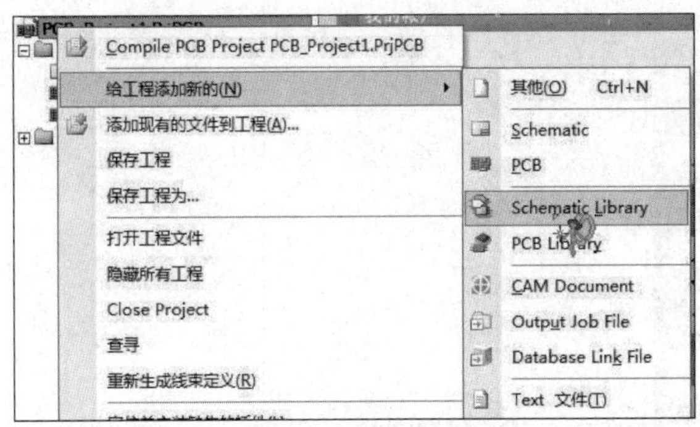

图 11-2　新建原理图库

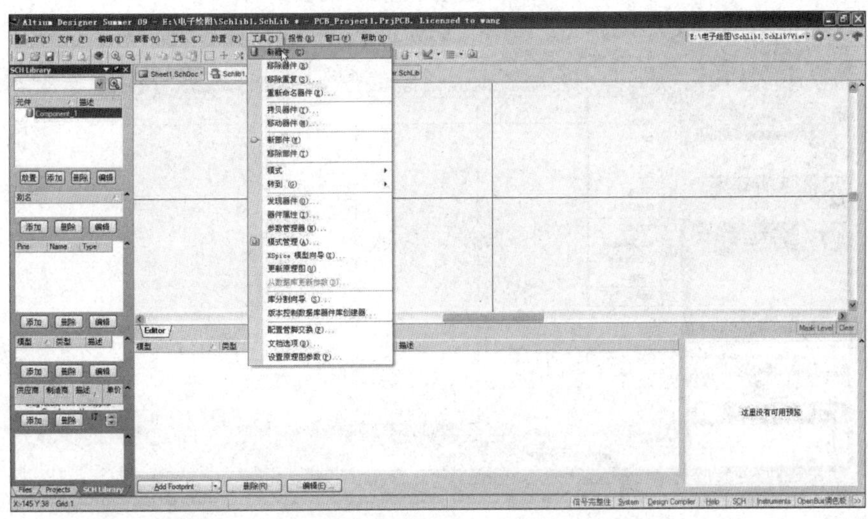

图 11-3　建立新器件并命名

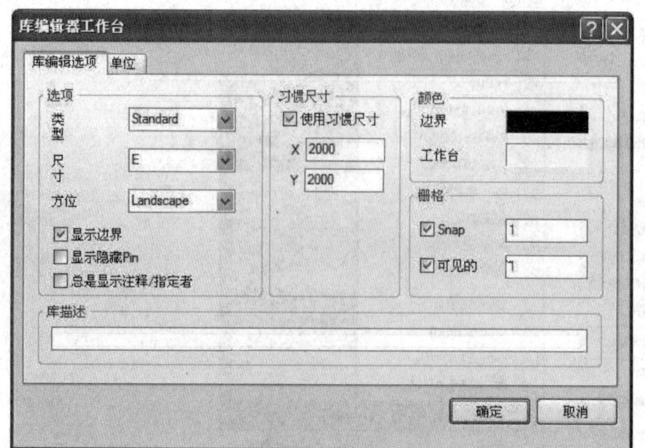

图 11-4　设置栅格参数

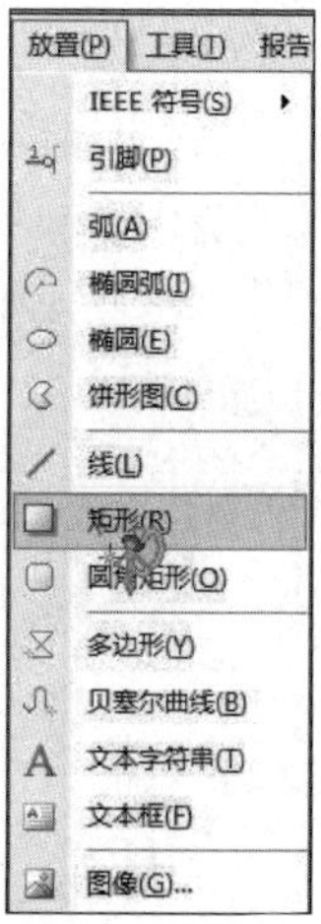

放置(P)　工具(T)　报告
IEEE 符号(S)
引脚(P)
弧(A)
椭圆弧(I)
椭圆(E)
饼形图(C)
线(L)
矩形(R)
圆角矩形(O)
多边形(Y)
贝塞尔曲线(B)
文本字符串(T)
文本框(F)
图像(G)...

图 11-5　选择放置矩形

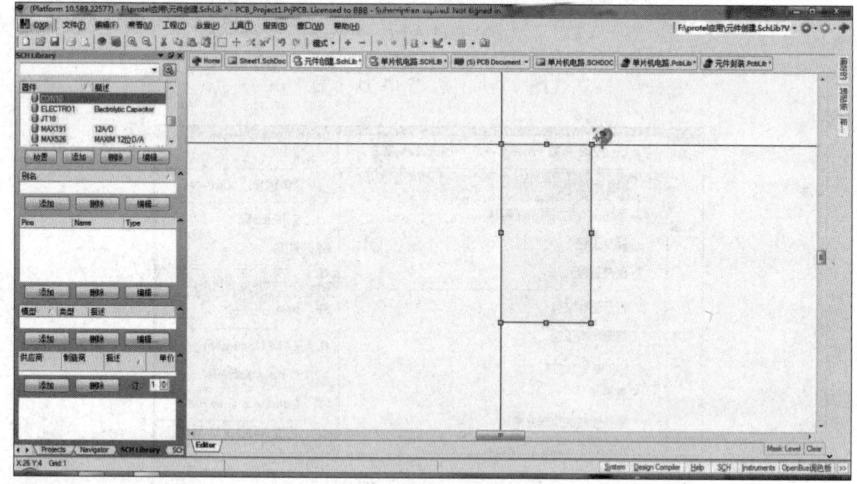

图 11-6　放置好的矩形面板

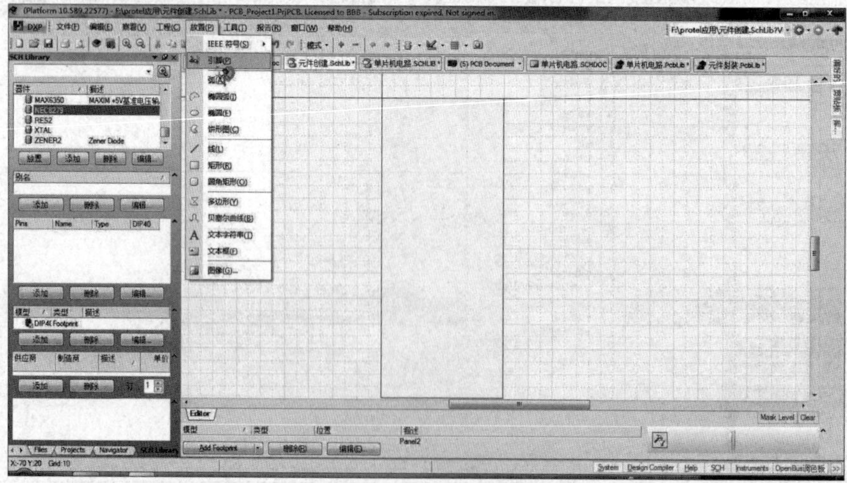

图 11-7　选择放置引脚

(8) 按 Tab 键，打开国“Pin 特性”对话框，图 11-8 所示是设置第 1 脚的特性参数。在放置之前先设计好各项参数，则在放置引脚时，这些参数成为默认参数。当连续放置引脚时，引脚编号和引脚名称中的数字会自动增加。

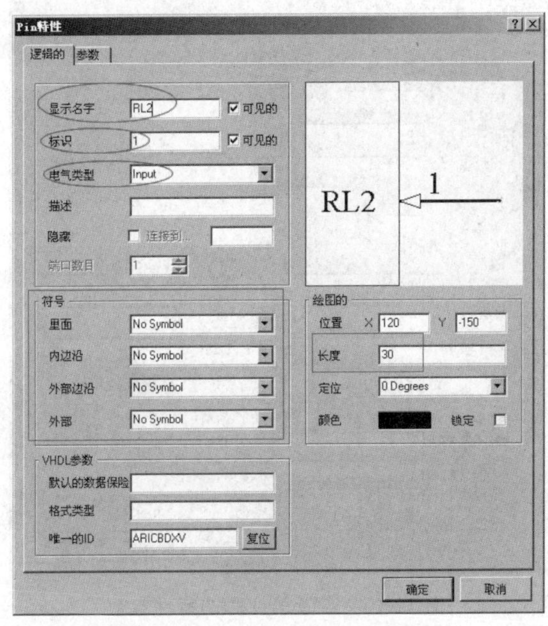

图 11-8　设置第 1 脚的特性参数

(9) 由于有些引脚比较特殊，所以要单独设置其参数。在设置第 23 脚时，在“Pin 特性”对话框中选中符号栏中的符号，并在“电气类型”中选择 Output，在“外部边沿”中选择 Dot，如图 11-9 所示。

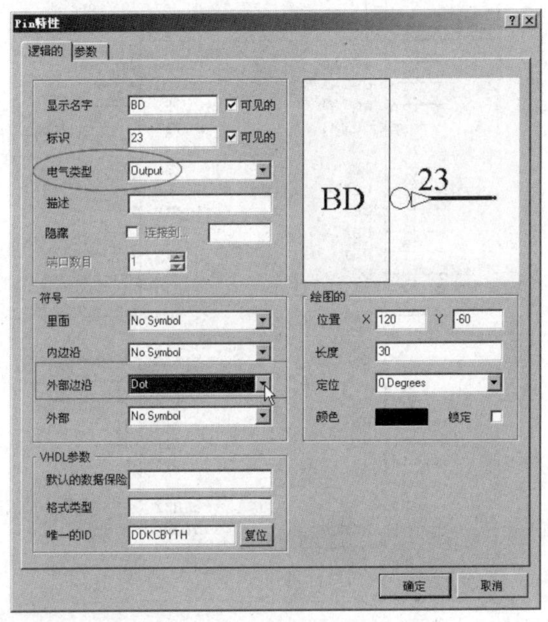

图 11-9　设置第 23 脚的特性参数

(10) 在设置第 3 脚时，在“Pin 特性”对话框中选中符号栏中的符号，在“内边沿”中选择 Clock，在“电气类型”中选择 Input，如图 11-10 所示。

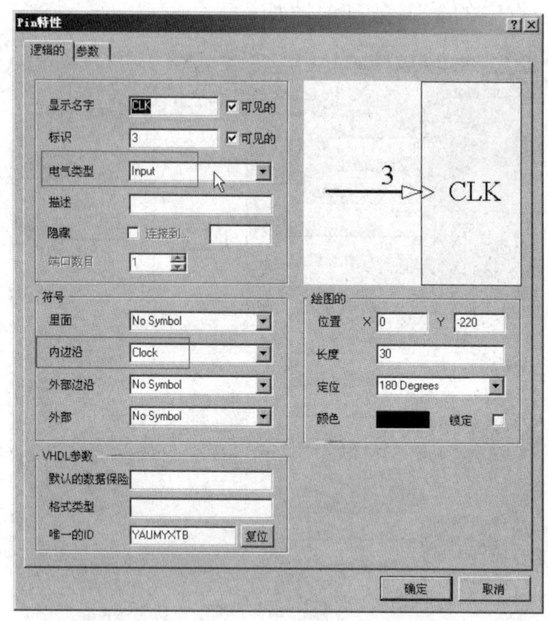

图 11-10　设置第 3 脚的特性参数

(11) 放置引脚时需注意将引脚的红叉的一头放在外面，按 Space 键便可 90°旋转引脚，依次放好余下的各个引脚，同时还要注意第 40 脚和第 20 脚是电源脚，只是隐藏了，因此也要绘制，只是绘制好后，选择隐藏引脚而已，画好的 NEC8279 元件如图 11-11 所示。

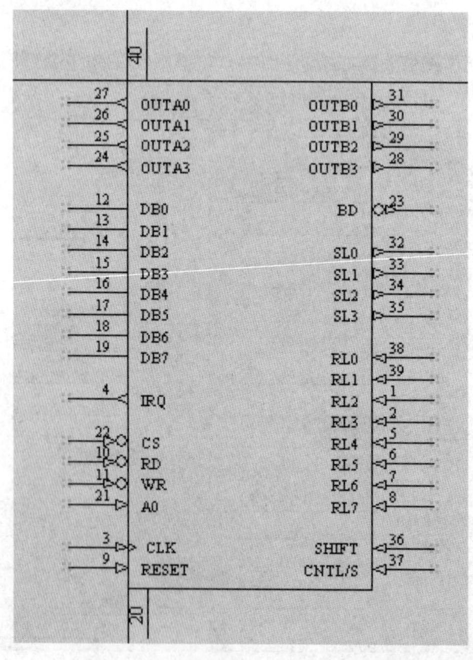

图 11-11　画好的 NEC8279 元件

(12) 依照上述方法在同一个图库当中新建元件空白页绘制其他元件，包括 MAX526、MAX191、JT10、ELECTR01、CON9、CON6、CON3、XTAL、AT89C52、8279、4053F、79。

注意：如果所绘制的元件的引脚标识名中有上横线，方法是在每一个字母后面加斜线，就可以显示上面的横线了，如图 11-12 所示。

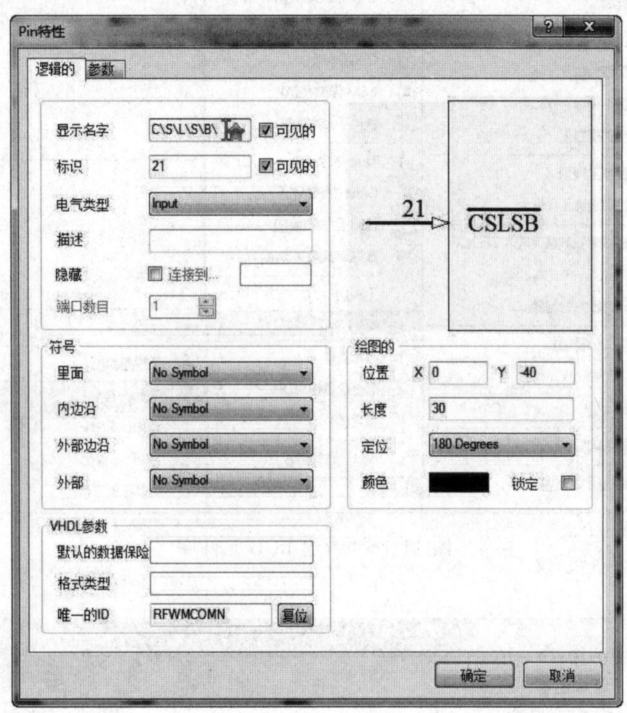

图 11-12　画上横线的示意图

11.2　创建元件封装

(1) 在主菜单中选择"新建"|"库"|"PCB 元件库"命令建立一个 PCB 元件库，且需要在这个环境中为元件创建封装，如图 11-13 所示。

(2) 给元件创建封装，可用元件向导创建 DIP 封装。在主菜单中选择"工具"|"元器件向导"命令，弹出一个对话框，再单击"下一步"按钮，弹出对话框，如图 11-14 所示。

(3) 单击"下一步"按钮，修改焊盘尺寸，如图 11-15 所示。

(4) 单击"下一步"按钮，设置焊盘个数，如图 11-16 所示。

(5) 一直单击"下一步"按钮直到完成，DIP8 的封装如图 11-17 所示。

(6) 用以上方法绘制其他元件的 DIP 封装。

图 11-13 新建 PCB 元件库

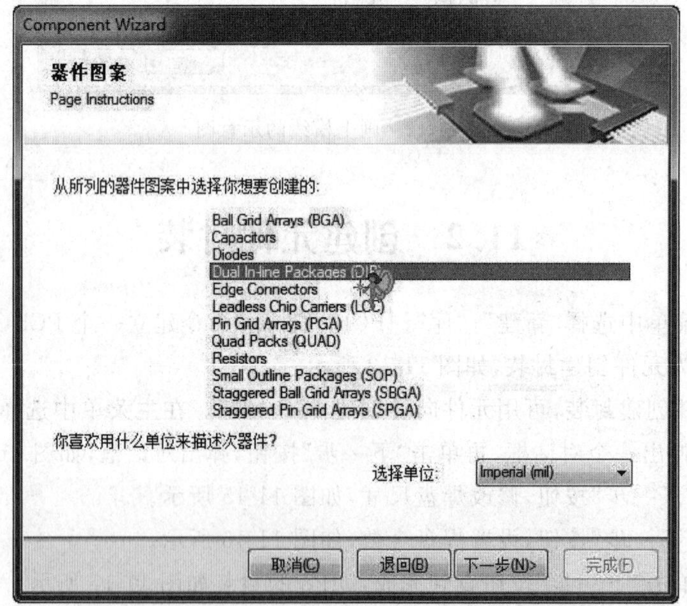

图 11-14 选择 DIP 选项

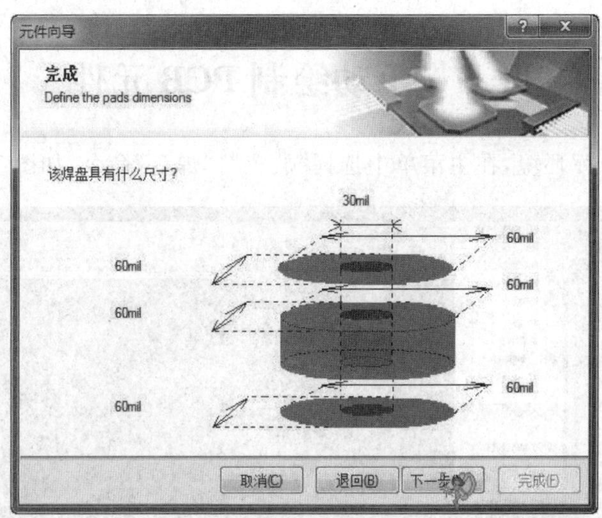

图 11-15　修改焊盘尺寸

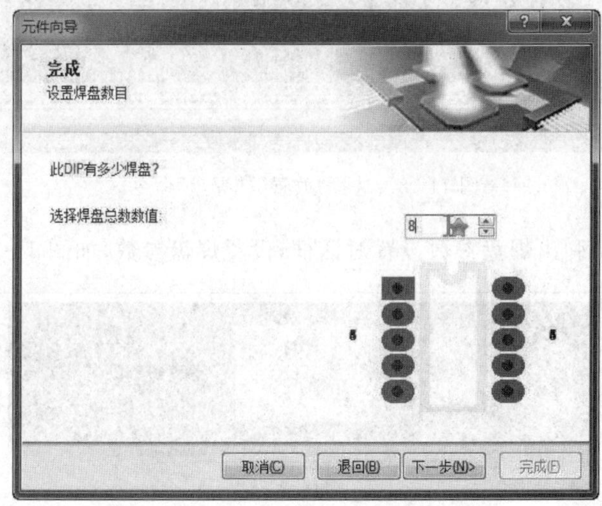

图 11-16　设置焊盘个数

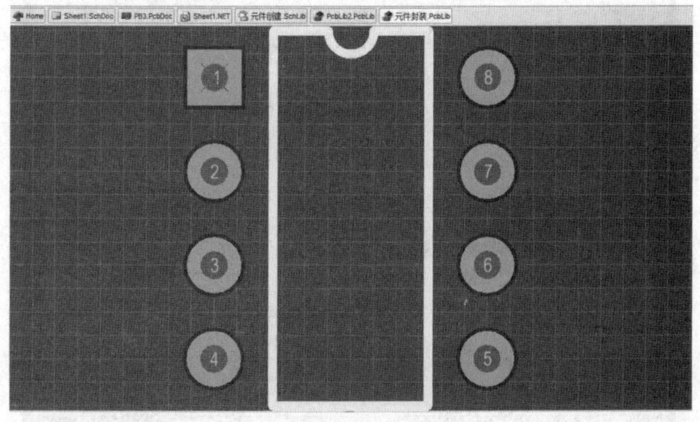

图 11-17　完成的封装

11.3 手动绘制 PCB 元件

(1) 打开 PCB 库环境,在主菜单中选择“放置”|“焊盘”命令,如图 11-18 所示。

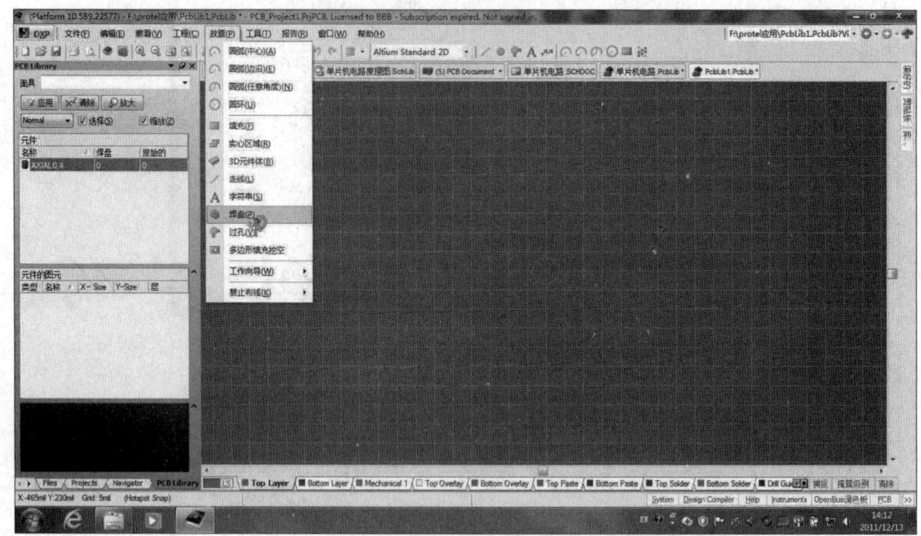

图 11-18 选择“放置”|“焊盘”命令

(2) 按 Tab 键,弹出焊盘参数设置对话框,设置焊盘参数,如图 11-19 所示。

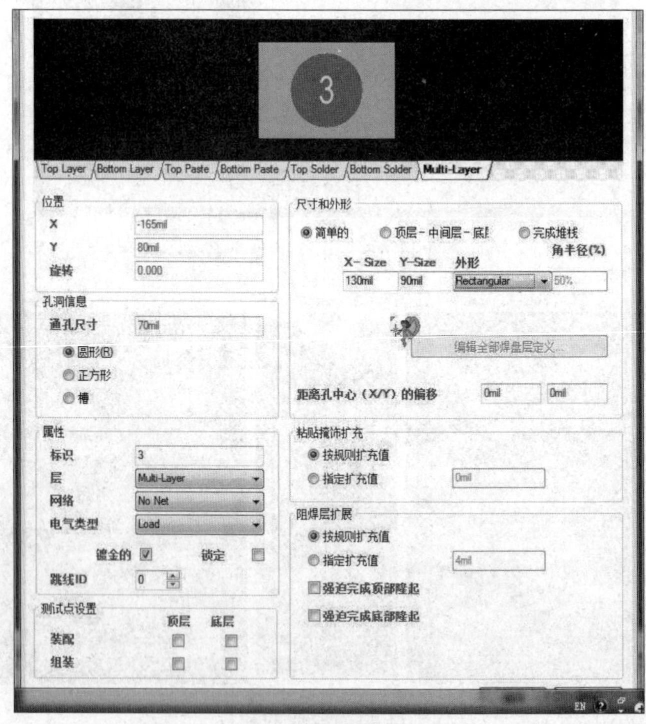

图 11-19 设置焊盘参数

(3) 在主菜单中选择“放置”|“走线”命令，出现十字光标绘出元件的框架，如图 11-20 所示。

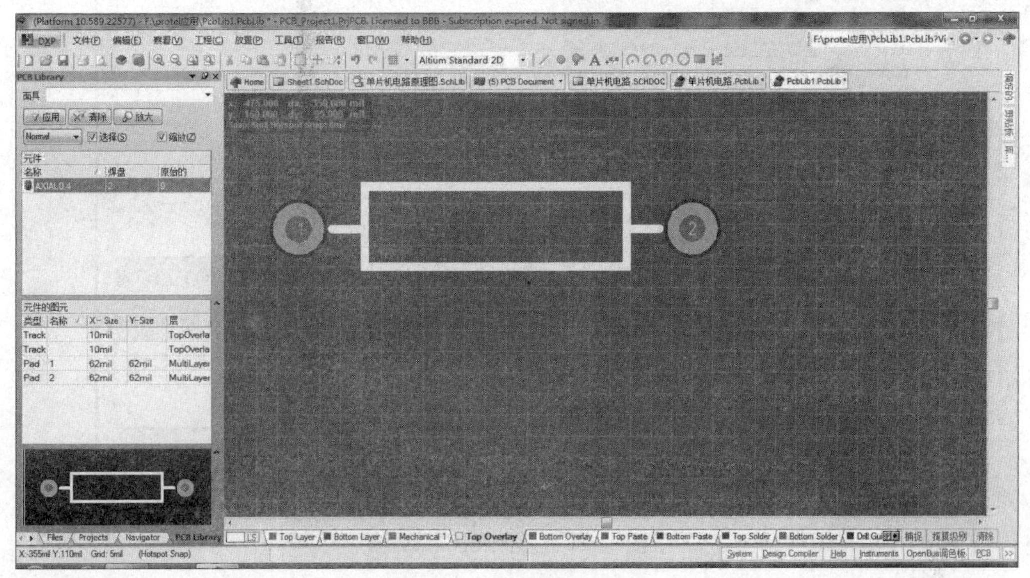

图 11-20　绘制电阻的框架

注意：电阻的封装在集成元件库中是存在的，只是以此为例介绍了手动绘制封装的方法而已。

(4) 按照以上方法绘制其他元件。

11.4　给元件添加封装

(1) 打开原理图元件库，给前面制作的原理图元件添加封装。例如要给 74LS08 添加封装，则选择 SCH Library 面板中的 74LS08 选项，如图 11-21 所示。

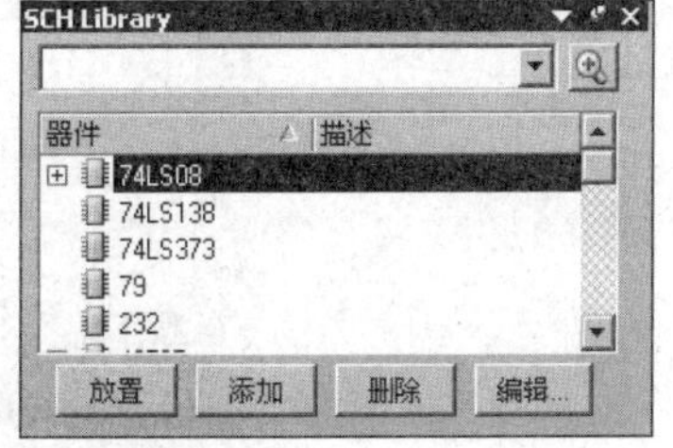

图 11-21　选择 74LS08 选项

(2) 选择主菜单中的“工具”|“器件属性”命令，弹出元件属性对话框，如图 11-22 所示。

(3) 可以单击图 11-22 右下角的 Edit 按钮进行现有封装的编辑。单击 Edit 按钮会弹出图 11-23 所示的“PCB 模型”对话框，此时可以看到里面已经有封装预览，看是不是正确的，如果正确则不用添加封装了。如果没有预览，则需要添加封装，此时可以单击图 11-23 中的“浏览”按钮进行封装的添加。

(4) 如果在图 11-22 中没有出现 DIP14 的封装名称，则单击图 11-22 中的 Add 按钮弹出一个对话框并选择 Footprint 选项，单击“确定”按钮后，弹出“PCB 模型”对话框，如

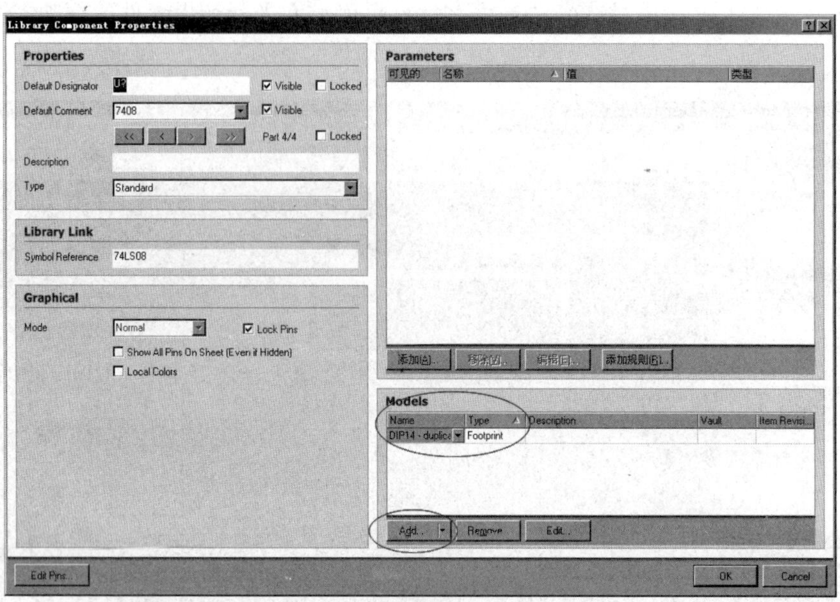

图 11-22　元件属性对话框

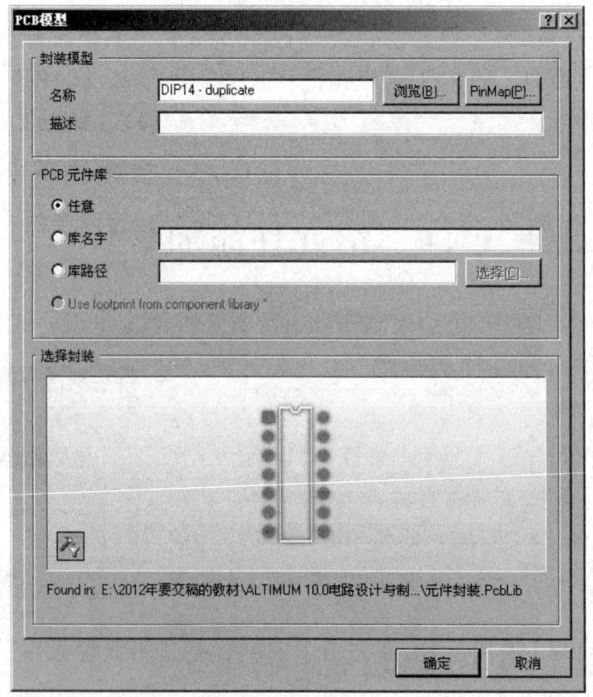

图 11-23　PCB 封装预览

图 11-24 所示。

此时，没有封装预览，需要自己添加封装。

(5) 在图 11-24 中，单击“浏览”按钮，弹出“浏览库”对话框，如图 11-25 所示。

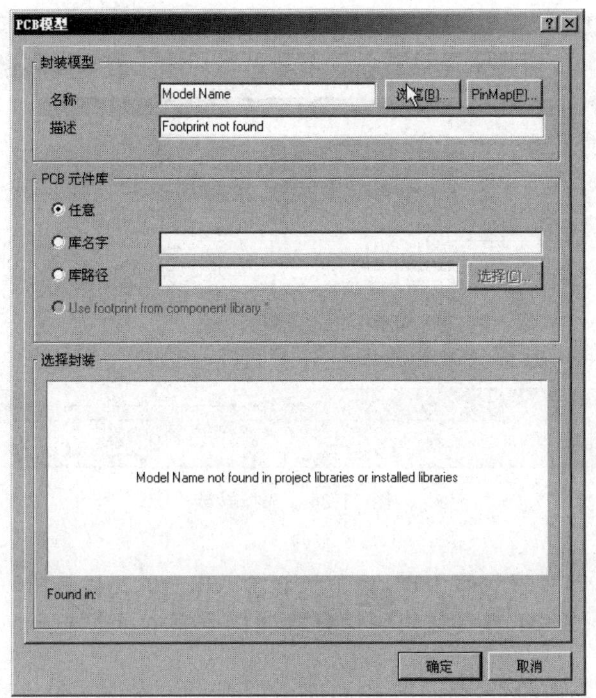

图 11-24　“PCB 模型”对话框

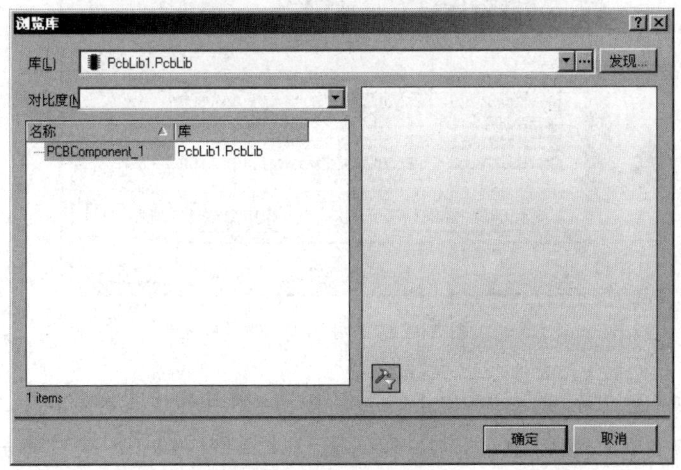

图 11-25　“浏览库”对话框

(6) 在“浏览库”对话框中选择库名，出现了封装预览，例如可以选择 DIP14 封装，如图 11-26 所示。

(7) 找到封装后单击“确定”按钮，回到“PCB 模型”对话框，若在该对话框中出现相应的封装，则表示封装添加成功。

(8) 单击“确定”按钮，封装完成。依照上述方法，添加其他元件的封装。

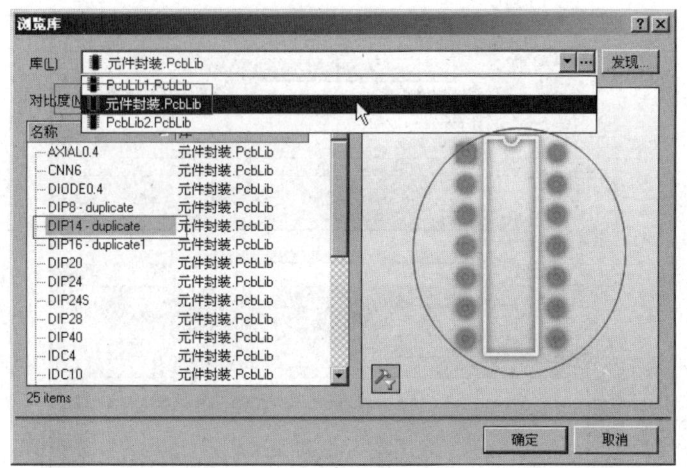

图 11-26 选择封装

11.5 绘制单片机原理图

(1) 新建一个原理图纸，将自己建的库添加到系统库中。先将原理图库打开，右击"元器件库"命令，弹出"可用库"对话框，如图 11-27 所示。

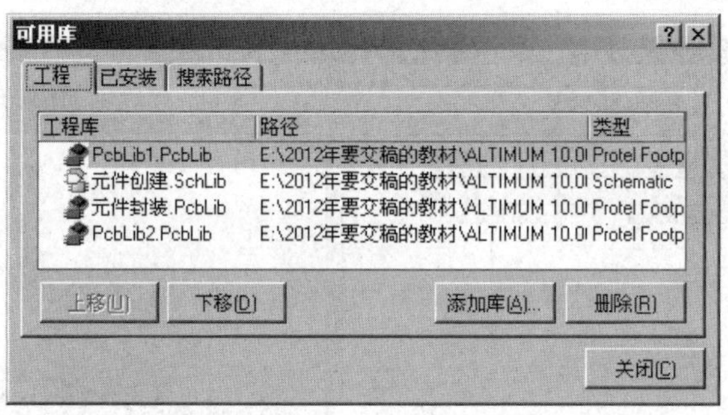

图 11-27 "可用库"对话框

(2) 切换到"已安装"选项卡，单击"安装"按钮，弹出对话框，如图 11-28 所示。

(3) 找到软件的安装目录，同时找到集成元件库，选择 Library|"打开"命令，找到自己需要添加的库，单击"打开"按钮，如图 11-29 所示。

(4) 弹出图 11-30 所示的"摘录源文件或安装文件"对话框，单击"摘取源文件"按钮，释放库文件。

(5) 完成集成库的添加后，再手动添加自己绘制的元件库，添加方法同样是通过"可用库"对话框进行安装。库添加好后，就开始绘制原理图。将所需要的元件拖到原理图中放在相应的位置上，并且放置好网络标号，网络标号放置方法与前面章节介绍的一样，同时用导线连接好有关的电路，如图 11-31 所示。

图 11-28　打开库的对话框

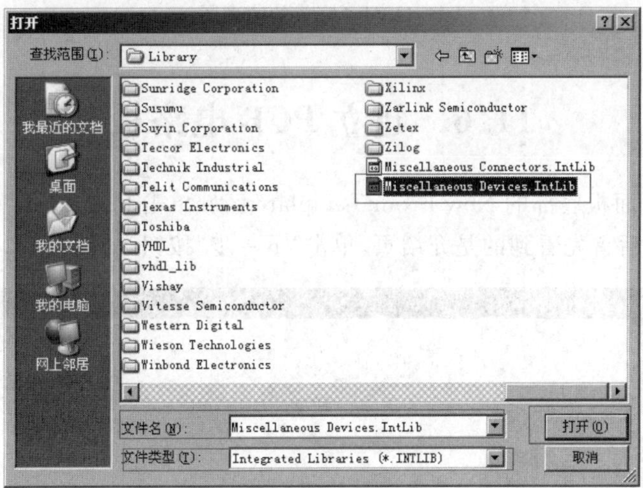

图 11-29　打开集成元件库

图 11-30　“摘录源文件或安装文件”对话框

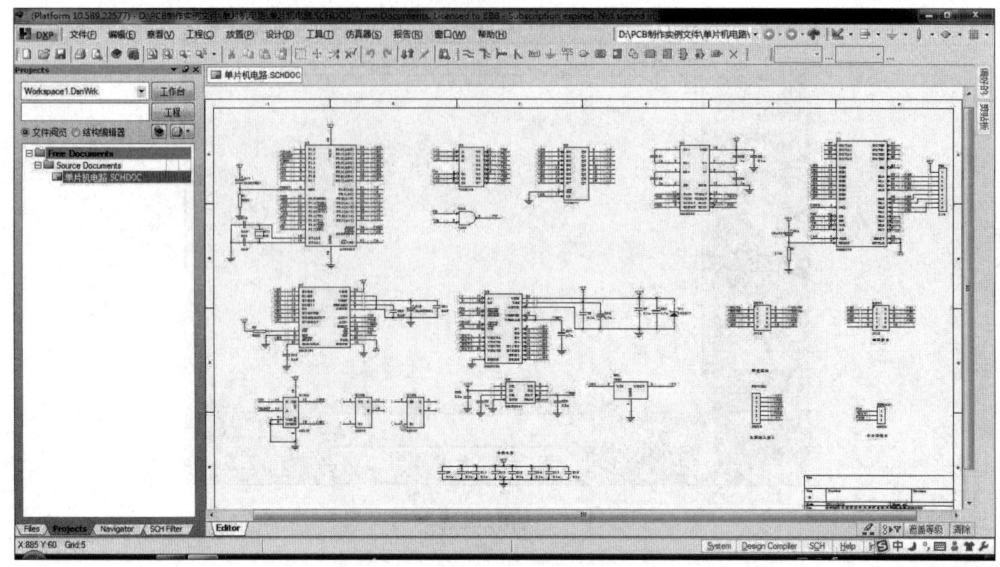

图 11-31 完成的原理图

11.6 建立 PCB 电路板

(1) 在 Files 面板底部的 New From Template 区域单击 PCB Board Wizard 按钮创建新的 PCB。打开后首先看到的是介绍页，单击"下一步"按钮，如图 11-32 所示。

图 11-32 新板向导介绍

(2) 设置 PCB 板的大小，注意度量单位为英尺，如图 11-33 所示。此时，也可以选择公制，用 mm 作为单位，视具体情况而定。

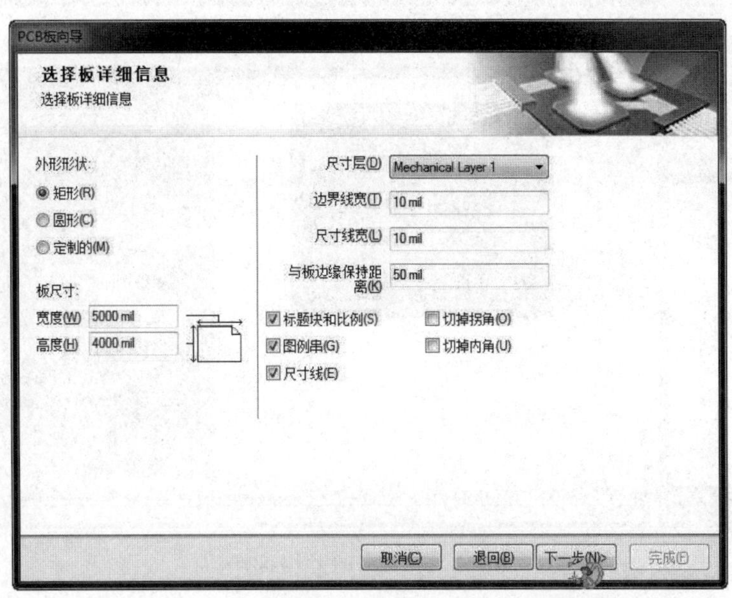

图 11-33 设置板尺寸

(3) 单击“下一步”按钮,设置线宽、焊盘大小、焊盘孔直径、导线之间的最小距离,如图 11-34 所示。

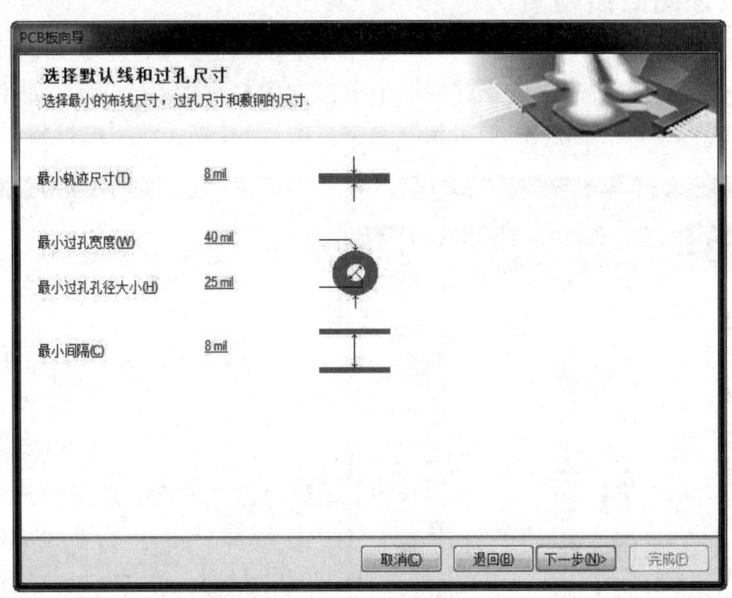

图 11-34 设置默认线和过孔

(4) 单击“下一步”按钮直到完成,这样就设置好了 PCB 板的所需信息。PCB 编辑器将显示一个新的 PCB 文件,如图 11-35 所示。

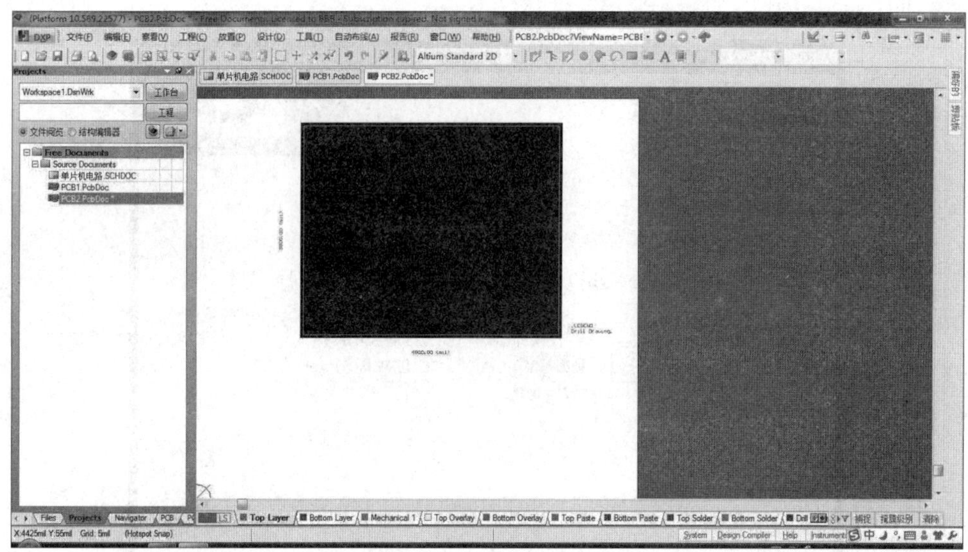

图 11-35　建立的 PCB 文件

11.7　PCB 板的制作

11.7.1　原理图封装检查

用封装管理器检查所有元件的封装。在主菜单栏中选择“工具”|“封装管理器”命令，弹出图 11-36 所示的对话框。在该对话框中单击左侧栏中的每个元件，如果在右下角有封装预览，则说明封装已经添加；如果预览是空白的，则需要手动添加封装。

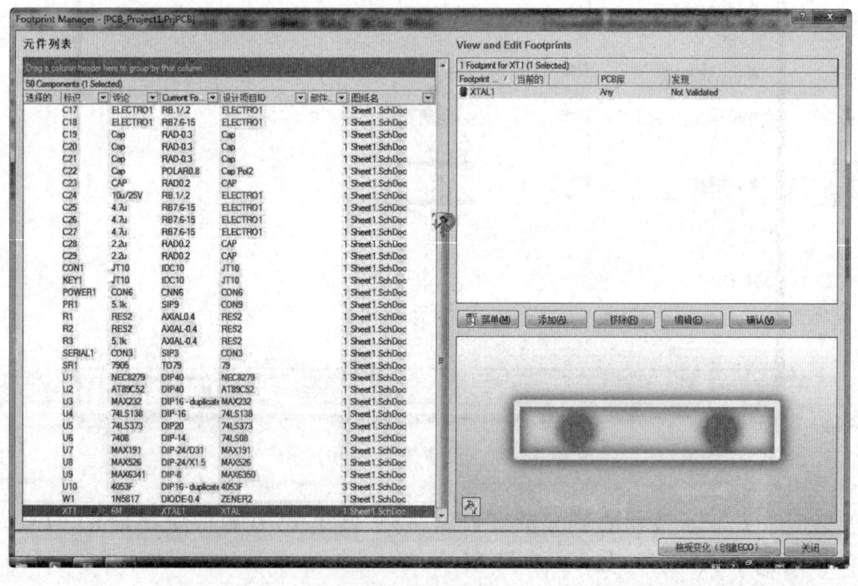

图 11-36　检查封装

11.7.2　原理图导入 PCB

(1) 当封装检查无误后，将原理图导入 PCB 板。打开原理图文件，在原理图编辑器中选择“设计”|Update PCB Document 命令，出现“工程更改顺序”对话框，单击“执行更改”按钮，如图 11-37 所示。该对话框的状态栏中的“检测”和“完成”栏下都是绿色的钩，说明没有错误。

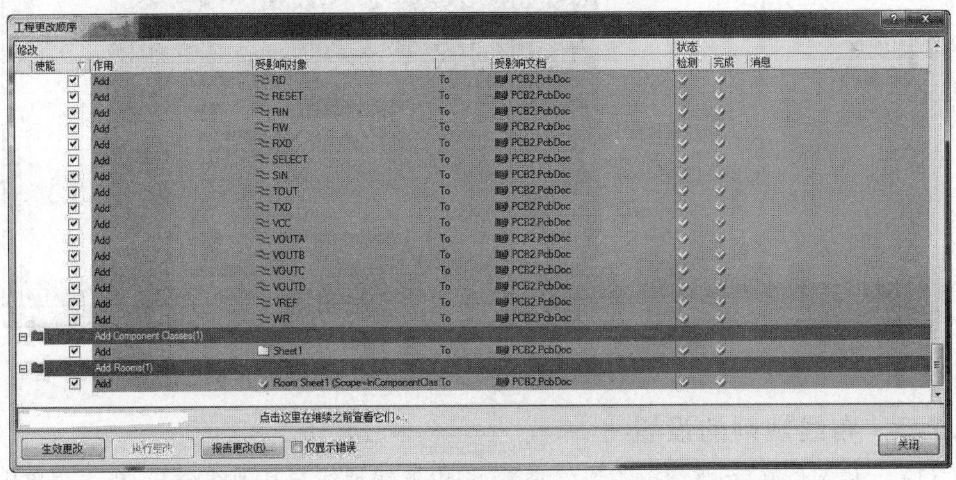

图 11-37　“工程更改顺序”对话框

(2) 单击“生效更改”按钮，再单击“关闭”按钮，则原理图元件已经导入 PCB 文件中了，并且元件也放在 PCB 板边框的外面以准备放置，如图 11-38 所示。

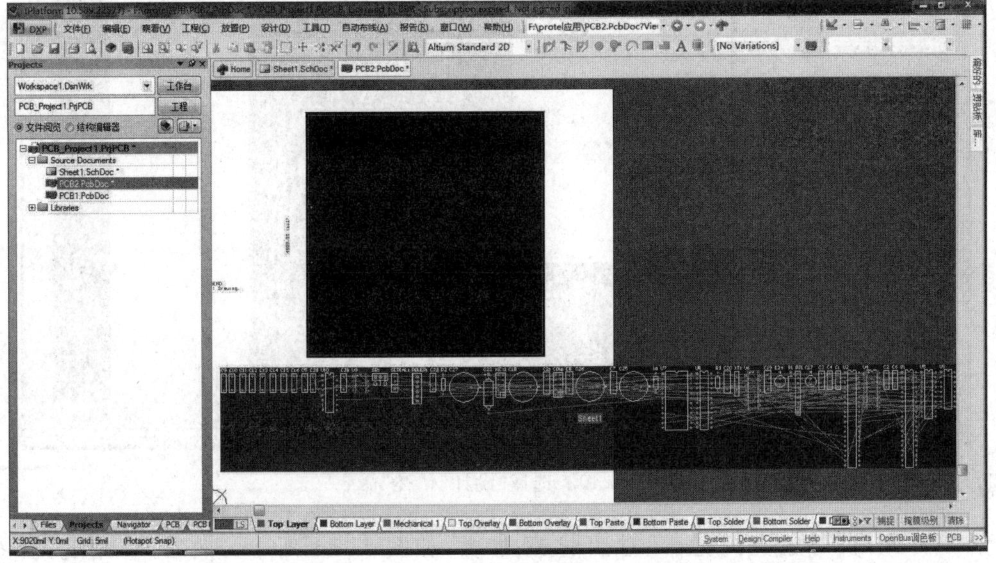

图 11-38　元件已经导入

(3) 将元件拖到 PCB 板上定位，即进行布局，如图 11-39 所示。

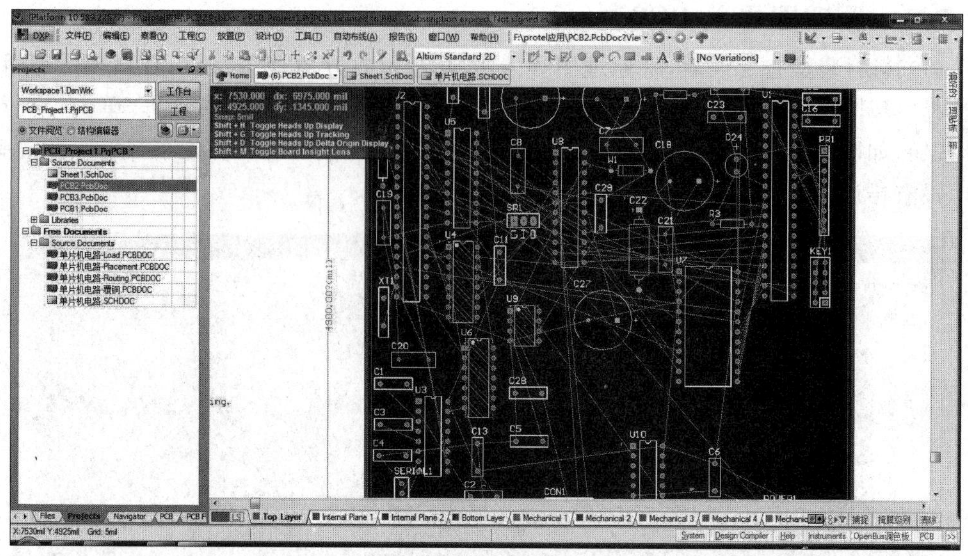

图 11-39　元件布局

11.7.3　布线规则的设置

(1) 元件定位好后，将线分类以便查看，把电源线地线与其他线分开，在主菜单中选择“设计”|“类”命令，如图 11-40 所示。

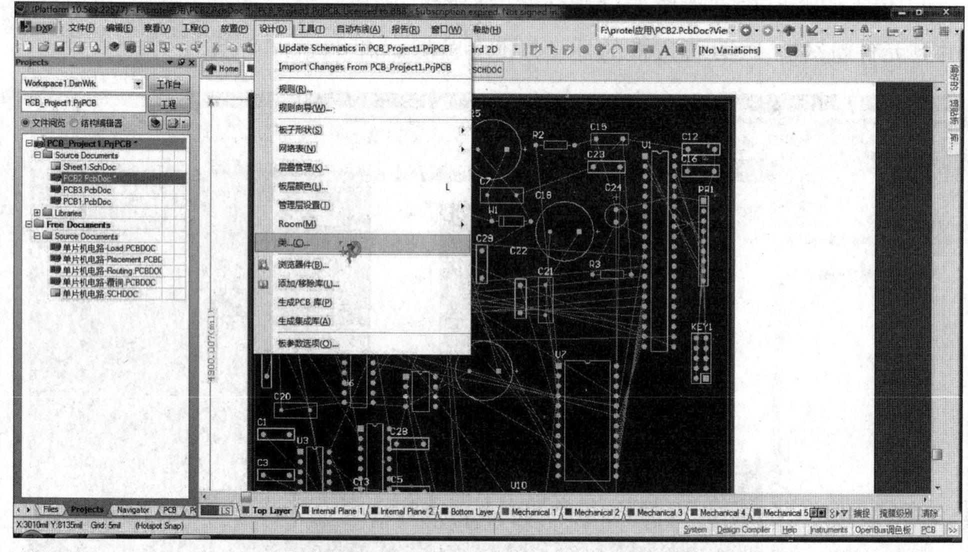

图 11-40　选择“设计”|“类”命令

(2) 弹出“对象类浏览器”对话框，添加类，如图 11-41 所示。然后，重命名类，如图 11-42所示，将类重命名为“power”。

(3) 将非成员中属于这个类的线添加到成员中，通过单击>按钮进行添加，如图 11-43 所示。

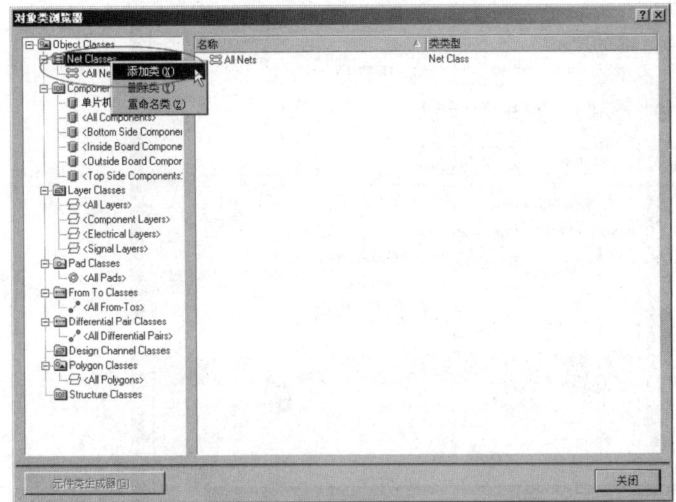

图 11-41　建立类

图 11-42　重命名类

(4) 类设置好后，就设定布线的规则。在主菜单中选择“设计”|“规则”命令。

(5) 弹出“PCB 规则及约束编辑器”对话框，找到左侧的 Routing 项下面的 Width 建立一个新规则，如图 11-44 所示。

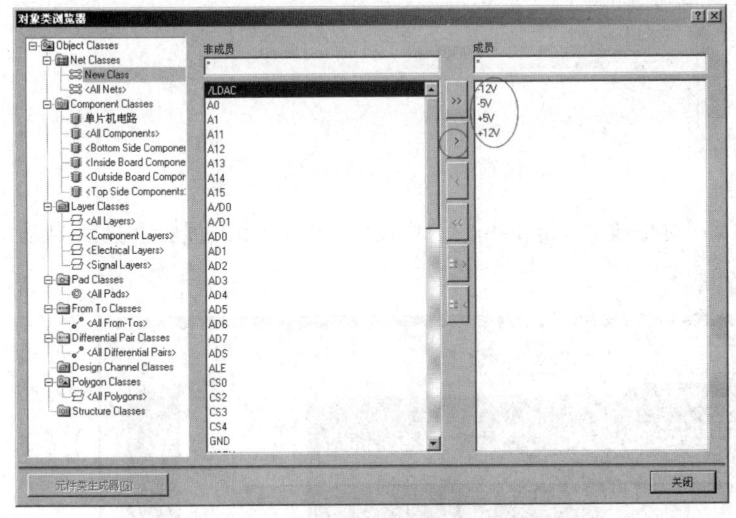

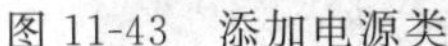
图 11-43　添加电源类

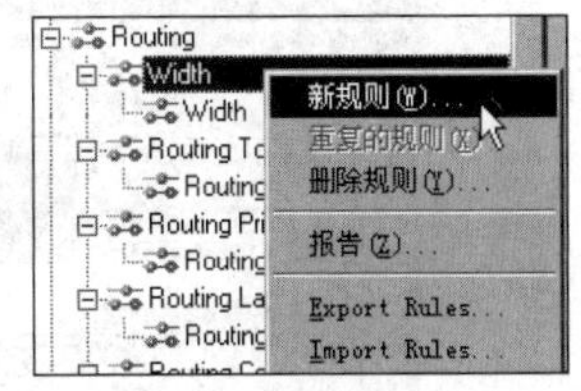

图 11-44　建立一个新规则

(6) 设置新类的规则，如图 11-45 所示。

(7) 在对话框的“约束”选项区域中设置最小线宽、首选线宽和最大线宽。

注意：必须在修改最小线宽的值之前先设置最大线宽，如图 11-46 所示。

11.7.4　布线

在上一节已经设置了线宽规则，本节介绍布线。

(1) 规则设好后就开始布线，在主菜单中选择“自动布线”|“全部”命令。

图 11-45　设置新类的规则

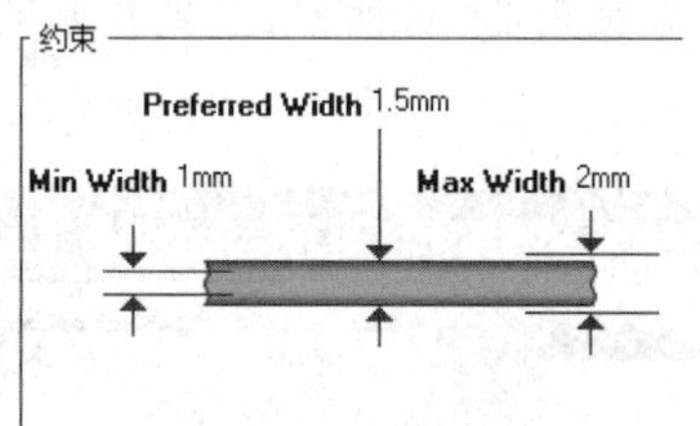

图 11-46　设置线宽

(2) 弹出"Situs 布线策略"对话框，单击 Route All 按钮，Messages 面板上显示自动布线的过程，如图 11-47 所示。

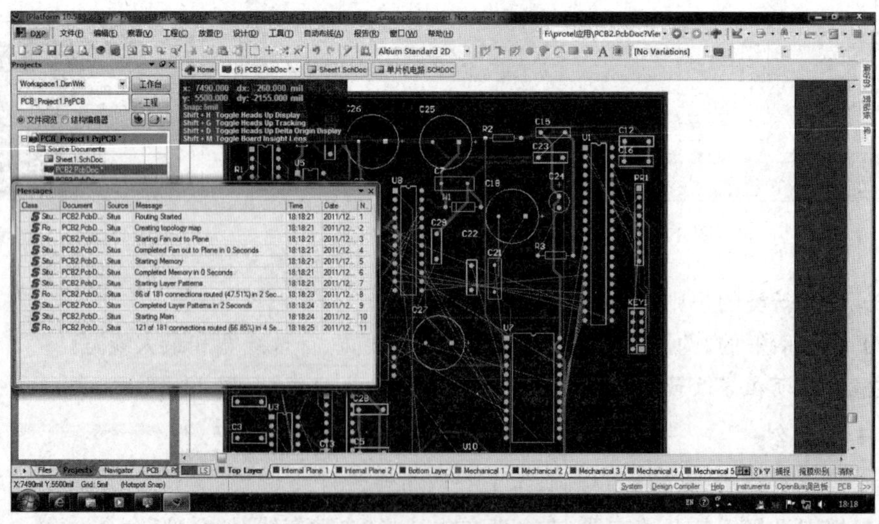

图 11-47　自动布线

(3) 自动布线完成后的效果如图 11-48 所示。

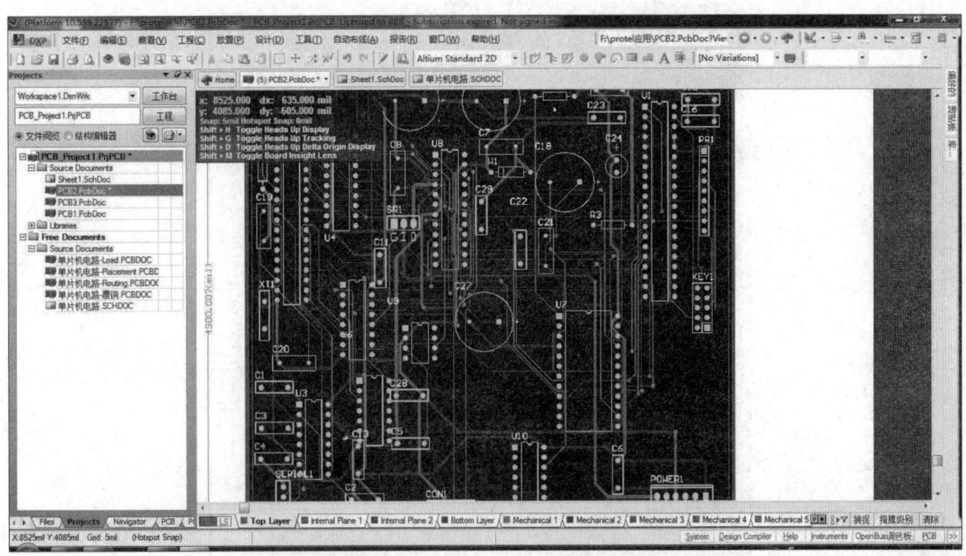

图 11-48　自动布线完成后的效果

11.7.5　放置泪滴及敷铜

(1) 按照图 11-48 所示的效果图,在主菜单中选择“工具”|“滴泪”命令。

(2) 弹出“泪滴选项”对话框,如图 11-49 所示。在对话框中对泪滴参数进行设置,然后单击“确定”按钮,即可完成泪滴的添加。

11.7.6　放置过孔

(1) 泪滴放置完后,放置过孔。在主菜单中选择“放置”|“过孔”命令,如图 11-50 所示。

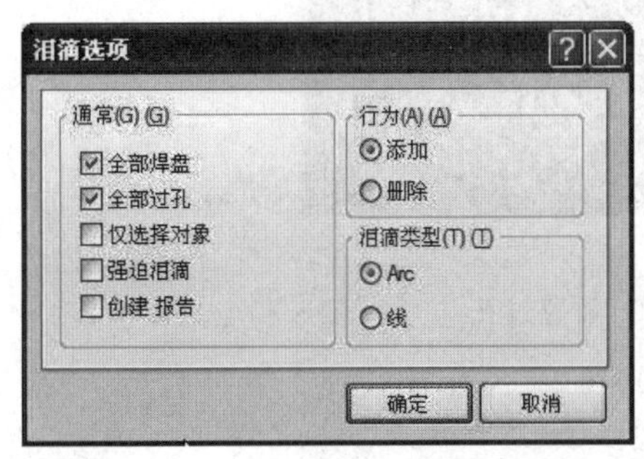

图 11-49　设置泪滴选项

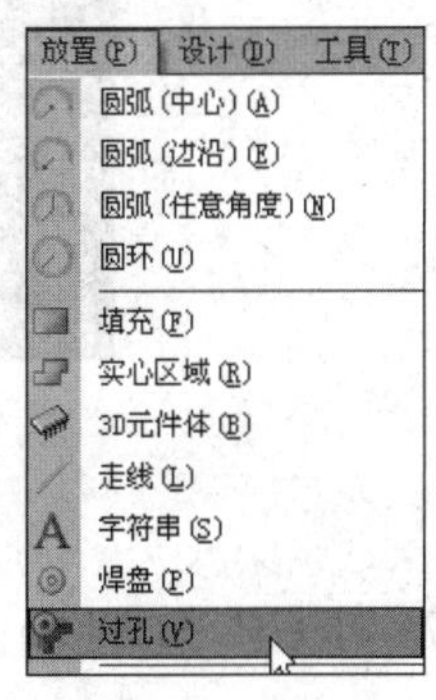

图 11-50　放置过孔

(2) 按 Tab 键,弹出“过孔”对话框,设置孔参数,直径改为“6mm”,孔尺寸改为“3mm”,如图 11-51 所示。

(3) 设置好过孔参数后,单击“确定”按钮,然后在 PCB 板的 4 个角上放置过孔,如图 11-52所示。

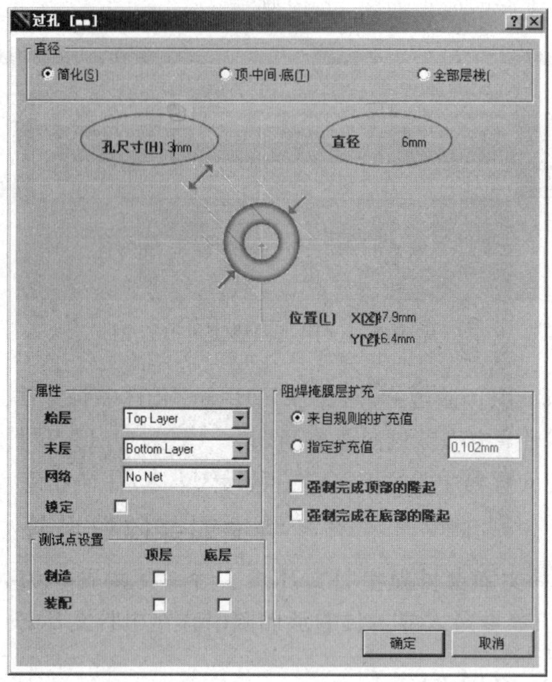

图 11-51 设置过孔

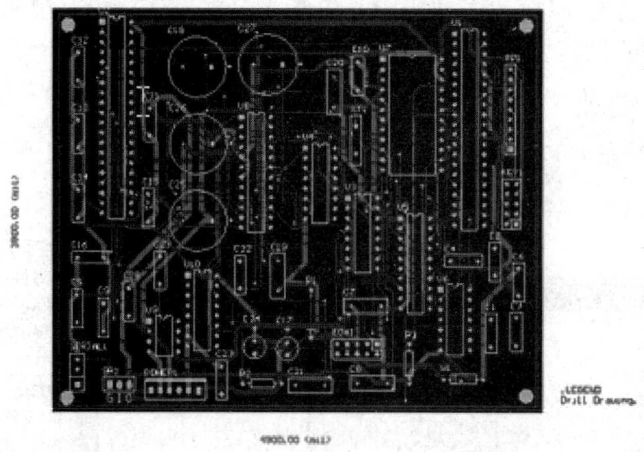

图 11-52 放置过孔

11.7.7 PCB 敷铜

敷铜的方法如下：

(1) 在工具栏中单击多边形敷铜工具按钮，或选择“放置”|“多边形敷铜”命令，都会弹出“多边形敷铜”对话框，如图 11-53 所示。

(2) 在“多边形敷铜”对话框中的“填充模式”选项组中选中 Hatched 单选按钮，并选中“死铜移除”复选框，“层”选择 Bottom Layer，“链接到网络”选择 GND，如图 11-54 所示，然后单击“确定”按钮。

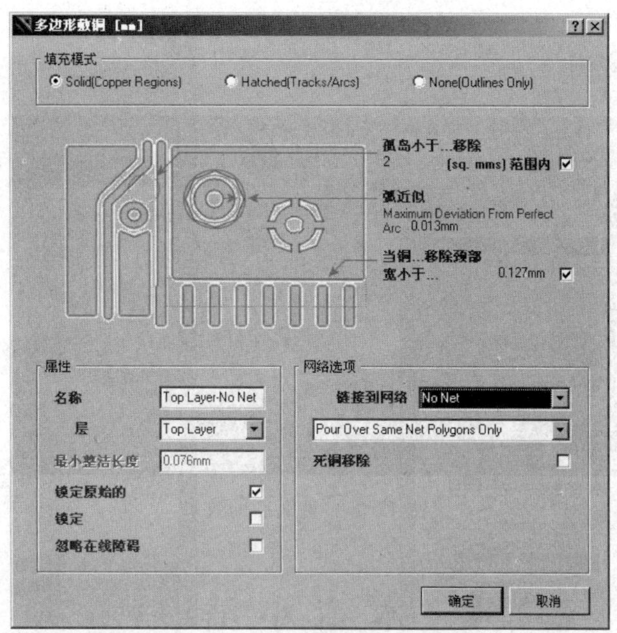

图 11-53　"多边形敷铜"对话框

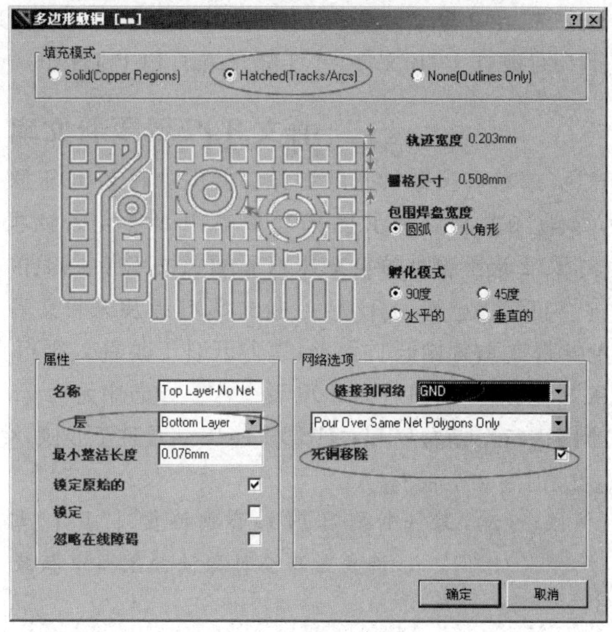

图 11-54　敷铜设置

(3) 这时,鼠标的指针变成十字形,框出需要敷铜的区域,敷铜后的效果如图 11-55 所示。

到此为止,整个单片机电路制作完成。

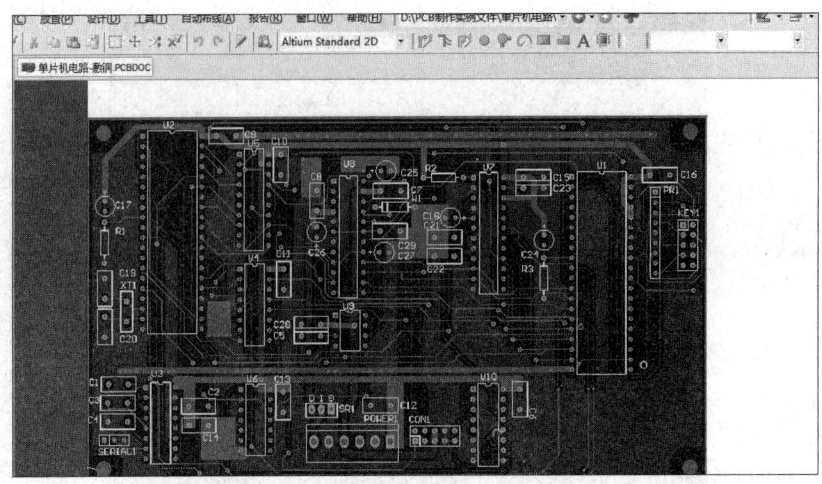

图 11-55 敷铜后的效果

本章小结

本章主要以一个单片机电路为例进行电路绘制综合实例的讲解，主要介绍了元件制作、手动和向导制作封装、给原理图元件库元件添加封装、通过封装管理器检查原理图的封装，还介绍了 PCB 向导制作 PCB 文件，并详细介绍了 PCB 制作的全过程。

习 题 11

1. 简述 PCB 工程文件的建立方法。
2. 简述原理图元件库的绘制及封装的添加方法。
3. 如何绘制 PCB 封装库中的元件？
4. 如何在 PCB 中导入原理图？
5. 如何设置 PCB 类规则？
6. 如何对 PCB 板进行自动布局和布线？
7. 如何添加过孔、泪滴和敷铜？